同济博士论丛
TONGJI Dissertation Series
总主编 伍 江 副总主编 雷星晖

彭 灿 戚正武 著

中国南海新型芋螺毒素的克隆、纯化、结构和功能研究

Cloning,Purification, Structural and Functional Characterization of Novel Conotoxins from South China Sea

同濟大學出版社
TONGJI UNIVERSITY PRESS

内 容 提 要

芋螺毒素是一类富含二硫键(也有少数不含二硫键)的活性多肽,多数由10～40个氨基酸组成,能特异地作用于各种离子通道和神经递质受体。本书深入研究了其分子结构和生理学特性,为芋螺毒素的研究与开发作出了重要的贡献。

图书在版编目(CIP)数据

中国南海新型芋螺毒素的克隆、纯化、结构和功能研究 / 彭灿,戚正武著. —上海:同济大学出版社,2019.5
(同济博士论丛 / 伍江总主编)
ISBN 978-7-5608-6989-6

Ⅰ. ①中… Ⅱ. ①彭… ②戚… Ⅲ. ①南海—蜗牛—毒素—研究—中国 Ⅳ. ①Q959.212

中国版本图书馆CIP数据核字(2017)第100266号

中国南海新型芋螺毒素的克隆、纯化、结构和功能研究

彭 灿 戚正武 著

出 品 人 华春荣 责任编辑 陈红梅 卢元姗
责任校对 徐春莲 封面设计 陈益平

出版发行 同济大学出版社 www.tongjipress.com.cn
(地址:上海市四平路1239号 邮编:200092 电话:021-65985622)
经 销 全国各地新华书店
排版制作 南京展望文化发展有限公司
印 刷 浙江广育爱多印务有限公司
开 本 787 mm×1092 mm 1/16
印 张 13
字 数 260 000
版 次 2019年5月第1版 2019年5月第1次印刷
书 号 ISBN 978-7-5608-6989-6

定 价 62.00元

“同济博士论丛”编写领导小组

组　　长： 杨贤金　钟志华

副 组 长： 伍　江　江　波

成　　员： 方守恩　蔡达峰　马锦明　姜富明　吴志强
徐建平　吕培明　顾祥林　雷星晖

办公室成员： 李　兰　华春荣　段存广　姚建中

"同济博士论丛"编辑委员会

袁万城　莫天伟　夏四清　顾　明　顾祥林　钱梦騄
徐　政　徐　鉴　徐立鸿　徐亚伟　凌建明　高乃云
郭忠印　唐子来　闾耀保　黄一如　黄宏伟　黄茂松
戚正武　彭正龙　葛耀君　董德存　蒋昌俊　韩传峰
童小华　曾国荪　楼梦麟　路秉杰　蔡永洁　蔡克峰
薛　雷　霍佳震

秘书组成员：谢永生　赵泽毓　熊磊丽　胡晗欣　卢元姗　蒋卓文

总 序

在同济大学110周年华诞之际，喜闻"同济博士论丛"将正式出版发行，倍感欣慰。记得在100周年校庆时，我曾以《百年同济，大学对社会的承诺》为题作了演讲，如今看到付梓的"同济博士论丛"，我想这就是大学对社会承诺的一种体现。这110部学术著作不仅包含了同济大学近10年100多位优秀博士研究生的学术科研成果，也展现了同济大学围绕国家战略开展学科建设、发展自我特色，向建设世界一流大学的目标迈出的坚实步伐。

坐落于东海之滨的同济大学，历经110年历史风云，承古续今、汇聚东西，秉持"与祖国同行、以科教济世"的理念，发扬自强不息、追求卓越的精神，在复兴中华的征程中同舟共济、砥砺前行，谱写了一幅幅辉煌壮美的篇章。创校至今，同济大学培养了数十万工作在祖国各条战线上的人才，包括人们常提到的贝时璋、李国豪、裘法祖、吴孟超等一批著名教授。正是这些专家学者培养了一代又一代的博士研究生，薪火相传，将同济大学的科学研究和学科建设一步步推向高峰。

大学有其社会责任，她的社会责任就是融入国家的创新体系之中，成为国家创新战略的实践者。党的十八大以来，以习近平同志为核心的党中央高度重视科技创新，对实施创新驱动发展战略作出一系列重大决策部署。党的十八届五中全会把创新发展作为五大发展理念之首，强调创新是引领发展的第一动力，要求充分发挥科技创新在全面创新中的引领作用。要把创新驱动发展作为国家的优先战略，以科技创新为核心带动全面创新，以体制机制改革激发创新活力，以高效率的创新体系支撑高水平的创新型国家建设。作为人才培养和科技创新的重要平台，大学是国家创新体系的重要组成部分。同济大学理当围绕国家战略目标的实现，作出更大的贡献。

大学的根本任务是培养人才，同济大学走出了一条特色鲜明的道路。无论是本科教育、研究生教育，还是这些年摸索总结出的导师制、人才培养特区，"卓越人才培养"的做法取得了很好的成绩。聚焦创新驱动转型发展战略，同济大学推进科研管理体系改革和重大科研基地平台建设。以贯穿人才培养全过程的一流创新创业教育助力创新驱动发展战略，实现创新创业教育的全覆盖，培养具有一流创新力、组织力和行动力的卓越人才。"同济博士论丛"的出版不仅是对同济大学人才培养成果的集中展示，更将进一步推动同济大学围绕国家战略开展学科建设、发展自我特色、明确大学定位、培养创新人才。

面对新形势、新任务、新挑战，我们必须增强忧患意识，扎根中国大地，朝着建设世界一流大学的目标，深化改革，勠力前行！

万　钢

2017 年 5 月

论丛前言

承古续今，汇聚东西，百年同济秉持“与祖国同行、以科教济世”的理念，注重人才培养、科学研究、社会服务、文化传承创新和国际合作交流，自强不息，追求卓越。特别是近20年来，同济大学坚持把论文写在祖国的大地上，各学科都培养了一大批博士优秀人才，发表了数以千计的学术研究论文。这些论文不但反映了同济大学培养人才能力和学术研究的水平，而且也促进了学科的发展和国家的建设。多年来，我一直希望能有机会将我们同济大学的优秀博士论文集中整理，分类出版，让更多的读者获得分享。值此同济大学110周年校庆之际，在学校的支持下，“同济博士论丛”得以顺利出版。

“同济博士论丛”的出版组织工作启动于2016年9月，计划在同济大学110周年校庆之际出版110部同济大学的优秀博士论文。我们在数千篇博士论文中，聚焦于2005—2016年十多年间的优秀博士学位论文430余篇，经各院系征询，导师和博士积极响应并同意，遴选出近170篇，涵盖了同济的大部分学科：土木工程、城乡规划学（含建筑、风景园林）、海洋科学、交通运输工程、车辆工程、环境科学与工程、数学、材料工程、测绘科学与工程、机械工程、计算机科学与技术、医学、工程管理、哲学等。作为“同济博士论丛”出版工程的开端，在校庆之际首批集中出版110余部，其余也将陆续出版。

博士学位论文是反映博士研究生培养质量的重要方面。同济大学一直将立德树人作为根本任务，把培养高素质人才摆在首位，认真探索全面提高博士研究生质量的有效途径和机制。因此，“同济博士论丛”的出版集中展示同济大学博士研究生培养与科研成果，体现对同济大学学术文化的传承。

“同济博士论丛”作为重要的科研文献资源，系统、全面、具体地反映了同济大学各学科专业前沿领域的科研成果和发展状况。它的出版是扩大传播同济科研成果和学术影响力的重要途径。博士论文的研究对象中不少是“国家自然科学基金”等科研基金资助的项目，具有明确的创新性和学术性，具有极高的学术价值，对我国的经济、文化、社会发展具有一定的理论和实践指导意义。

“同济博士论丛”的出版，将会调动同济广大科研人员的积极性，促进多学科学术交流、加速人才的发掘和人才的成长，有助于提高同济在国内外的竞争力，为实现同济大学扎根中国大地，建设世界一流大学的目标愿景做好基础性工作。

虽然同济已经发展成为一所特色鲜明、具有国际影响力的综合性、研究型大学，但与世界一流大学之间仍然存在着一定差距。“同济博士论丛”所反映的学术水平需要不断提高，同时在很短的时间内编辑出版 110 余部著作，必然存在一些不足之处，恳请广大学者，特别是有关专家提出批评，为提高同济人才培养质量和同济的学科建设提供宝贵意见。

最后感谢研究生院、出版社以及各院系的协作与支持。希望“同济博士论丛”能持续出版，并借助新媒体以电子书、知识库等多种方式呈现，以期成为展现同济学术成果、服务社会的一个可持续的出版品牌。为继续扎根中国大地，培育卓越英才，建设世界一流大学服务。

伍　江

2017 年 5 月

前言

芋螺是一种生活在热带海洋浅水区的软体动物，其毒液管分泌的芋螺毒素是芋螺捕食的主要武器。芋螺毒素是一类富含二硫键（也有少数不含二硫键）的活性多肽，多数由10～40个氨基酸组成，能特异地作用于各种离子通道和神经递质受体。根据信号肽序列和半胱氨酸骨架的不同，芋螺毒素可以分为7个主要的超家族：A-、T-、O-、M-、P-、I-和S-超家族，最近还发现了L-和J-超家族。与其他动物毒素相比，芋螺毒素具有分子量小、结构稳定、序列超变异、作用靶点广泛、功能专一及组织特异性强等优点，既可以被用作神经生物学研究的探针，也可以被直接开发成药物或作为药物的先导化合物。因此对芋螺毒素的研究具有重要的理论意义和实际意义。

本书第一部分以我国南海特有芋螺物种为研究对象，通过RT-PCR和RACE的方法，从花玛瑙芋螺、小牛芋螺、芝麻芋螺、信号芋螺和处女芋螺中得到A-、I_2-、M-、O-、T-1芋螺毒素基因超家族共38条全新cDNA序列，保存了这些芋螺物种的基因资源。对新毒素序列进行同源比对和进化树分析发现，A-超家族和M-超家族中存在新的二硫键骨架，其中具有半胱氨酸骨架14的A-超家族成员pu14a的发现，使我们对该超家族中各家族芋螺毒素的演变进化过程有了新的认识。6个T-1起家族芋螺毒素的前导肽和成熟肽区具有明显的序列超变异。我们详细的序列分析，为进一步系统研究芋螺毒素的结构与功能、寻找具有开发应用前景的毒素分子奠定了基础。

本书第二部分通过分离纯化、cDNA克隆和NMR波谱技术，对采自中国南海的食虫性处女芋螺的毒素成分进行了研究。α-芋螺毒素ViIA具有两种天然存在的二硫键异构体，这是目前在同一芋螺毒素中的首次发现，在另一水平上反映了芋螺毒素的多样性。O-超家族芋螺毒素vi6a含32个氨基酸并富含甘氨酸残基。和其他含6个半胱氨酸的four-loop芋螺毒素进行比较，揭示vi6a代表该结构家族中一类新颖独特的成员。我们对vi6a的溶液结构研究，是对分离自西太平洋食虫性芋螺物种中O-芋螺毒素的首次结构鉴定，为以后的构效关系和对vi6a与靶受体相互作用的理解奠定基础。芋螺毒素vi15a含27个残基和8个半胱氨酸。根据其前体肽N端的信号肽序列和成熟肽中全新的半胱氨酸骨架，将其定义为新的基因超家族——V-芋螺毒素。我们克隆了其他编码V-芋螺毒素的cDNA，进一步将这些新毒素分为三组，并对含8个半胱氨酸的神经毒素进行了系统比较分析。我们还对采自中国南海的食虫性信号芋螺和食鱼性花玛瑙芋螺的毒液成分进行了分离纯化和分子量鉴定。

本书第三部分对7条中国南海新型芋螺毒素进行了固相化学合成、体外氧化折叠、溶液结构和功能研究。Qc1.2是第一个从食虫性芋螺中得到的α4/4-芋螺毒素，与从食鱼性芋螺中克隆得到的BuIA和S1.1的同源性较低；α4/7-芋螺毒素Lp1.1和Lp1.4的序列较为相似，但Lp1.1的第一个loop中不具有保守的Ser和Pro，也罕见地存在3个Ala，且在其他α-芋螺毒素中出现频率较高的第5位酸性或疏水性氨基酸被碱性的Arg所替代，对二者的功能对比研究将帮助我们，探讨Lp1.1的特殊序列对生理活性的影响；α4/7-芋螺毒素Mr1.1是这几种芋螺毒素中唯一来自食其他软体动物芋螺物种的，具有一定镇痛活性，对其分子靶标的鉴定将有助于对α-芋螺毒素镇痛机制的理解；pu14a是nAChR的新型拮抗剂，对急性分离的小鼠颈上交感神经节神经元上电压门控型钾通道无影响。通过NMR确定pu14a的溶液结构含有一个α-螺旋和两个转角，极性侧链从分子核心发散开来，其表面的疏水patch与其他nAChR拮抗剂相近。分子中的2对二硫键(C2-C15和

C13－C19）稳定了pu14a的骨架并形成了2个loop——loop1（P3－K12）和loop2（V14－T18），长度比为10∶5。pu14a因具有较长的loop1，故分子表现为"v"形骨架结构，与具有"ω"形骨架结构的α-芋螺毒素的loop区具有明显差异。因此，pu14a代表A-超家族中含有半胱氨酸骨架14的一类全新成员。对这7条新型芋螺毒素的详细功能分析，为今后的构效关系研究奠定了基础，并能有效地辅助基于结构的高效、高选择性药物分子的设计研究。

目 录

第1章 引言

芋螺毒素(conotoxin)是热带猎食性海洋生物芋螺毒液管壁上皮细胞生产和分泌的一类具生物活性多肽,具有分子量小、富含二硫键、序列高度多样化和作用靶点广泛等特点,能特异性地作用于细胞膜上的配体门控离子通道,如烟碱型乙酰胆碱受体,钠、钾、钙等多种电压门控型离子通道,神经递质激肽受体和G蛋白偶联受体。芋螺毒素不仅可以作为研究离子通道和神经递质受体的有利工具,也可直接被开发为药物或新药先导化合物,具有广泛的应用范围和良好的应用前景。

1.1 芋螺的生物学

芋螺(genus *Conus*)属于腹足纲软体动物,因其外形多呈圆锥或芋头形而得名。芋螺多数生活在热带海洋中的浅水区,少数生活在水深几十米至200余米的区域,白昼或退潮后在海藻下或珊瑚洞中栖息,夜晚外出觅食,春夏繁殖。目前发现的芋螺约有700种,不同物种芋螺的外形、花纹、色泽和塔高等都有明显差异,故动物分类学家们常以此命名。我国的芋螺资源主要分布在海南、广东、广西和台湾诸省(区)及西沙和南沙群岛等热带海域。

芋螺利用其毒液管中的活性物质为主要武器,干扰细胞或神经元中的信号传递,从而进行捕食、防御猎食者和威慑竞争者。芋螺虽然种类繁多,个体大小和食物种类(5种不同门)各异,但都是食肉动物。根据芋螺的食性可将其分为3类:食虫芋螺(vermivorous)数量最多,约占全部芋螺物种的70%;其次是食其他软体动物芋螺(molluscivorous);而食鱼芋螺(piscivorous)的数量最少但毒性最大[1]。芋螺具有构造精细的毒器装置,包括毒囊泡、毒液管、齿舌鞘及藏于其中可任意丢弃的齿舌。捕食时，它们会向猎物投射连接毒液管和毒囊泡的针状齿舌，并注射毒液。猎物一旦被击中，就立刻麻痹，成为芋螺的食物(图 1-1)[2]。

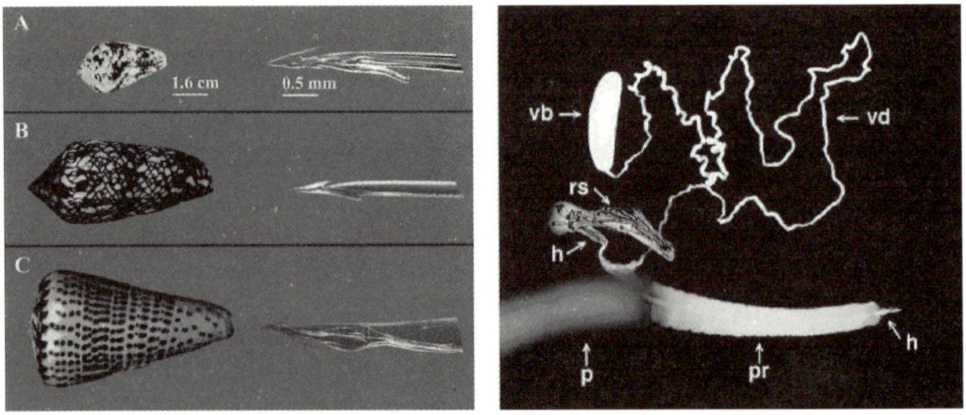

图 1-1　三种食性芋螺的壳，齿舌及共同的毒液管比较[2]

1.2　芋螺毒素的分类和命名规则

芋螺毒素通常由 10～40 个氨基酸残基组成，富含半胱氨酸，主要选择性作用于钠、钾、钙等多种电压门控离子通道，烟碱型乙酰胆碱受体、NMDA 受体等配体门控离子通道，神经递质激肽受体和 G 蛋白偶联受体，以此阻断或增强神经兴奋信号的传递。在蛇类、蝎类、蜘蛛及海葵等有毒物种毒液中发现的神经毒素多在 40～80 个氨基酸，芋螺毒素是迄今发现分子量最小的一类多肽毒素。每种芋螺能产生 50～200 种具有生物活性的短肽(绝大部分为芋螺毒素)，不同物种芋螺所含的活性肽不同，即使是同种芋螺，因生活的海域不同，其毒素成分也存在较大差别，因此自然界中至少存在着几万到十几万种不同的芋螺毒素，是一个丰富的天然神经肽库。现在已阐明一级结构的芋螺毒素仅百余条，其中一些已经被广泛用于神经科学研究，个别已经发展为临床诊断和治疗试剂[3]。

芋螺毒素种类繁多，生物活性多样，一级结构高变，需要对其做出一简单合理的分类。目前主要采用的原则是根据其前导肽 N 端高度保守的信号肽序列，将芋螺毒素分为若干个超家族(A、C、D、I、J、L、M、O、P、S 和 T)。在此基础上，根据成熟肽中保守的半胱氨酸骨架，结合其分子靶标和药理学活性，可将之进一步分为若干个家族(图1-2)[4,5]，例如：O-超家族包括ω-、μO-、δ-、κ-和γ-芋螺毒素；T-超家族包括T-1(τ-)和T-2(χ-)芋螺毒素；A-超家族包括α-、αA和κA-芋螺毒素。

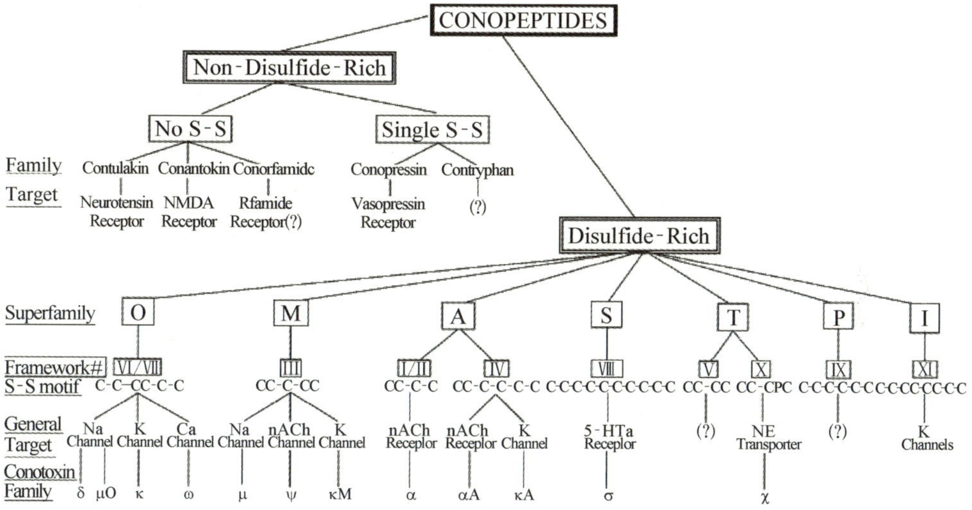

图1-2 芋螺毒素分类图[4]

根据芋螺毒素标准命名法，一个已知功能芋螺毒素的最终命名包括：一个希腊字母(指定药理学活性)，一个连字号连接“conotoxin”，一个或两个字母(大写或首字大写，代表芋螺种属)，一个罗马字母(指名半胱氨酸骨架和排列方式)及一个大写字母(代表同家族不同肽的发现顺序)[6,7]。如μ-conotoxin GⅢA代表一条源于地纹芋螺(*C. geographus*)作用于钠离子通道的小肽，其成熟肽半胱氨酸骨架为CC-C-C-CC。如果出现功能相同而半胱氨酸骨架和二硫键配对方式不同的芋螺毒素，则在名称中的希腊字母后面加个大写字母予以区分，例如作用于烟碱型乙酰胆碱受体(nAChRs)的α-和αA-芋螺毒素，作用于钾离子通道的κ-和κA-芋螺毒素等。

对未知活性的芋螺毒素，命名时就不采用指定药理学活性的希腊字母，仅用一个或两个小写字母代表芋螺种属，阿拉伯数字代表半胱氨酸骨架，一个小写字母代表同类型不同肽的发现顺序，如p5a、au5a等[7]。其克隆得到的毒素序列则对应的以P5.1和Au5.1的形式命名[6]。

对于其他仅含一对二硫键或不含二硫键的芋螺肽(conopeptide)，由于数量和其种属分布相对稀少,命名则简单许多。通常在其名称后面直接加一个或两个字母来表明其种属来源,如 contryphan - R 和 conantokin - G 等。

1.3 芋螺毒素的分子生物学特征

尽管不同种类芋螺毒素成熟肽序列具有高度多样性[8],它们前体肽编码基因的组成在物种间却保持恒定。一条芋螺肽前体的 3 个不同区域(一般为 N 端的信号肽、中间的前导肽和 C 端的成熟肽。现在又发现来自 I -芋螺毒素超家族中一条含羧化谷氨酸的多肽[9]具有如下的模体序列:信号肽—成熟肽—“后导肽”)已分化出显著不同的进化速率[8]。同一超家族的芋螺毒素成员,即使来源于不同物种,也具有高度保守的信号肽,其 pro 区也有一定保守性,而成熟肽则超变异。对来源于不同物种的 ω -和 κ -芋螺毒素[10]进行比较发现,尽管作用靶点不同(分别作用于钙离子和钾离子通道),但它们的信号肽却高度保守,pro 区也很保守,而成熟肽仅有半胱氨酸骨架相同。同属于 ω 家族的 GⅥA[11] 和 MⅦA[12],其成熟肽也仅有个别残基相同(表 1 - 1)。而在 T -超家族中,tx5a 和 χ - MrX 仅信号肽保守,其半胱氨酸骨架和二硫键连接方式均不同[13]。芋螺毒素生物活性的多样性正是由于其成熟肽的超变异所造成的。

表 1 - 1 三条 O -超家族芋螺毒素前体序列比较

Conotoxins	signal	pro region	mature peptide
κ - PⅦA[10]	MKLTCVVIVVVLFLTACQLITA	DDSRRTQKHRALRSTTKLSLSTR	CRIPNQKCFQHLDDCCSRKCNRFNK-CV
ω - GⅥA[11]	MKLTCVVIVAVLLLTACQLITA	DDSRGTQKHRALGSTTELSLSTR	CKSPGSSCSPTSYNCC-RSCNPYTKRCYG
ω - MⅦA[12]	MKLTCVVIVAVLLLTACQLITA	DDSRGTQKHRALRSTTKLSTSTR	CKGKGAKCSRLMYDCCTGSCRS-GK-CG
Identity:	20/22	19/23	6/28

对前体肽中不同部分的同义和非同义突变率的分析显示,在不同部分间突变频率存在超过一个数量级的差异,其中成熟肽区的突变率最高。前体肽中具有显著不同突变率的 3 个部分被内含子所分隔。在一些芋螺毒素家族中,信号肽、前导肽和成熟肽位于不同的外显子中,而这些外显子又被大内含子所分隔[8]。例如:δ 芋螺毒素 TxⅥA 中内含子位置的精确数据已经被采集(R. Schoenfeld,未发表结果):编码外显子Ⅲ包括整个成熟肽区和前导肽的部分核苷酸,编码外显子Ⅱ包括大部分的前导肽序列(除开少数核苷酸被包含在外显子

Ⅰ和外显子Ⅲ中)。而与其他家族的芋螺毒素相比,α-家族芋螺毒素分子量较小,一般只含十几个氨基酸残基,含2对或3对二硫键,其cDNA序列和基因组结构均相对简单。α-芋螺毒素在其pro区有一较长内含子[8],这种结构和蝎毒神经毒素的基因结构相似。蝎神经毒素除了BmKAS无内含子之外,其他毒素均只有一个内含子,通常插入在信号肽的C端。我们推断,芋螺毒素前体中大内含子的存在造成外显子间不同的突变速率,并使得编码成熟肽毒素的序列具有高度多样性[8]。

值得注意的是,关于内含子的功能,有两种不同看法。一种见解认为:内含子是在进化中出现或消失的,内含子如果有功能,只不过是有利于物种的进化选择。例如细菌丢失了内含子,可以使染色体变小和复制速度加快。真核生物保留内含子,则可以产生外显子移动,有利于真核生物在适应环境改变时能合成功能不同而结构上只有微小差异的蛋白质。对该见解的描述与在芋螺毒素中观察到的情况相符。另一些学者则力图证明内含子在基因表达中有调控功能。例如:现在已知道某些遗传性疾病,其变异是发生在内含子而不在外显子。有些内含子在调控基因表达的过程中起作用,有些内含子还能为酶编码[14]。

1.4 芋螺毒素的翻译后修饰

芋螺毒素是迄今为止所发现的翻译后加工最为复杂的多肽,除了常见的翻译后修饰如成熟肽的蛋白酶剪切、二硫键形成和C末端酰胺化外,同时也发现了一些其他物种罕见的修饰,如:脯氨酸、赖氨酸和缬氨酸的羟基化,谷氨酸的γ羧基化修饰,焦谷氨酸环化,L型氨基酸到D型氨基酸的差向异构化,溴代Trp,Ser或Thr糖基化及Tyr的磺基化等(图1-3)[15,16]。其中有些翻译后修饰是第一次在芋螺毒素中报道,如溴代Trp,而很多都在其他生物系统中有着广泛的分布,因此研究芋螺毒素可以更好地了解多肽的翻译后修饰机理。

芋螺毒素中翻译后修饰的分布极度不均一,有些家族如ω-、δ-和μ-家族芋螺毒素很少有翻译后修饰(除蛋白酶剪切和二硫键形成外),而有些家族芋螺毒素却存在高度的翻译后修饰。来源于光环芋螺*C. radiatus*的8肽bromocontryphan,可能是已知多肽中翻译后加工密度最高和最复杂的:Pro3羟化,Trp7溴代,

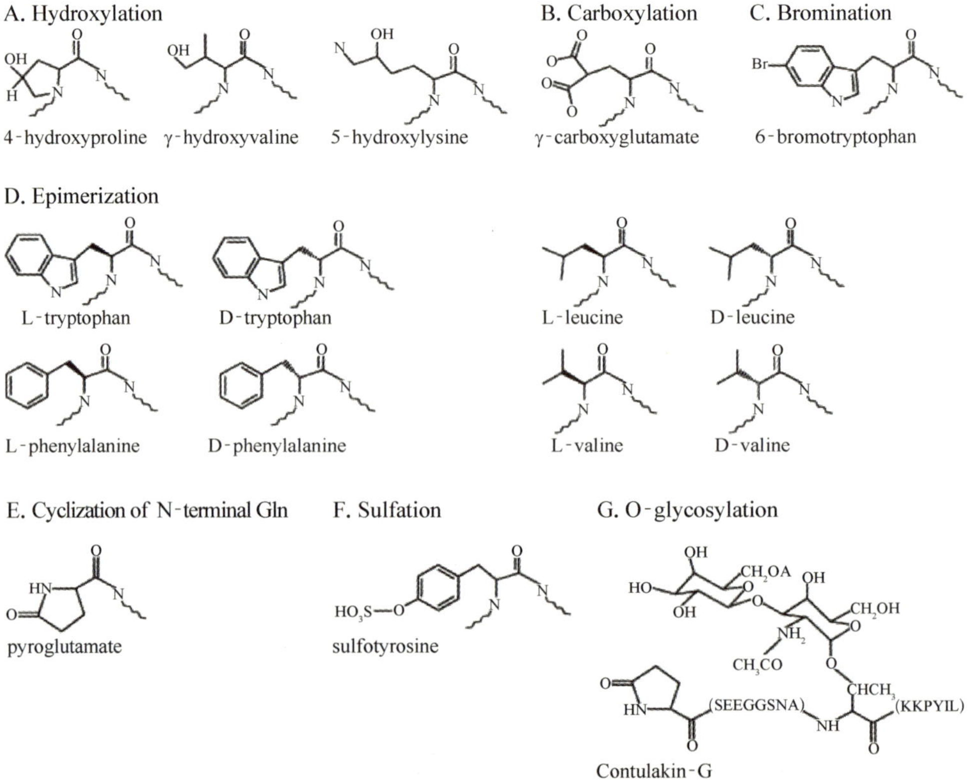

图 1-3 芋螺毒素中翻译后修饰的氨基酸结构[16]

Trp4 差向异构化成 D 型氨基酸且 C 末端酰胺化[17]。T 超家族成员 tx5a 是另一个被高度翻译后修饰的毒素，其序列中同时存在 4 种不同的修饰后氨基酸[6]：γ 羧基化、溴代、糖基化和羟基化修饰。

这些氨基酸的修饰与加工均需要特定的酶，同时也需要相应的识别序列或特征性结构，表 1-2 中列举了部分已知的修饰酶。对芋螺毒素而言，对其结构与功能至关重要的可能是二硫键异构酶(PDI)。Solovyov 等认为，PDI 的功能主要在于催化新生肽分子形成二硫键外，用于矫正错配的异构化作用仅占很少一部分[18]。这些修饰酶一般都具有高度选择性，如差向异构酶(epimerase)仅将 contryphan 中的一个 L-Trp 转换为 D-Trp[19]，而作用于 Glu 形成 Gla 的 γ-羧基化酶对 conantokin 也只加工 5～6 个 Glu 中的 4 个，且位置保守[20,22]。这些修饰酶的作用机理，识别序列及其选择性加工的分子机制还亟待进一步研究。

表 1-2 芋螺毒素中翻译后修饰的种类及相关多肽序列[15,16]

Modification	Peptide example	Sequence	Enzyme
Proteolytic processing	δ-TxⅥA	DDSKNGLENHFWKARDEMKNREASKLDKKEA CYAPGTFCGIKPGLCCSEFCLPGVCFGG	Tex31
Disulfide bridge formation	pro-GⅠ	FPSERASDGRDDTAKDEGSDMEKLVEKKECCN PACGRHYSC*	*Conus* protein disulfide isomerase
Hydroxylation of proline	μ-GⅢA	RDCCTOOKKCKDRQCKOQRCCA*	proline hydroxylase
Amidation of C-terminus	α-MⅠ	GRCCHPACGKNYSC*	Protein amidating monooxygenase
Carboxylation of glutamic acid	Conantokin-G	GEγγLQVNQγLIRγKSN*	γ-glutamyl carboxylase
Bromination of tryptophan	Bromocontryphan-R	GCOwEPW†C*	bromo peroxidase
Epimerization of tryptophan	Contryphan-R	GCOwEPWC*	epimerase
Cyclization of N-terminal Gln	Bromoheptapeptide	ZCGQAW†C*	glutaminyl cyclase
Sulfation of tyrosine	α-EpⅠ	GCCSDPRCNMNNPY‡C*	tyrosyl sulfotransferase
O-glycosylation	κA-SⅣA	ZKSLVPS§VITTCCGYDOGTMCOOCRCTNSC*	Polypeptide HexNAc transferase

The highlighted portions of the sequences are proteolytically cleaved during maturation of the toxin.

For post-translational modifications: γ, γ-carboxyglutamate; Z, pyroglutamic acid; Y‡, tyrosine sulfate; w, D-tryptophan; W†, 6-bromotryptophan; O, 4-trans-hydroxyproline; S§, Hex3HexNAc2-Ser; *, amidated C-terminus.

1.5 芋螺毒素的生理活性

尽管目前功能明确的芋螺毒素只占整个毒素库很小一部分，但对它们的生理功能已经有了较为清晰的认识。芋螺毒素半胱氨酸骨架和结构的不同，决定了它们功能位点的差异，已经清楚的靶位主要包括配体门控离子通道（乙酰胆碱受体、NMDA 受体）、电压门控离子通道（钠、钾、钙等离子通道）及 G 蛋白偶联受体。

1.5.1 乙酰胆碱受体的选择性拮抗剂：α-、αA-和 ψ-芋螺毒素

乙酰胆碱受体（AChR）按照药理学分类有 N 型（nicotine）和 M 型（muscarinic），其中 N 型乙酰胆碱受体又可分为肌肉型和神经型两种。肌肉型的 nAChR 由 2 个 α1 亚基，1 个 β1 亚基，1 个 δ 亚基和 1 个 γ/ε 亚基组成异源五聚体。而神经型的 nAChR 又分为 2 种，一种是异源五聚体，由 2 个 α 亚基和 3 个 β 亚基组成，另一种则是不同 α 亚基的同源五聚体。迄今已发现 9 种神经型 α 亚基（α2～α10）和 3 种 β 亚基（β2～β4），其中除 α8 外，其他的亚基均已被克隆[23,24]。芋螺毒素中存在 3 个不同家族的毒素（α-、αA-和 ψ-芋螺毒素）可以选择性作用于 nAChR。

α-芋螺毒素通常含有 2 对二硫键，可以选择性地抑制神经型或肌肉型 nAChR，因此已成为研究 nAChR 的理想工具[25]。迄今已阐明一级结构的 α-芋螺毒素近 20 种，分别来自不同的芋螺种属，除了 α-SⅡ含有 3 对二硫键之外，其余都含有 2 对二硫键，且交叉分布，形成 2 个 loop。保守的二硫键骨架和 loop 的长度是 α-芋螺毒素的一个主要特征，据此又可将 α-芋螺毒素分为 α3/5、α4/7 和 α4/3 等多种亚家族[26]，α3/5 芋螺毒素 loop 区的同源性很强，仅有个别氨基酸残基突变，而神经型芋螺毒素的 loop 区却变化很大。不同的结构使得这些亚家族的毒素对 nAChR 的选择性不同（表 1-3）。α3/5 芋螺毒素能专一结合肌肉型 nAChR 的 α/δ 和 α/γ 靶位，绝大多数的 α4/7 和 α4/6 芋螺毒素则能专一结合神经型 nAChR 的 α3/β2 和 α3/β4 靶位，但 EⅠ例外，它和 α3/5 一样作用于肌肉型 nAChR[25,27]。以 ImⅠ和 ImⅡ为代表的 α4/3 芋螺毒素，则选择性作用于 α7 靶位[28]。而最新发现的 α4/4 芋螺毒素 BuIA，对含 α6/α3 或 α3 的 nAChR 具有高度选择性，并且由于其解离速率（off-rate）的差异，可以用来区分含有 β2 和 β4

的 nAChR 亚型[29]。而 GID 是目前发现的唯一一个含有 γ-羧基谷氨酸且 C 端没有酰胺化的 α-芋螺毒素，可以特异地作用于 α7 和 α3/β2 亚型[30]。

表 1-3 α-芋螺毒素及其作用亚型[25,26]

Name	Sequence	Receptor^a	m/n^b
GⅠ	--E**CC**NPA**C**GRHYS**C***	M $(\alpha 1)_2\ \beta\gamma\delta$	3/5
CnⅠA	-GT**CC**HPA**C**GKYYS**C***	M $(\alpha 1)_2\ \beta\gamma\delta$	3/5
SⅠ	--I**CC**NPA**C**GPKYS**C***	M $(\alpha 1)_2\ \beta\gamma\delta$	3/5
SⅡ	-G**CCC**NPA**C**GPNYG**C**TS**C**S*	M $(\alpha 1)_2\ \beta\gamma\delta$	3/5
EⅠ	RDO**CC**YHPT**C**NMSNPQI**C***	M $(\alpha 1)_2\ \beta\gamma\delta$	4/7
PnⅠA	--G**CC**SLPP**C**AANNPDY**C***	N α3 β2	4/7
PnⅠB	--G**CC**SLPR**C**ALSNPDY**C***	N α7	4/7
EpⅠ	--G**CC**SDPR**C**NMNNPDY**C***	N α3 β2 / α3 β4	4/7
MⅡ	--G**CC**SNPV**C**HLEHSNL**C***	N α3 β2 / α6 β2 β3	4/7
AuⅠB	--G**CC**SYPP**C**FATNPD-**C**∗	N α3 β4	4/7
GⅠC	G**CC**SHPA**C**AGNNQHI**C**∗	N α3 β2	4/7
GⅠD	IRDγ**CC**SNPA**C**RVNNOHV**C**	N α7=α3 β2	4/7
ImⅠ	--G**CC**SDPR**C**AWR----**C***	N α7	4/3
ImⅡ	--A**CC**SDRR**C**RWR----**C***	N α7	4/3
BuⅠA	--G**CC**STPP**C**AVLY---**C***	N α6/α3 β2, α6/α3 β4	4/4

The highly conserved cysteine residues are in bold.

For post-transaltoonal modifications: O, hydroxyproline; ∗, C - terminal amidation; γ, γ - carboxyglutamate.

^{a}M, muscle nicotinic acetylcholine receptor; N, neuronal nicotinic acetylcholine receptor.

^{b} *m* and *n* refer to the number of residues in the loop1 and loop2, respectively.

目前对于 α-芋螺毒素结构的了解已经较为清楚，其在溶液中的肽骨架构象近似于“ω”，其二级结构主要由螺旋和转角组成。“ω”的两端分别代表毒素的 C 端和 N 端，其开口的大小表示 C 端和 N 端的接近程度，只是 α3/5 型的芋螺毒素开口较小，紧缩成三角状，而 α4/7 型的芋螺毒素开口稍大(图 1-4)[31]。由于每种 α-芋螺毒素的一级结构不同，其三级结构表现出以“ω”刚性结构为骨架，附加多种柔性侧链，这些柔性结构决定了毒素能够与 nAChR 的某个亚基或靶位结合，从而表现出对特定靶位的选择性。肌肉型 α-芋螺毒素的作用靶位基本类似，而神经型 α-芋螺毒素的序列保守程度小，从而可以识别多种靶位，有时 1～2 个氨基酸残基的改变，不仅可以改变其靶位类型，还可能改变其在同一靶位的结合位点。如 PnⅠA 中的 Ala^{10} Asn^{11} 突变为 PnIB 中的 Leu^{10} Ser^{11}，其作用靶位就由 α3/β2 转变为 α7[32]。而对 ImⅠ和 ImⅡ来说，尽管同样作用于 nAChR 的 α7 亚基，ImⅠ能与 α-金环蛇毒素竞争对 α7 亚基的结合位点，与之相差 3 个氨基酸残基的 ImⅡ则不能与之竞争[28]。对 α-EI 的 NMR 结构研究表明：尽管 α-EI的结构骨架与其他已知的 α4/7 芋螺毒素比较吻合，但是其表面电荷分布和部分表面基团位置与 α-GⅠ十分相似，也许正是这种分布造成了其对肌肉型 nAChR 的作用[33]。由此推测，毒素对受体亚型的选择性也受到毒素的表面电荷和基团的影响。

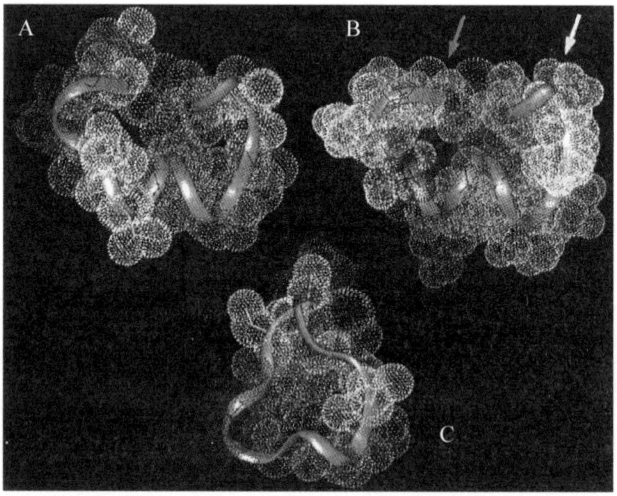

图 1-4　α-芋螺毒素 PnⅠA (A)、MⅡ (B)和 GⅠ (C)的三级结构图[31]

另一种 nAChR 的竞争性拮抗剂是 αA-芋螺毒素，它们具有 3 对二硫键，其二硫键连接方式也较为独特。目前已知的 4 种 αA-芋螺毒素全部来源于食鱼芋螺，PⅣA 作用于突触后骨骼肌上的 α7 nAChR，而 EⅣA 和 OⅣA 则作用于含有 α1 靶位的 nAChR[34,35]，其中 OⅣA 又具有与众不同的二硫键连接方式。这可能跟其种属进化及来源有关，*C. obscurus* 在进化上属于 *Gastridium* 亚属，生活于西太平洋-印度洋海域，而 *C. purpurascens* 和 *C. ermineus* 则属于另一亚属 *Chelyconus*，生存于东太平洋-大西洋海域[36]。

与上述 2 种芋螺毒素不同的是，ψ-芋螺毒素 PⅢE 和 PⅢF 可以非竞争性地拮抗肌肉型 nAChR[37]。这 2 种毒素分别具有 3 对二硫键，其二硫键骨架和作用于钠离子通道的 μ-芋螺毒素相似。

最新发现的几种新型芋螺毒素，也可以作用于乙酰胆碱受体，如命名为 J 超家族的 flf14a[38]、pl14a[39]和 L 超家族的 lt14a[40]，其成熟肽的半胱氨酸个数和 α-芋螺毒素一样，但是骨架为-C-C-C-C-。其中 pl14a 可以作用于神经型 nAChR α3/β4、肌肉型 α1β1εδ 及钾离子通道 Kv1.6，lt14a 也可以作用于神经型 nAChR。序列比较发现这 3 个毒素和 α-芋螺毒素有一定的相似性。从光环芋螺(*C. radiatus*)中分离得到的 αS-RⅧA 属于 S 超家族，可以作用于包括肌肉型和神经型的多种 nAChR[41]。而从菖蒲芋螺(*C. vexillum*)分离得到的 αD-VxⅫA、VxⅫB 和 VxⅫC 有 47～50 个残基，10 个半胱氨酸，骨架为-C-CC-C-CC-C-C-C-C-，可以特异地作用神经型 nAChR α7 和 α3/β2 亚型，并且在天然的状态下以二聚体的形式存在[42]。从食鱼性芋螺物种 *Conus parius* 中分离得到的 32 肽 αC-conotoxin PrⅩA (αC-PrⅩA)，代表芋螺毒素中另一类具有独特结构的竞争性烟碱型乙酰胆碱受体拮抗剂[43]。它含有一对二硫键、三个 4 号位上反式羟脯氨酸和酰胺化的 C 末端。活体动物实验结果表明，该肽注射小鼠和金鱼后，引起实验动物瘫痪、麻痹和死亡。在电生理实验中，αC-PrⅩA 可强烈拮抗小鼠肌肉型烟碱型乙酰胆碱受体亚型，其拮抗成体型(α1β1εδ)和胚胎型(α1β1γδ)受体亚型的 IC_{50}值分别为 1.8 nM 和 3.0 nM。因 αC-PrⅩA 对于其他配体门控和电压门控离子通道均无明显抑制或激活效应，故该肽为高效特异性的神经肌接头烟碱型乙酰胆碱受体抑制剂。在 binding 实验中，该肽与 α-金环蛇毒素竞争烟碱型乙酰胆碱受体的 α/δ(高亲和力)和 α/γ 亚基界面。αC-PrⅩA与大多数芋螺肽中烟碱拮抗剂具有显著差异，其生化特征与蛇毒 Waglerins 最为相似。

1.5.2 钠离子通道拮抗剂：μ-、μO-和 δ-芋螺毒素

电压门控型钠离子通道是在可兴奋细胞产生动作电位的主要分子，是一种糖蛋白，主要由 260 kDa 的 α 亚基组成。α 亚基在某些物种中存在其他辅助亚基，如哺乳动物中的 β 亚基(β1、β2 和 β3)和苍蝇中的 tipE 亚基[44,45]。在脊椎动物大脑中的钠离子通道，β1 与 α 亚基通过非共价形式相结合，β2 通过二硫键与之连接。而骨骼肌钠离子通道则由 α 和 β1 组成二聚体[46]。目前认为 β 亚基并非通道活性所必需，而是用于调节通道蛋白的表达和功能。

α 亚基由 4 个同源的结构域(DⅠ～DⅣ)组成，每个结构域都有 6 个穿膜的

片段(S1～S6)及S5～S6中间连接段的P loop,后者正是组成通道孔区的主要部分,在通道激活时构象改变。目前在哺乳动物中已发现9种有功能的钠离子通道亚型,命名为$Na_v1.1$～$Na_v1.9$,存在于中枢及外周神经系统、骨骼肌、心脏等。第十种Na_x与其他亚型具有50%的同源性,但是至今尚未发现其表达产物,因此推测它可能并不编码钠离子通道[47]。

钠离子通道的典型阻断剂是河豚毒素(Tetrodotoxin,TTX)和石房蛤毒素(Saxitoxin,STX)。钠离子通道上至少有6个结合位点[48],TTX和STX结合Site Ⅰ使通道失活;其他多肽毒素(如蝎毒、海葵毒素等)分别结合Site Ⅱ～Site Ⅴ影响钠离子通道的活化或失活;δ-芋螺毒素结合Site Ⅵ也使通道失活减慢。根据通道对TTX的敏感程度,也可分为TTX敏感(TTX-S)的钠离子通道和TTX不敏感(TTX-R)钠离子通道,Nav1.5、Nav1.8和Nav1.9均属于TTX-R钠离子通道。

目前发现的可作用于钠离子通道的芋螺毒素主要有3种:μ-、μO-和δ-芋螺毒素(表1-4)。μ-芋螺毒素是迄今唯一作用于Site Ⅰ的多肽毒素,分子中通常含有羟脯氨酸。μ-GⅢA具有很强的组织专一性,仅选择性作用于骨骼肌钠离子通道$Na_v1.4$亚型。GⅢA通过结合钠离子通道的孔区从而与TTX竞争Site Ⅰ,二者的作用位点有重叠但并不完全相同[49]。Arg13被认为是对GⅢA的活性相当重要的氨基酸,此氨基酸的突变导致GⅢA不能完全阻断钠离子通道,推测其可能通过空间位阻和静电作用阻断通道孔区[50]。GⅢB[51]、SmⅢA[52]和PⅢA[53]中也同样存在这一保守的Arg。与GⅢA不同的是,PⅢA既可以不可逆的阻断两栖动物肌肉型钠离子通道,又可以作用于哺乳动物神经型钠离子通道Nav1.2,因此又可作为对钠离子通道亚型进一步鉴定的工具[53]。

GⅢA和GⅢB的溶液构象十分相似,此构象由一段α-helix,一个小的β-hairpin和几个turn构成,3对二硫键将它们连接形成一个紧密结构CSαβ motif(Cysteine stabilized αβ motif,图1-5A)[54]。这种结构是一种稳定结构,在许多其他种类小蛋白中也是常见的,如蝎毒素、昆虫防卫素等。结构-活性关系研究表明,分布于分子表面的Arg13、Lys16、Ayp17、Arg19/Lys19与受体结合位点有关,对活性起决定性作用。μ-PⅢA具有与GⅢA相似的C端结构,表面基团的分布也相似,但存在一个cis/trans异构,PⅢA中的Hyp8展现trans构象,而GⅢA中的Hyp7为cis构象,这一构象差异也许正是造成其生理靶点选择性不同的原因之一(图1-5B,1-5C)[55]。

表 1-4 作用钠离子通道的芋螺毒素

Peptide	Species	Target	Sequence	Ref.
μ-GⅢA	*C. geographus*	Muscle	RDCCTOOKKCKDRQCKOQRCCA*	[49,50]
μ-GⅢB	*C. geographus*	Muscle	RDCCTOORKCKDRRCKOMKCCA*	[51]
μ-SmⅢA	*C. stercusmuscarum*	TTX-insensitive (amphibian)	ZRCCNGRRGCSSRWCRDHSRCC*	[52]
μ-PⅢA	*C. purpurascens*	TTX-sensitive(diverse)	ZRLCCGFOKSCRSRQCKOHRCC*	[53]
μO-MrⅥA	*C. marmoreus*	Diverse	ACRKKWEYCIVPIIGFIYCCPGLICGPFVCV	[59]
μO-MrⅥB	*C. marmoreus*	Diverse	ACSKKWEYCIVPILGFYYCCPGLICGPFVCV	[59]
δ-GmⅥA	*C. gloriamaris*	N/A	VKPCRKEGQLCDPIFQNCCRGWNCV-LFCV	[60]
δ-TxⅥA	*C. textile*	Molluscan	WCKQSGEMCNLLDQNCCDGY-CIVLVCT	[61]
δ-PⅥA	*C. purpurascens*	Diverse	EACYAOGTFCGIKOGLCCSEF-CLPGVCF*	[62]
δ-NgⅥA	*C. nigropunctatus*	Diverse	SKCFSOGTFCGIKOGLCCSVR-CFSLFCISFE	[63]

For post-translational modifications: O, 4-trans-hydroxyproline; *, C-terminal amidation.
N/A, not available.

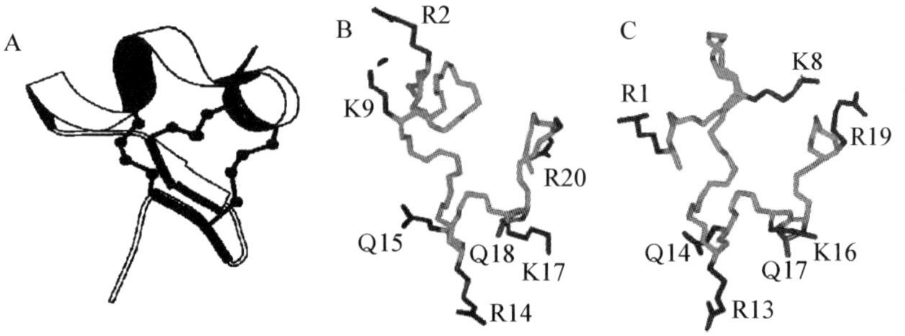

图 1-5 μ-芋螺毒素 GⅢA 和 PⅢA 的溶液结构[54,55]

新发现的 SmⅢA 能够阻断 TTX-R 的神经元钠离子通道，而不影响 TTX-S钠离子通道[52]。由于缺乏 Pro，SmⅢA 所有的肽键都呈现 trans 构象，而 C 端的 10 个氨基酸残基证实与其结合 TTX-R 钠离子通道密切相关。用 SmⅢA C 端的 10 个氨基酸残基替换 PⅢA C 端的 9 个残基，这种嵌合的 PⅢA 具有了阻断 TTX-R 钠离子通道的能力；反之，则丧失了 SmⅢA 对 TTX-R 钠离子通道的阻断作用[56]。本实验室发现的 SⅢA 和 SmⅢA 序列相似，同样来自食鱼芋螺，但是缺少中间的两个 Arg，能够阻断大鼠中 TTX-R 的神经元钠离子通道而不影响 TTX-S 钠离子通道[57]。

与 μ-芋螺毒素不同的是，μO-和 δ-芋螺毒素均属于 O-超家族，其分子内 3 对二硫键呈 ICK motif(Inhibitor Cysteine Knot motif)，这与作用于钙离子通道的 ω-芋螺毒素结构相同(图 1-6)[58]。尽管这两类毒素具有十分相似的结构，但是其功能却明显不同。迄今发现的 μO-芋螺毒素只有 MrⅥA 和 MrⅥB，它们能阻断软体动物神经元上的钠离子通道，前者还能阻断大鼠大脑神经元上的钠离子通道[59]。

δ-芋螺毒素则是一种兴奋性毒素，可以延迟电压敏感的钠离子通道的失

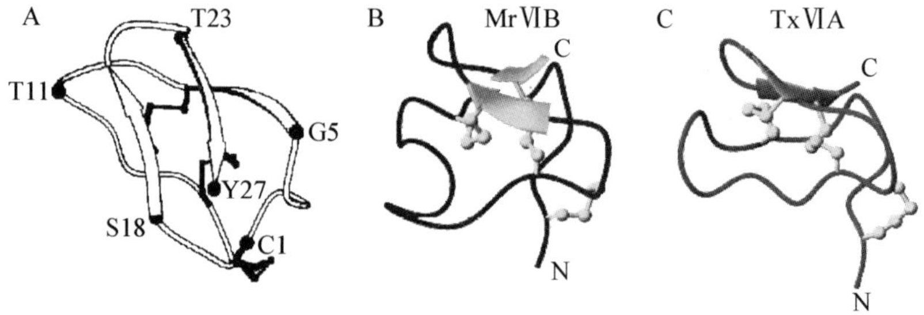

图 1-6 芋螺毒素 μO-MrⅥB 和 δ-TxⅥA 的溶液结构[58,59]

活，第一个从芋螺毒素分离纯化得到的兴奋性毒素是GmⅥA，作用于软体动物神经元上的钠离子通道[60]。值得注意的是，TxⅥA对软体动物及大鼠神经元具有相同的高亲和力，其对钠离子通道的兴奋性却仅表现在软体动物上，而对脊椎动物没有明显作用。与脊椎动物钠离子通道的这种“沉寂性”结合，是不依赖电压的，同时这一位点在昆虫和脊椎动物中都是保守的[61]。来自食鱼芋螺的PⅥA能够选择性地作用于脊椎动物神经元钠离子通道，在Xenopus中也可影响$Na_v1.2$、$Na_v1.4$和$Na_v1.6$的失活[62]。PⅥA与随后发现的NgⅥA都可以与TxⅥA竞争钠离子通道的结合位点，且都具有明显活性，因此推测它们与钠离子通道的结合位点在空间上邻近，但不完全相同[63]。TxⅥA是第一个能够从活性而不是结合力上区分通道亚型的毒素，与NgⅥA作为互补的2个药理探针分子，可应用于δ-芋螺毒素在钠离子通道门控调节过程的机理研究。

1.5.3 钙离子通道选择性拮抗剂：ω-芋螺毒素

电压敏感型钙离子通道(VSCCs)根据电生理和药理学特征可分为T、L、N、P/Q和R等几种亚型[64]。T型在许多细胞中发现，为低电压激活，参与可兴奋信号的重复发放。其他几种亚型则受高电压激活，根据其不同的药理学性质进行细分：L型受二氢吡啶抑制；P/Q型受ω-agatoxin-ⅣA和ω-MⅦC的作用；N型选择性受控于ω-GⅥA和MⅦA；新近发现的R型钙离子通道对以上各种阻断剂都不敏感，但是受到来源于tarantula毒液的SNX482的抑制[65,67]。因此ω-芋螺毒素在VSCCs的定义和分类中起着至关重要的作用(表1-5)。

表1-5 ω-芋螺毒素——钙离子通道选择性拮抗剂

Conotoxin	Species	Sequence	Target
CⅥA[68]	*C. catus*	**C**KSTGAS**C**RRTSYD**CC**TGS**C**--RSGR**C***	N-type
CⅥB[68]	*C. catus*	**C**KGKGAS**C**RKTMYD**CC**RGS**C**--RSGR**C***	N/P/Q-type
CnⅦA[69]	*C. consors*	**C**KGKGAO**C**TRLMYD**CC**HGS**C**SSSKGR**C***	N-type
GⅥA[11]	*C. geographus*	**C**KSOGSS**C**SOTSYN**CC**-RS**C**NOYTKR**C**Y*	N-type
GⅦA[70]	*C. geographus*	**C**KSOGTO**C**SRGMRD**CC**-RS**C**LLYSNK**C**RRY*	N-type
MⅦA[12]	*C. magus*	**C**KGKGAK**C**SRLMYD**CC**TGS**C**--RSGK**C***	N-type
MⅦC[66]	*C. magus*	**C**KGKGAP**C**RKTMYD**CC**SGS**C**-GRRGK**C***	P/Q/N-type
SⅥA[71]	*C. striatus*	**C**RSSGSO**C**GVTSI-**CC**GR-**C**--YRGK**C**T*	P/Q/N-type

续 表

Conotoxin	Species	Sequence	Target
SⅥB[12]	*C. striatus*	CKLKGQSCRKTSYDCCSGSC-GRSGKC*	P/Q/N-type
TⅥA[72]	*C. tulipa*	CLSOGSSCSOTSYNCC-RSCNOYSRKCY*	N-type
TxⅦ[73]	*C. textile*	CKQADEPCDVFSLDCCTGIC---LGVCMW	L-type

For post-translational modifications: O, hydroxyproline; *, C-terminal amidation.

ω-芋螺毒素分子中含有3对二硫键，形成4个loop的刚性结构且C端通常被酰胺化。目前已经解析了多个ω-芋螺毒素的溶液构象，如GⅥA、MⅦA、MⅦC及SⅥA等。这些芋螺毒素具有一个共同的结构：抑制剂半胱氨酸绳结motif(ICK motif)(图1-6A)，这个motif由一个小的被几个转角连接的三股反平行β-sheet组成，二硫键结稳定其结构，这种结构常见于一些来源于动植物的神经肽(如蝎毒、蜘蛛毒等)和抑制剂中[74,75]。在芋螺毒素家族中，μO-、δ-和κ-芋螺毒素也采用这种保守结构，只是带正、负电荷残基以及疏水残基的位置大不相同，这说明毒素表面的电荷和氨基酸分布也是影响其生理活性的重要因素之一，而这种骨架结构也可以作为药物设计的有效模板。

ω-GⅥA是鉴定N型VSCCs的有效药理学工具，也是最早被测定了结构的ω-芋螺毒素，分子中的Lys^{2}和Tyr^{13}对其活性及与受体的结合至关重要[11]。对MⅦA(作用于N-型钙离子通道)和MⅦC(作用于P/Q型钙离子通道)进行loop杂交突变，进行通道结合实验，并研究其构效关系，结果发现loop2和loop4对受体亚型的选择性相当重要，其中loop4直接作用于受体位点，或者影响loop2中的氨基酸。将L-Tyr^{13}用D-Tyr^{13}替代则导致loop2的骨架和方向发生很大改变，极大降低了对受体的结合力[12]。除此之外，还有其他一些氨基酸对ω-芋螺毒素的活性必不可少，如GⅥA中的Hyp^{10}、Hyp^{21}、Tyr^{22}及MⅦA中的Leu^{11}、Arg^{10}、Arg^{21}等，这些氨基酸的突变并不影响毒素与通道的亲和力，但是活性却降低100倍。尽管这些氨基酸并不完全相同，但是在其表面分布却很相似，因此可以推测这2类毒素阻断钙离子通道时，不仅与孔区氨基酸结合，还受到孔道开口处氨基酸的影响[76]。

TxⅦ是第一个报道的可以选择性阻断L-型VSCC的芋螺毒素，与其他ω-芋螺毒素相比较，其分子中含有较多的疏水性氨基酸，且具有-3的净电荷(ω-芋螺毒素通常为+4左右)。尽管TxⅦ与GⅥA和MⅦA的一级序列有着较低的相似性，但却有相似的三级结构，同样具有ICK motif。其结构的显著差异是：

TxⅦ中暴露在分子表面的多为疏水性氨基酸，GⅥA和MⅦA中则多为碱性氨基酸。这些疏水性氨基酸可能通过和L-型钙离子通道α1亚基的作用而具有独特的选择性[77]。值得注意的是，TxⅦ却具有和δ-TxⅥA同源的信号肽，后者作用于钠离子通道而不是钙离子通道。进化树分析结果也表明TxⅦ和TxⅥA在进化中的近缘关系，其功能分化可能是基因复制的结果。具有相同结构骨架的几种毒素也可以具有不同的序列和生理活性，这一例子更说明了芋螺毒素的复杂性[73]。

1.5.4 钾离子通道的阻断剂或激动剂：κ-、κA-、κM-和κI-芋螺毒素

钾离子通道是最复杂的一种离子通道，在心脏速率的调节、肌肉的收缩、神经递质的释放等诸多的生理过程中起着至关重要的作用[78]。到目前为止，共有80多个钾离子通道的蛋白或相关基因被鉴定。根据其激活机制的不同，主要分为2类：电压门控型与配体门控型。电压门控型的钾离子通道(Kv)在膜电位去极化到一定阈值时被激活。配体门控型钾离子通道根据调节配体的不同分为Ca^{2+}激活型、G蛋白调节型、ATP敏感型等亚型。目前已经解析了多种不同的钾离子通道的结构[79,81]，它们一般由4个同源或异源的α亚基围成孔区，有的还含有调节亚基。大部分Kv通道的α亚基是6次跨膜的肽链，其中S5和S6跨膜区之间的柔性肽链与孔道形成有关，富含正电荷的S4是电压感受区域。

与作用于钠离子通道和钙离子通道的芋螺毒素相比较，目前能够作用于钾离子通道的芋螺毒素屈指可数，仅有κ-、κA-、κM-及κI-等4种家族的芋螺毒素作用于Kv通道。κ-PⅦA是第一个被发现作用于钾离子通道的芋螺毒素，也是芋螺在捕食的过程中快时相麻痹猎物的主要成分之一，将其注射到动物体内可以引起动物高度兴奋。PⅦA以高亲和力阻断*Shaker*钾离子通道，但却不影响大鼠脑内的Kv1.1。在爪蟾卵母细胞中表达*Shaker*和Kv1.1的嵌合体，研究PⅦA和通道的结合力，发现其结合在通道的S5和S6穿膜区域[82]。并且这种结合作用目前认为是双分子反应，PⅦA通过结合到*shaker*通道孔区的P-loop发挥阻断作用[80]。这一毒素同样也具有其他动物来源的钾通道毒素所共有的dyad motif(Lys^7和Phe^9)，Lys^7起到阻塞孔区的作用，Phe^9则与毒素与通道间的疏水相互作用有关[83]。从一级序列来看，来源于同种芋螺的κ-PⅦA与δ-PⅥA的信号肽并不十分相同，反而与ω-芋螺毒素的信号肽更为接近。这样使得O-超家族的毒素成员可能分作2个分支进化：作用于钾离子通道和钙离

子通道的 κ -和 ω -芋螺毒素，及作用于钠离子通道的 δ -和 μO -芋螺毒素，且这2个进化分支应先于食鱼及食软体动物芋螺的进化[82]。

κA -芋螺毒素具有与 κ -芋螺毒素相似的药理学活性，但是其 Cys 骨架完全不同，分别属于不同的超家族。κA -、κ -芋螺毒素与 δ -芋螺毒素是芋螺捕食过程中造成猎物兴奋性休克的主要成员，通过减少 K^+ 内流和增加 Na^+ 内流，使得被作用的细胞过度兴奋，造成猎物瞬间休克。κA - SⅣA 是芋螺毒素中第一个报道的分子内有糖基化修饰的组分，能够抑制 Kv 通道并引起鱼和蛙的痉挛性麻痹[84]。随后发现的 SmⅣA、MⅣA 等也同样具有 Ser/Thr 糖基化，并且糖基化的位置相对保守，位于毒素分子的 N 端。

另一种能够阻断 *Shaker* 钾离子通道的 κM - RⅢK，还可以作用于 TSha1（*shaker* 通道在 teleost 中的同源蛋白）[85]。利用氨基酸逐个突变实验，发现 Leu1、Arg10、Lys18 和 Arg19 对其活性十分重要，但是没有 κ -芋螺毒素中的 dyad motif。最初以为，Leu1 可能在分子作用过程中起到类似 dyad motif 中疏水氨基酸的作用，但是进一步实验证实，RⅢK 可能通过一些不同于 dyad motif 的基团阻断钾通道，代表了一种新的靶向钾离子通道的作用模式。RⅢK 的三级结构也与 PⅦA 大不相同，与同属 M 超家族的 μ -和 ψ -芋螺毒素具有十分相似的 C 端结构，N 端结构的差异可能对于其活性的选择性较为重要（图 1 - 7）[86]。

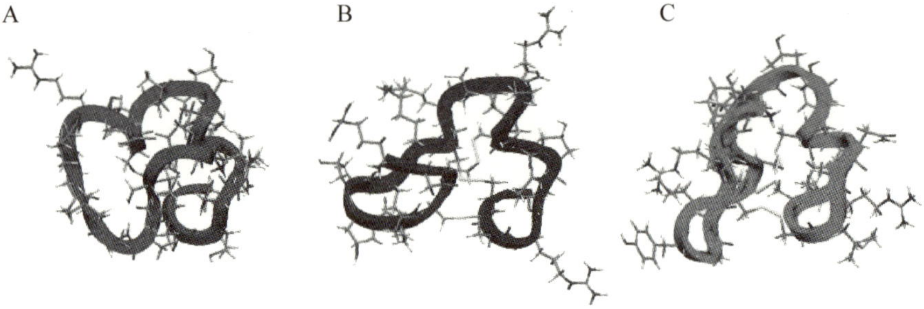

图 1 - 7　κM - RⅢK，μ - GⅢA 和 ψ - PⅢF 的结构比较[86]

κM -、μ -和 ψ -芋螺毒素都属于 M -超家族，具有相同的半胱氨酸骨架和二硫键配对方式（C1 - C4、C2 - C5、C3 - C6），分别作用于钾离子通道、钠离子通道和 nAChR。最近发现的几个小肽具有 M -超家族保守的信号肽和特有的 Cys 骨架，但是长度比较短，一般为 12～19 个氨基酸，且二硫键配对方式不同。如 Corpuz 等从食其他软体动物的大理石芋螺（*C. marmoreus*）和织锦芋螺（*C.*

textile)纯化得到 mr3a 和 tx3c[87]，第 4 个 loop 有 2 个残基且第 2 个残基为 Pro，其二硫键配对方式为 C1 - C6、C2 - C4、C3 - C5。而本实验室从这两种芋螺纯化得到的 mr3e 和 tx3a 的第四个 loop 只有一个残基，其二硫键配对方式为 C1 - C5、C2 - C4、C3 - C6[88]。这些毒素的活性还不清楚。初步的活性实验发现，mr3a 和 tx3c 可以诱导小鼠产生活动过度、桶状翻滚等一系列兴奋行为，与 κM -、μ -和 ψ -芋螺毒素所诱导的麻痹行为不同。

近年在 I-超家族中也发现了 2 种作用于钾离子通道的芋螺毒素：BtX 和 ViTx。BtX 是目前多肽类毒素中唯一的一个钾离子通道的激活剂，并且选择性地作用于 Ca^{2+} 激活的、电压门控的 BK 通道。该毒素并不影响单通道的电流/电导，但可增加通道的开放概率及整体开放时间，从而表现出激活活性[89]，因此可以作为研究钾离子通道的有效工具，并且可以用于治疗由于细胞膜超兴奋引起的综合征。ViTx 则仍旧表现抑制活性，可以选择性阻断 Kv1.1 和 Kv1.3，但是对 Kv1.2 没有作用[90]。比较这 2 个毒素的前体肽序列，发现它们的信号肽有 40%的保守性，pro 区均不在信号肽和成熟肽中间，而是位于成熟肽之后。这是目前发现的这个 I-超家族 group 的芋螺毒素基因的共性之一，在其他超家族中尚未发现类似的基因结构。

1.5.5 NMDA 受体拮抗剂：conantokin

谷氨酸是中枢神经系统中介导快速兴奋的重要神经递质，其受体可分为配体门控通道组成的离子型受体和 G 蛋白偶联受体。前者可进一步细分为 NMDA 型和非 NMDA 型[91]。其中 NMDA 受体具有许多不同的变构调控位点，能对钙离子高度选择性通透，与中枢神经系统的发育有着密切的关系，参与调节神经元的存活、发育及突触的可塑性等。NMDA 受体的过度兴奋，可使离子通道开放，大量 Ca^{2+} 内流，从而导致神经细胞损伤和死亡。NMDA 受体主要由 NR1 和 NR2 亚基组成四聚或五聚体，目前有 4 种不同的 NR2 亚基(NR2A - D)，存在于大脑海马区的 NR2 亚基主要为 NR2A 和 NR2B[92]。

芋螺肽中 conantokin 家族是天然的具有 NMDA 受体拮抗活性的肽类化合物。迄今发现四个成员：conantokin - G、L、R 和 T，它们均富含 γ -羧基谷氨酸(Gla)，不含或仅含有 1 对二硫键，在序列上尤其是 N 端有很高的同源性(表 1 - 6)[20,22,93]。用 CD 和 NMR 研究表明，conantokin - G 和 conantokin - T 具有相似的三级结构，毒素中都含有 α -及 3_{10}- helix 结构，Gla 在 conantokin 的结构维系中起着至关重要的作用。Gla 在蛋白质结构域里是结合金属离子的氨基酸，

conantokin－G 要求二价离子(Zn^{2+}、Ca^{2+}、Cu^{2+} 或 Mg^{2+})的存在方可形成稳定的 α－helix，而 conantokin－T 的构象形成不依赖于二价离子。用 $^{113}Cd^{2+}$ 结合的 NMR 研究表明，conantokin－G 与 conantokin－T 同金属离子的结合行为是有差别的，前者有 4 个结合位点，而后者仅有一个结合位点，主要原因在于前者在第 7 位多了一个 Gla[94]。

表 1－6　NMDA 受体的选择性拮抗剂

Conotoxin	Species	Sequence	Ref.
conantokin－G	*C. geographus*	GEγγLQγNQ－γLIRγKSN*	[95]
conantokin－L	*C. lynceus*	GEγγVAKMAAγLARγDAVN*	[21]
conantokin－R	*C. radiatus*	GEγγVAKMAAγLARγNIAKGCKVNCYP	[93]
conantokin－T	*C. tulipa*	GEγγVQKML－γNLRγAEVKKNA*	[96]

For post-translational modifications：γ，γ－carboxyglutamate；＊，C－terminal amidation.

Conantokin 在大鼠中枢神经系统中可能具有多种结合位点，表现在幼鼠中 conantokin 可以诱发睡眠，故而最初发现的时候命名为“睡眠肽”；而对成年鼠则可诱发活动过度的症状。对 conantokin－G 进行结构与功能研究表明，N 端序列对于其与受体的结合十分重要，尤其是 Gla^3 和 Gla^4，以 Ala 或 Ser 代替这 2 个氨基酸之一，就会完全丧失对 NMDA 受体的拮抗能力。而对 Gla^7、Gla^{10} 或 Gla^{14} 进行突变则不影响其生理活性[95]。对 conantokin－T 的氨基酸替代或删减实验也发现，conantokin 发挥其生理活性的结构并不一定要求 helix 结构的存在，其 N 端 5 个氨基酸对其活性的维持及与受体结合可能至关重要，已经报道的 4 种 conantokin 前 4 位氨基酸完全保守[96]。conantokin－R 的 N 端与 conantokin－G、conantokin－T 有一定的保守性，但在 C 端含有一对二硫键，也可以非竞争性的拮抗 NMDA 受体，有很强的抗惊厥作用[93]。新近发现的 conantokin－L 与 conantokin－R(除 C 端外)具有很高的同源性，但抗惊厥作用却远弱于后者，说明 conantokin－R 的 C 端序列可能对其发挥抗惊厥作用有重要贡献[21]。

Conantokin 对 NMDA 受体的亚型也具有一定的选择性，conantokin－R 以相似的亲和力作用于 NR2A 和 NR2B，对 NR2C 和 NR2D 的亲和力则很低，而 conantokin－G 目前发现对 NR2B 具有较高的选择性[93]。这种亚型选择性的不同，很有可能是由于第 7 位氨基酸的差异，在 conantokin－G 中是一个 Gla，而在其他 3 种 conantokin 中是一个保守的 Lys。

1.5.6 Contryphan

Contryphan 是一类分子内含 D 型 Trp 或 Leu 的芋螺毒素，含 1 对二硫键(表 1-7)。在目前已发现的成员中，有些可引起小鼠尾巴竖立(stiff-tail)综合征，但其具体生物学功能仍不清楚。Contryphan-Vn 含有 D-Trp，是芋螺毒素中发现的第 1 个可以拮抗 Ca^{2+} 依赖钾离子通道的成员[97]。Leu-contryphan-P 是芋螺毒素中第 1 个报道含 D 型 Leu 的组分[98]。contryphan-R 与 contryphan-Tx，虽然它们前体肽的 prepro 区有些差别，但成熟肽完全一致，这是首次发现在不同种属芋螺中存在完全一样的芋螺毒素[99]。来源于 *C. radiatus* 的 8 肽 Bromocontryphan-R，是蛋白质翻译后加工最复杂的[19]。最近从 *C. marmoreus* 中分离纯化了 Glacontryphan-M，这是此家族中第一个含有 Gla 的毒素，也是第一个作用于 L 型钙离子通道的毒素[100]。

表 1-7 Contryphan 序列比较

Conopeptide	Sequence	Species	Ref.
Glacontryphan-M	NγSγCPWHPWC*	*C. marmoreus*	[100]
Contryphan-P	GCOWDPWC*	*C. purpurascens*	[19]
Leu-contryphan-P	GCVLLPWC	*C. purpurascens*	[98]
Contryphan-R	GCOWEPWC*	*C. radiatus*	[101]
Bromocontryphan-R	GCOWEPXC*	*C. radiatus*	[103]
Contryphan-Sm	GCOWQPWC*	*C. stercusmuscarum*	[102]
Contryphan-Tx	GCOWQPYC*	*C. textile*	[99]
Leu-contryphan-Tx	CVLYPWC*	*C. textile*	[99]
Contryphan-Vn	GDCPWKPWC*	*C. ventricosus*	[97]

For post-translational modifications: O, 4-trans-hydroxyproline; W, D-tryptophan; L, D-leucine; X, bromotryptophan; γ, γ-carboxyglutamate.

Contryphan 具有环状高级结构，依赖于分子内 1 对二硫键维系，N 端的 D-Trp/Leu 对其结构的形成也至关重要[101]。分子中由于 Cys2-Hyp3 肽键的存在，使得 cis-trans 两种构象的异构体并存。如在 contryphan-Sm 中 cis-肽键(Cys2-Hyp3)为主要构象，其 N 端反转，C 端含有一个 I 型 β-turn，而 trans-

肽键则形成发夹结构及一个Ⅱ型 β-turn[102]。2 种异构体的比例随毒素序列和溶液环境而变化，在 5 种序列中的比例变化从 2.7∶1 到 17∶1。cis-trans 的比例因 N 端荷电及第 5 位氨基酸侧链的中性化而降低，暗示这些基团的静电作用有助于维持 cis-构象，而 cis-trans 构象的平衡很大程度上决定于个别残基支链的相互作用。

1.5.7 其他

1.5.7.1 Contulakin

Contulakin，又称"sluggish"肽，是 G 蛋白偶联的神经紧张素受体激动剂。Contulakin-G 分子中有糖基化修饰，C 端序列与神经紧张素有很高同源性，在小鼠脑室注射后可使脑区中与运动控制相关的功能受到障碍，引起懒散症状[104]。

1.5.7.2 Conopressin

芋螺在捕食时还分泌与血压调节相关的毒素，用以促进其他毒素的扩散并迅速发挥作用。conopressin 就属于此类毒素，它可作为 G 蛋白偶联的血管加压素受体的激动剂。早在 1987 年，Cruz 等就从芋螺毒液中纯化到 Lys-conopressin-G和 Arg-conopressin-S[105]。它们均带正电荷，在小鼠脑室注射后可引起与神经垂体激素相似的症状，如 Lys-conopressin-G 可引起抓搔和梳理毛发等症状。

1.5.7.3 χ-芋螺毒素：去甲肾上腺素转运蛋白阻断剂

去甲肾上腺素是中枢和外周神经系统的重要神经递质。肾上腺素受体可分为 α 型受体(有 α1 和 α2 亚型)和 β 型受体(有 β1 和 β2 亚型)。χ-芋螺毒素可以特异性阻断去甲肾上腺素转运蛋白，从而影响其作用。χ-芋螺毒素的成员目前有 MrⅠA(CMrⅥB)，MrⅠB，MrX 及 CMrⅥA，其中 MrⅠB 仅在 N 端比 CMrⅥA 多了 Val-Gly 2 个氨基酸残基，可能是蛋白质选择性加工的结果[13,106]。χ-芋螺毒素的半胱氨酸骨架(CC-C-C)虽与 α-芋螺毒素相似，但配对的方式完全不同(C1-C4，C2-C3)，在小鼠脑室注射后可导致癫痫发作(如 CMrⅥA)和弛缓性麻痹(如 CMrX)。

1.5.7.4 Conodipine-M 等

Conodipine-M 是从幻芋螺的毒液中分离纯化得到，由 119 个残基组成，具有磷脂酶 A2(PLA2)的活性[107]。其序列与已知的 PLA2 同源性很低,且没有三酰基、二酰基甘油脂肪酶和磷脂酶 B 活性。12 肽的 Conorfamide - Sr1 是新近从大西洋芋螺 *C. spurius* 毒液中所发现的,属于 Rfamide 家族的神经肽,分子中无二硫键[108]。conophysin - R 来源于芋螺物种 *C. radiatus*,属于神经垂体素运载蛋白家族,是第一个从无脊椎动物毒液中纯化到的该家族成员[109]。它由 84 个残基所组成,分子内含 7 对二硫键,是迄今发现的芋螺毒素中含二硫键最多的。

1.6 广阔的应用前景和潜在的开发价值

天然的芋螺毒素大约有 5 万多种,是一个极其丰富的神经活性多肽库。它们分子量小,结构稳定,对受体和通道具有高选择性和高活性,因而具有广阔的应用前景。芋螺毒素是研究离子通道和膜受体的理想工具,如 ω - GVIA 已经成为 N 型电压门控钙离子通道的鉴定工具[110]。α - MI 和 α - MII 也因为能够分别作用于肌肉型 nAChR 的 α1δ 亚基和神经型 nAChR 的 α3β2 亚基,成为鉴定 nAChR 亚型和亚基的有效工具[25]。

芋螺毒素也可直接开发为药物或作为新药的先导化合物,目前世界上已经有多种芋螺毒素被应用到临床前及Ⅰ、Ⅱ期临床实验,仅镇痛方面就开发了多种药物,涉及近 5 种家族的芋螺毒素(表 1 - 8)。如 ω - MⅦA(Ziconotide)已得到了 FDA 批准上市,用于慢性疼痛的治疗,它相对于吗啡有疗效好、不成瘾的优点。近期报道的 α - Vc1. 1(ACV1)具有比吗啡和 Ziconotide 药效更强和持续时间更长的镇痛效果,它可能是通过阻断外周初级传入神经元的 nAChRs 而发挥止痛作用,给药更方便(可肌肉注射或皮下注射),同时也无吗啡和 Ziconotide 引起的副反应(如便秘、呼吸抑制等),极有望开发成为新型高效止痛药物[111]。此外由于 α -芋螺毒素能选择性作用于 nAChRs 亚型,除有止痛效果外,也能用于治疗焦虑症、帕金森病、肌肉紧张和原发性高血压等病症[111]。

表 1 - 8 应用于镇痛的芋螺毒素[111]

Conus peptide	Molecular target	Developmental stage	Company
α - Vc1. 1 (ACV - 1)	Nicotinic receptors	Phase 1	Metabolic
χ - MrⅠA (derivative) (Xen - 2174)	Norepinephrine transporter	Phase 1	Xenome

续　表

<table>
<tr><th>Conus peptide</th><th>Molecular target</th><th>Developmental stage</th><th>Company</th></tr>
<tr><td>ω－CⅦD (AM336)</td><td rowspan="2">N － type calcium channel ($Ca_v2.2$)</td><td>Phase 1</td><td>Amrad</td></tr>
<tr><td>ω－MⅦA (Prialt; zicontide)</td><td>Approved by FDA 12/04</td><td>Elan</td></tr>
<tr><td>μO－MrⅥB (CGX－1002)</td><td>Na^+ channels</td><td>Pre-clinical</td><td>Cognetix</td></tr>
<tr><td>Conantokin－G (CGX－1007)</td><td>NMDAreceptors</td><td>Phase 1</td><td>Cognetix</td></tr>
<tr><td>Contulakin－G (CGX－1160)</td><td>Neurotensin receptor</td><td>Phase 1</td><td>Cognetix</td></tr>
</table>

许多由缺血造成对神经元的病理损坏是由突触前、后钙内流所引起。ω－芋螺毒素因能选择性阻断 N 型 VSCCs，防止钙内流，从而对缺血性神经损伤有保护作用。作为 NMDA 受体选择性拮抗剂的 conantokin 也能减少细胞 Ca^{2+} 内流，从而减轻神经细胞的急慢性损伤。另外，目前临床上抗癫痫所使用的 NMDA 受体拮抗剂常因缺乏选择性而引起许多毒副反应，conantokin 作为 NMDA 受体的高度选择性拮抗剂，有望开发成为用于癫痫治疗的理想药物。

最近发现的 ρ－TⅠA 和 χ－MrⅠA/χ－MrⅠB 能分别非竞争性阻断 α1 肾上腺素受体和结合去甲肾上腺素转运蛋白，它们比临床使用的同类药物具有更高的选择性，因而也极有可能进一步开发为新药[3,111]。

1.7 展　　望

尽管芋螺毒素在蛋白质化学、分子生物学、电生理和药理学等方面的研究已取得重要进展，但其深度和广度还远远不够，有待于更进一步工作的开展。各种芋螺含有的毒素成分不同，生活在不同海域的同种芋螺的毒素差异也较大，甚至在不同时间、相同海域的同种芋螺，其毒液成分也有很大变化。全世界现存 500 多种芋螺，目前仅研究了不足 1/10，我国南海有近百余种芋螺，对它们的研究也仅局限于数种。因此我们应该更加充分利用国内特有的资源，寻找更多的具有新型结构和活性的芋螺毒素，深入研究其分子结构和生理学特性，为芋螺毒素的研究与开发作出更大贡献。

第2章

中国南海新型芋螺毒素的 cDNA 克隆及序列分析

2.1 概述

芋螺毒素(conotoxin)通常由 10～40 个氨基酸组成，富含二硫键，可以选择性的作用于钠、钾、钙等电压门控型离子通道，烟碱型乙酰胆碱受体等配体门控型离子通道及多种神经递质受体，它们既可作为神经科学中的研究工具，又可直接开发为新药或先导化合物。

根据芋螺毒素前体肽 N 端高度保守的信号肽序列，可将其分为若干个超家族。目前已报道 11 个超家族，即 A -、C、D、G、I、J、L、M、O、P、S 和 T -超家族[16,112,113]。在此基础上，根据芋螺毒素成熟肽保守的半胱氨酸排列方式并结合其药理学活性，进一步分为若干个家族。O -超家族中的 ω -、μO -、δ -和 κ -芋螺毒素，分别作用于电压门控的钙、钠和钾离子通道[62,114,115]，δ -和 μO -芋螺毒素的作用机制也有所不同，前者延迟钠离子通道的失活而后者则是钠离子通道的阻断剂。目前发现的 O -超家族成员均有相同的半胱氨酸骨架、二硫键配对方式以及保守的信号肽序列。但其他超家族的芋螺毒素成员，虽其前体肽 N 端具有高度保守的信号肽序列，但其成熟肽可能有不同的半胱氨酸骨架和二硫键配对方式，如 T -超家族中的 τ -和 χ -芋螺毒素[6,116]。

A -超家族芋螺毒素主要有 α -、αA -和 κA - 3 个家族，α -和 αA -芋螺毒素都是 nAChR 竞争性拮抗剂，只是具有不同的半胱氨酸骨架，而 κA -芋螺毒素则作用于钾离子通道[25]。α -芋螺毒素 loop 区的长度，造成其对 nAChR 的组织专一性和亚基的选择性，如 α3/5 型芋螺毒素可以选择性的结合肌肉型的 α/δ 和 α/γ靶位，除 EⅠ、SrⅠA 和 SrⅠB 外，绝大多数的 α4/7 和 α4/6 芋螺毒素则能专一结合神经元型 nAChR 的 α3/β2 和 α3/β4 靶位[26,27]。以 ImⅠ 和 ImⅡ 为代表的α4/3芋螺毒素可以选择性作用于α7靶位[28]，而α4/4芋螺毒素BuIA则对含α6/α3或α3的nAChR具有高度选择性[29]。由于每种α-芋螺毒素的一级结构不同，其三级结构表现出以"ω"刚性结构为骨架，附加多种柔性侧链，这些柔性结构决定了毒素对特定靶位的选择性[31]。

M-超家族芋螺毒素具有相同的半胱氨酸骨架(CC-C-C-CC)，迄今为止研究比较清楚的家族有3个：μ-、ψ-和κM-芋螺毒素，它们的长度均在20个残基以上，碱性氨基酸含量较高，二硫键配对方式也相同(C1-C4、C2-C5、C3-C6)，分别作用于电压门控钠离子通道，肌肉型nAChR和电压门控型钾离子通道[37,85,117]。NMR实验结果表明，虽然这3类芋螺毒素分子靶标不同，但它们的空间结构相似，特别是C末端的空间构象几乎完全相同。除了以上3类M-超家族芋螺毒素，Olivera等还发现了另外一类芋螺毒素，典型代表是从大理石芋螺(*C. marmoreus*)和织锦芋螺(*C. textile*)中纯化到的mr3a和tx3c。它们具有M-超家族所特有的半胱氨酸骨架，但长度较短，一般在18个残基以下，而且有着截然不同的二硫键配对方式(C1-C6、C2-C4、C3-C5)，空间结构上也表现出明显不同的3个turn[118]。尽管这一类毒素的功能还没有搞清楚，但是它们可以诱导小鼠活动过度、桶状翻滚等一系列兴奋行为。这种兴奋性的行为与μ-和ψ-芋螺毒素所诱导的麻痹行为不同，预示着这一类毒素代表了一个新的家族。王琪等从大理石芋螺、豹芋螺和斛芋螺(*C. quercinus*)中克隆了6条M-超家族芋螺毒素的cDNA。通过序列同源比对和进化分析，发现M-超家族中具有2个主要进化分支，且各自具有不同的保守信号肽，因而重新将M-超家族分类，并完善了现有的标准分类方法[119]。

O-超家族芋螺毒素包括μO-、κ-、ω-、δ-和γ-家族的芋螺毒素，分别作用于钠、钾、钙及pacemaker等离子通道，对它们的研究已经比较深入[82]。其中ω-芋螺毒素由于其对电压敏感性钙通道亚型的感度选择性，在钙通道的定义和分类中起着至关重要的作用，如MⅦC可以选择性阻断型钙通道[66,120]，而GⅥA则作用于N型钙通道[114]。

T-超家族芋螺毒素是一类序列超变异的毒素，由T-1(τ-)和T-2(χ-)两个家族组成。已经报道的T-芋螺毒素中，p5a和an5a鲜有修饰性氨基酸，而tx5a中则有多种翻译后修饰，如γ-羧基谷氨酸化、溴代Trp、Thr糖基化及脯氨酸的羟化等[6]。GlaMrⅢ和GlaMrⅣ是另外2个含有γ-羧基谷氨酸的T-芋螺毒素[100]。尽管尚未明确它们的作用靶点，但翻译后修饰的截然不同，可能使得它们的生理活性有显著差异。

本章以我国南海特有芋螺物种毒管为研究对象，通过分子生物学方法，从花玛瑙芋螺（*C. achatinus*），小牛芋螺（*C. vitulinus*），芝麻芋螺（*C. pulicarius*），信号芋螺（*C. litteratus*）和处女芋螺（*C. virgo*）（图 2－1）中得到 A－、M－、O－、T－等多个芋螺毒素基因超家族全新序列，保存了这些芋螺物种的基因资源，确定了一些需要深入研究的新型芋螺毒素。我们详细的序列分析为进一步系统研究芋螺毒素的结构与功能，寻找具有开发应用前景的毒素分子奠定基础。

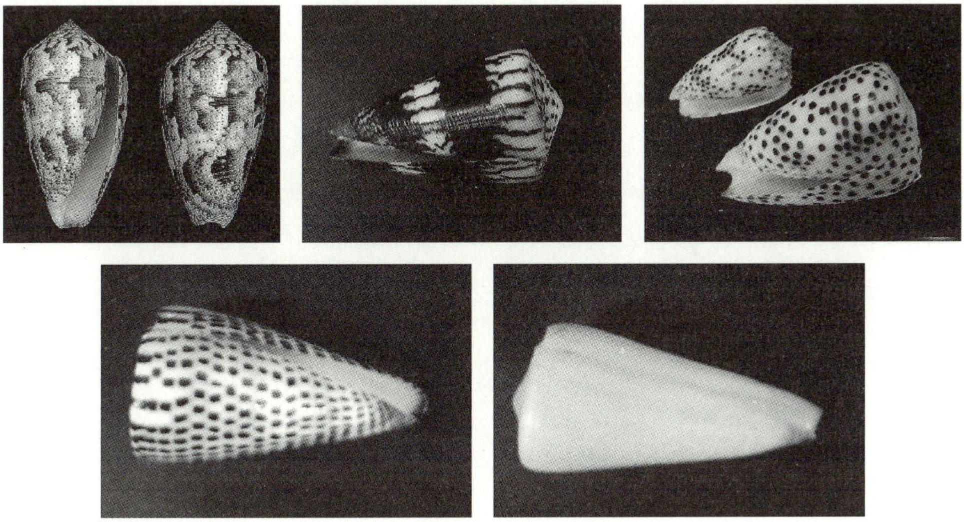

图 2－1　我国南海特有芋螺物种

2.2　材　　料

2.2.1　组织样品

花玛瑙芋螺、小牛芋螺、芝麻芋螺、信号芋螺和处女芋螺采自中国（南海）海南省三亚市，冰上迅速分离出新鲜的毒液管组织，用液氮速冻后保存在－80℃冰箱中备用。

2.2.2　试剂

TRIZOL 试剂和 Rapid amplification of cDNA 3′－Ends Kit 购自 Invitrogen 公司；焦磷酸二乙酯（DEPC）、氨卞青霉素钠盐购自上海生工生物工程技术有限公司；dNTP Mixture、*Taq* DNA 聚合酶购自 TaKaRa 公司；PCR Product Purification Kit 购自 QIAgen 公司；pGEM－T Easy Vector 购自 Promega 公司；Tryptone 和 Yeast Extract 购自 Oxoid 公司；其他试剂为国产分析纯。

2.2.3 菌株

大肠埃希菌(*Escherichia coli*)DH5α 为本实验室保存，其基因型为：*supE*44 △*lac*U169(φ80*lacZ*△M15) *hsdR*17 *recA*1 *endA*1 *gyrA*96 *thi*－1 *relA*1。

2.2.4 培养基

LB 液体培养基：配制 1 L 培养基，应在 950 ml 去离子水中加入细菌培养基用胰化蛋白胨(bacto-tryptone) 10 g，细菌培养基用酵母提取物(bacto-yeast extract)5 g，NaCl 10 g，摇动容器直至溶质完全溶解，5M NaOH(约 0.2 ml)调节 pH 值至 7.0，加入去离子水至总体积为 1 L，151 bf/in^2(1.034×10^5 Pa)高压下蒸气灭菌 20 min。

LB 固体培养基：在 LB 液体培养基中加入菌用琼脂粉至终浓度为 1.5%，高压灭菌，灌注平板后 4℃保存。

2.2.5 缓冲液

2.2.5.1 琼脂糖凝胶电泳缓冲液

50×TAE 贮存液：242 g Tris 碱，57.1 ml 冰乙酸，18.6 g EDTA，定容至 1 L。

EB 溶液：100 ml 水中加入 1 g 溴化乙啶，磁力搅拌数小时以确保其完全溶解，分装，室温避光保存。

DNA 加样缓冲液：0.25%溴酚蓝，0.25%二甲苯腈蓝，50%甘油(v/v)。

2.2.5.2 其他溶液

DEPC 水：每升原子级纯水中加入 1 ml DEPC，终浓度为 0.1%，置于 37℃摇床中缓慢振荡过夜，使其充分混匀，第 2 天高压灭菌。

氨卞青霉素溶液：用无菌去离子水配成 100 mg/ml，分装，－20℃容器中保存，工作浓度为 100 μg/ml。

50%甘油：用去离子水配制 50%(v/v)甘油，高压灭菌后备用。

2.2.6　提取 RNA 的实验用品

玻璃器皿：烧杯、量筒、玻璃棒、试剂瓶、三角瓶、碾钵、吸管等玻璃器皿用 0.5 N NaOH 漂洗，在 180℃烘烤 6 h 后使用。

金属工具：剪刀、手术刀、药勺、铝箔等金属工具在 180℃烘烤 6 h 后使用。

塑料制品：枪头、离心管、枪头盒等塑料制品应为一次性用品，在 0.05%～0.1%的 DEPC 水浸泡过夜，高压灭菌烘干后使用。

琼脂糖凝胶电泳槽的处理：用 3%的过氧化氢浸泡干净的电泳槽、胶板、梳子 30 min 以上，用 DEPC 水冲净备用。

2.2.7　常用仪器设备

DDHZ－300 多用途台式恒温振荡器购自江苏太仓市实验设备厂，GNP－9080 型隔水式恒温培养箱和 DK－8D 型电热恒温水槽购自上海精宏实验设备有限公司，PTC－100^{TM}型 PCR 仪和 PowerPac Basic^{TM}型电泳仪购自 Bio－Rad 公司。

2.3　方　　法

2.3.1　注意事项

2.3.1.1　RNA 的提取

在整个操作过程中戴手套和口罩；用新鲜的去离子水(Milli－Q－Grade)溶解 RNA，不要用 DEPC 水，也不要使用灭菌过的水，灭菌时蒸气污染的水会干扰后续的 PCR 反应；使用一次性塑料用品；塑料器皿用 0.5 N NaOH 漂洗，在 180℃烘烤 6 小时后使用。

RNA 分析：完整的哺乳动物的 RNA 应是 0.5～12 kb smear，28 S、18 S 处为明显的亮带(相当于 4.5 kb 和 1.9 kb)，28 S/18 S 应为 1.5～2.5/1；植物、昆虫、酵母、两栖动物的 smear 较哺乳动物小，约 0.5～3.0 kb 左右；假如 28 S/18 S 小于 1/1，smear 小于预期的大小，说明 RNA 降解，需重新制备。

2.3.1.2　cDNA 的合成

在整个操作过程中戴手套和口罩，以防核酸酶污染 RNA 和 cDNA 样品；在重新悬浮沉淀或混合反应物时，用枪轻轻吹打或用手指弹击管壁混匀，然后作短暂离心，不要涡旋，涡旋容易切断 cDNA；整个操作过程应在冰浴中进行，除非有特别说明；加反应物时，酶总是最后加入，然后用枪轻轻吹打混匀；严格按说明书的说明进行操作。不要加大体积；EB 有致癌性，操作要小心。

2.3.2 芋螺毒管的处理

分别取花玛瑙芋螺、小牛芋螺、芝麻芋螺、信号芋螺和处女芋螺毒管约 180 mg、108.4 mg、73 mg、250.3 mg 和 200 mg，分别置于 2 ml、1 ml、1 ml、2.5 ml和 2 ml TRIZOL 试剂中，充分匀浆，−80℃冰箱中保存以备提取总 RNA。注意 TRIZOL 试剂体积(ml)＝组织重量(g)×10。

2.3.3 总 RNA 的提取

参照 TRIZOL 试剂说明书进行：取 0.75 ml TRIZOL 试剂匀浆液，15℃～30℃静置样品 5 min 使核蛋白解聚。加入 0.2 ml 氯仿，用手强力振荡 15 s，15℃～30℃ 静置 2～15 min。2℃～8℃、低于 12 000 g 离心 15 min。取上层水相，加入异丙醇 0.5 ml 混匀，15℃～30℃静置 10 min。2℃～8℃、低于 12 000 g 离心10 min。去上清，加 1 ml 75%乙醇洗沉淀，弹起沉淀，2℃～8℃，低于 7 500 g 离心5 min。去上清，尽量去掉乙醇，室温干燥 10 min 左右(不要完全干燥)。加入适量无 RNA 酶的去离子水或 TE，保证充分溶解。取适量总 RNA 样品进行 1%琼脂糖凝胶电泳，TE 溶剂系统稀释后用紫外分光光度计测定样品在 260 nm和 280 nm 波长上的光密度值和比值并估算 RNA 的纯度和浓度，−80℃冰箱中保存备用。

2.3.4 芋螺毒管 cDNA 的合成

取大约 5 μg 总 RNA，加入通用引物 AP，在 Superscript II 逆转录酶的作用下，按 Invitrogen 公司 Rapid Amplification of cDNA 3′- Ends Kit(3′RACE Kit)说明书操作，其原理是利用真核生物 mRNA3′端的 polyA 尾的特点设计通用引物，进行第一链合成，可起到富集全长 cDNA 的目的(图 2 - 2)。对第一链合成和 PCR，所有试剂的反应管应在冰上预冷并在冰上操作。如果需要暂停反应，在一链合成后，置反应混合物于−20℃保存。一链反应混合物可在−20℃容器中保存 3 个月以上。

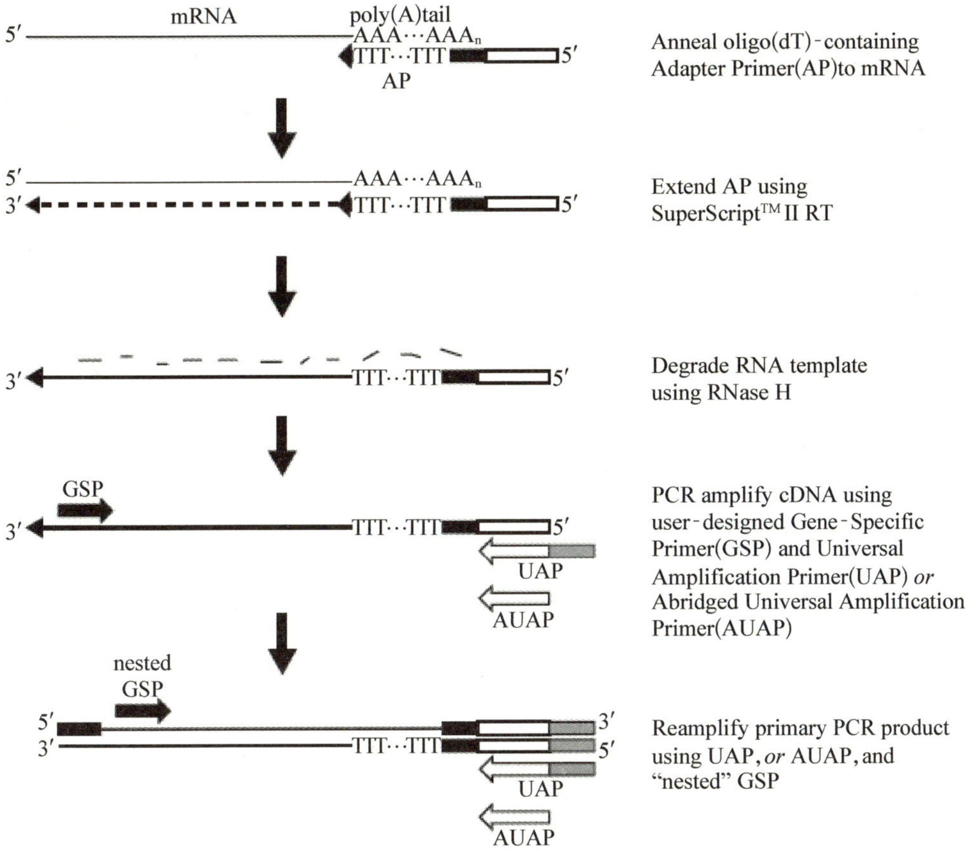

图 2-2　3′ RACE 系统操作流程

分别以不同芋螺物种的第一链 cDNA 为模板，基因特异引物(Gene-specific primer, GSP)和部分通用引物 AUAP 或另一基因特异引物为上下游引物，对不同芋螺毒素基因超家族进行降落 PCR 扩增，克隆使用的引物序列见表 2-1。具体扩增程序为：95℃ 2 min；95℃ 45 s，55℃ 45 s，72℃ 1 min，总共 10 个循环，退火温度从 55℃降到 45℃，每循环一次降低 1℃；95℃ 45 s，45℃ 45 s，72℃ 1 min，总共 20 个循环；72℃ 7 min；4℃ 5 min。根据不同芋螺毒素基因超家族，PCR 扩增的退火温度、退火时间和延伸时间将做相应调整，以达到最佳扩增效果。芋螺毒管 cDNA 一链质量由 *Couns* actin *Conus* PDI 基因扩增效果来检测鉴定。PCR 产物用 2%琼脂糖凝胶电泳分析，PCR 产物纯化后连接入 pGEM-TEasy 载体，利用蓝白斑筛选和菌液 PCR 鉴定挑选阳性克隆送往上海英俊生物技术有限公司测序。

表 2-1 cDNA 克隆使用的引物序列

引物种类	引物序列
通用引物 AP	5′-GGC CAC GCG TCG ACT AGT AC(dT)^{17}-3′
部分通用引物 AUAP	5′-GGC CAC GCG TCG ACT AGT AC-3′
Conus actin 上游引物	5′-CAC AGC CGA AAG AGA AAT CGT C-3′
Conus actin 下游引物	5′-CTG GAA GGT GGA CAG AGA GGC-3′
Conus PDI 上游引物	5′-TTG GAA ACT GCC ACC ATC-3′
Conus PDI 下游引物	5′-CGA GTC TAG ATG CCG ATG ACA GCT ACA G-3′
A-基因超家族上游引物	5′-ATG GGC ATG CGG ATG ATG TT-3′
A-基因超家族下游引物	5′-GTC GTG GTT CAG AGG GTC-3′
I_2-芋螺毒素上游引物	5′-TGA ATG ATG TTT CGT GTG ACG-3′
M-基因超家族上游引物 1	5′-ATG ATG TCT AA(A/G) CTG GGA GTC-3′
M-基因超家族上游巢式引物 1	5′-CTG GGA GTC TTG (G/T)TG ACC (A/G)TC-3′
M-基因超家族上游引物 2	5′-ATG TTG AAA ATG GGA GT(A/G) GTG-3′
M-基因超家族上游巢式引物 2	5′-(G/C)TC CTG TTT CCC CTG (G/T)CA-3′
O-基因超家族上游引物	5′-ATG AAA CTG ACG TG(T/C) (A/G)TG (A/G)TG ATC-3′
T-1 基因家族上游引物	5′-ATG CGC TGT GTC CCA GTC TTC-3′
T-1 基因家族下游引物	5′-AAT CTC ACA TCC AGG GAC GGT-3′

2.3.5 各基因超家族芋螺毒素序列的同源检索及分析

利用计算机程序去除各测序结果所含的载体序列和不确定序列。序列的同源检索通过 BLASTN 或 BLASTX 搜索 National Center for Biotechnology Information(NCBI)的核酸和蛋白质数据库(http://www.ncbi.nlm.nih.gov/BLAST/[121])完成，匹配性的 P 值为 10^{-4} 或更小，我们认为序列之间有较高的相似性，否则认为序列的相似性很低，称为“low hits”，数据库中若没有与其匹配的序列称为“no hits”；序列比较通过 CLUSTALX1.83 分析软件完成；开放读码框 ORF 的分析通过 Seqtools8.4 软件(http://www.seqtools.dk/)完成；信号肽分析通过网站 SignalP3.0 server http://www.cbs.dtu.dk/services/SignalP/[122]完成。进化树分析通过 MEGAv3.1 软件[123]，neighbor-joining(NJ)法完成，bootstrap 值从 500 次 replicates 中推测。

2.4　结果和讨论

2.4.1　芋螺毒管总 RNA 的提取

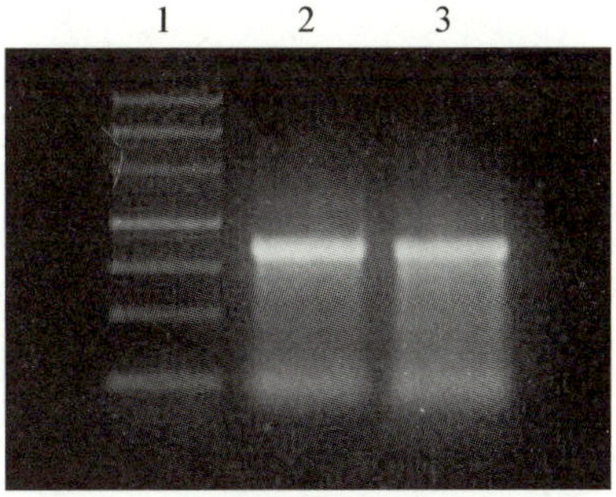

图 2-3　1%琼脂糖凝胶电泳检测信号芋螺和花玛瑙芋螺毒管总 RNA

用 TRIZOL 试剂提取的信号芋螺和花玛瑙毒管总 RNA 经 1%琼脂糖凝胶电泳检测(图 2-3)可见清晰的略小于 18 S 条带和 5 S 条带，表明组织总 RNA 完整性良好。测试总 RNA 的 OD_{260} 和 OD_{280} 值，根据公式：总 RNA 浓度(μg/ml)＝ A_{260} ×稀释倍数×40，计算总 RNA 的含量分别约为 2 095.0 μg/ml 和 1 043.3 μg/ml，总 RNA 样品的 A_{260}/A_{280} 比值分别为 1.95 和 2.07，说明总 RNA 纯度较高。

2.4.2　A-超家族芋螺毒素 cDNA 序列的克隆及序列分析

2.4.2.1　α-和 κA-家族芋螺毒素 cDNA 序列的克隆及序列分析

按照试剂盒推荐的标准方法制备总 RNA 和第一链 cDNA，根据已知 A-超家族序列中保守的信号肽和 3′非翻译区设计上下游引物进行 PCR 扩增。最终从食鱼芋螺花玛瑙芋螺中得到两条 α3/5-芋螺毒素 Ac1.1c 和 Ac1.1d，一条 κA-芋螺毒素 Ac4.1c，从食虫芋螺信号芋螺和芝麻芋螺中分别得到一条 α4/7-芋螺毒素 Lt1.4 和 Pu1.4。

表 2-2 中列出了新克隆 α-和 κA-家族芋螺毒素及其同源前体肽序列。所有新克隆 α-和 κA-家族芋螺毒素前体肽 N 端的信号肽长度完全一致且序列高度保守，与已知 A-超家族芋螺毒素的信号肽完全一致。前导肽和成熟肽的长度相差较大，分别在 17～33 个和 15～37 个氨基酸残基之间。α3/5-Ac1.1c 和 α3/5-Ac1.1d 的前导肽长 26 个氨基酸，成熟肽区含 17 个氨基酸，C 末端的-GR在翻译后修饰加工过程中被剪切提供给最后一位半胱氨酸酰胺化修饰的信号，因此 α3/5-Ac1.1c 和 α3/5-Ac1.1d 的成熟肽含 15 个残基。通过对数据库的同源检索发现，α3/5-Ac1.1c 和 α3/5-Ac1.1d 与同样来自花玛瑙芋螺的 α3/5-Ac1.1a 和 α3/5-Ac1.1b 高度相似，四者具有同样长度的成熟肽并仅在第 7 位、第 12 位和第 14 位上有 3 个氨基酸的差别。同源比对发现 α3/5-Ac1.1a-

表 2-2　新克隆 A-超家族芋螺毒素及其同源前体肽序列

Conotoxin	Sequence
α3/5 - family	
Acl. 1a[124]	MGMRMMFTMFLLVVLTTTVVSFTSDSASDGRDDEAIDERSDMYELKRNGRCCHPACGKHFNC* GR
Acl. 1b[124]	MGMRMMFTLFLLVVLTTTVVSYPSDSASDGRDDEAKDERSDMYKSKRNGRCCHPACGKHFSC* GR
Acl. 1c	MGMRMMFTLFLLVVLTTTVVSYPPDSASDGRDDEAKDERSDMYKSKRNGRCCHPACGKRFSC* GR
Acl. 1d	MGMRMMFTVFLLVVLTTTVVSFPSDSASDGRDDEAKDERSDMYKSKRNGRCCHSACGKHFSC* GR
SII[71]	MGMRMMFTVFLLVVLATTVVSFPSDRASDGRDDEAKDERSDMHESDRNGRGCCCNPACGPNYGCGTSCSRTL
α4/7 - family	
Lt1. 4	MGMRMMFIMFMLVVLVATVVSFTSDRALDAMNAAASNKASHLIALAVRGCCARAACAGIHQEFC* GGGR
lt1a[125]	MGMRMMFIMFMLVVLATTVVTFTSDRALDAMNAAASNKASRLIALAVRGCCARAACAGIHQELC* GGGR
Pu1. 4	MGMRMMFTVFLLVVLATTVVSFTSDRAPDGRNAAATDGRNAAAKAFGLITPTVRNGCCSNPACILNNPNQC* G
Bn1. 1[126]	MGMRMMFTMFLLVVLATTVVSFASDRASDGRNAAAKDKASDLVALTVKGCCSHPACSVNNPDIC* G
κA - family	
κA - Ac4. 1a[124]	MGMRMMFTVFLLVVLATTVVSIPSDRASDGRNAVVHERAPWLVVTATTTCCGYNPGTMCPTCMCTSTC
κA - Ac4. 1b[124]	MGMRMMFTVFLLVVLATTVVS IPSDRASDGRNAVVHERAPWLVVTATTTCCGYNPRTMCPTCMCTSTC
κA - Ac4. 1c	MGMRMMFTVFLLVVLATTVVS IPSDRASDGRNAVVHERVOWLVVTATTTCCGYNOGTMCOTCMCTSTC
κA - Ac4. 2[127]	FDGRNAAVNERAPWMVVTATTNCCGYTGPACHPCLCTQSCG

续 表

Conotoxin	Sequence
κA - Ac4. 3a[127]	SDFRNAAVHERQKELVVTATTTCCGYNPMTSCPRCMCDSSCNKKKKP* GRRND
κA - Ac4. 3b[127]	MGMRMMFTVFLLVVLATTVVSIPSDRASDVRNAAVHERQKELVPSKITTCCGYSPGTACPSCMCTNTCKKKNKKP* GRRND
κA - MIVA[126]	MGMRMMFTVFLLVVLATTVVSIPSDRASDGRNAVVHERAOγLVVTATTNCCGYNOMTICOOCMCTYSCOOKRKO* GRRND
κA - SmIVA[126]	MGMRMMFTVFLLVVLATTVVSIPSDRASDGRNAAVNER ZTWLVPSTITTCCGYDOGTMCOTCMCDNTCKOKOKKS* GRRND
κA - SmIVB[126]	MGMRMMFTVFLLVVLATTVVSIPSDRASDGRNAEVNER AOWLVPSTITTCCGYDOGSMCOOCMCDNTCKOKOKKS* GRRND
framework 14	
Pu14. 1	MGMRMMFAVFLLVVLATTVVSFNSDRASDGRNAAANVKASDLMARVLEKDCPPHPVPGMHKCVCLKTCR
Pu14. 2	MGMRMMFTVFLLVVLATTVDSFNSDRASDGRDAEVVSTESDVIVTCEPCMNPACGPNYGKCR
Pu14. 3	MGMRMMFTVFLLVVLATTVDSFNVDRASDDRDSAAMHTEYDVIATDNCIPCSHPACGINRGKCR

The signal peptide is in shadow and the predicted mature toxin is underlined. The conserved cysteine residues are in bold. For post-translational modifications: *, amidated C - terminus; O, 4-trans-hydroxyproline; γ, γ - carboxyglutamate; italic amino acids are glycosylated, which are assumed to be homologous to isolated κA - conotoxins.

α3/5－Ac1.1d 与来自食鱼芋螺线纹芋螺(*C. striatus*)中的 α－芋螺毒素 SII 前体具有较高保守性，而 α－SⅡ的成熟肽中含 6 个半胱氨酸，其骨架和 3 个 loop 的长度为 CCC－3－C－5－C－3－C，形成 3 对二硫键(C1－C6、C2－C4、C3－C5)，其作用靶点和 α3/5－芋螺毒素一样，为小鼠肌肉型烟碱型乙酰胆碱受体。α3/5－Ac1.1a－α3/5－Ac1.1d 成熟肽的 N 端第 1 个半胱氨酸前有 3 个氨基酸(NGR－)，这在其他 α3/5－芋螺毒素中比较少见。来自食鱼芋螺 *C. consors* 的 α3/5－CnIA 和食鱼芋螺幻芋螺(*C. magus*)的 MI 在其成熟肽的 N 端第 1 个半胱氨酸前有 2 个氨基酸(GR－)。在 α3/5－Ac1.1d 成熟肽第 1 个 loop 中保守的 Pro 被 Ser 取代。

κA－Ac4.1c 的前导肽长 17 个氨基酸，比 α－芋螺毒素明显要短，成熟肽含 30 个氨基酸。κA－Ac4.1c 与同样来自花玛瑙芋螺的 κA－Ac4.1a、κA－Ac4.1b 和 κA－Ac4.2 高度相似，但 κA－Ac4.2 的成熟肽区含 30 个氨基酸，C 末端的甘氨酸在翻译后修饰加工过程中被剪切提供给最后一位半胱氨酸酰胺化修饰的信号，因此 κA－Ac4.2 的成熟肽含 29 个残基。而同样来自花玛瑙芋螺的 κA－Ac4.3a 和 κA－Ac4.3b，来自食鱼芋螺幻芋螺(*C. magus*)的 κA－MⅣA，来自食鱼芋螺(*C. stercusmuscarum*)的 κA－SmⅣA 和 κA－SmⅣB 成熟肽区序列较长，分别为 41、42、41、42 和 42 个氨基酸，C 末端的－GRRND 在翻译后修饰加工过程中被剪切提供给最后一位氨基酸残基酰胺化修饰的信号，因此它们的成熟肽分别含 36、37、36、37 和 37 个残基。κA－Ac4.1c N 端在第一个 loop 前也具有 11 个氨基酸残基，C 端则与 κA－Ac4.1a、κA－Ac4.1b 和 κA－Ac4.2 类似，较为简短。根据序列同源性可以推测，κA－Ac4.1c 成熟肽中第 2 位、第 17 位和第 22 位的 Pro 是羟化的，第 7 位和第 9 位的 Thr 是糖基化的，并且可能同样作用于钾离子通道。同 α3/5－芋螺毒素一样，目前发现的 κA－芋螺毒素全部来自食鱼性芋螺物种，半胱氨酸骨架及 loop 长度为 CC－6/7－C－2－C－1－C－3－C，二硫键配对方式为 C1－C4、C2－C5、C3－C6，故 κA－Ac4.1c 可能也采用这种连接方式。

从信号芋螺中得到的 α4/7－Lt1.4 的前导肽长 27 个氨基酸，成熟肽区长 20 个氨基酸，C 末端的－GGGR 在翻译后修饰加工过程中被剪切提供给最后一位半胱氨酸酰胺化修饰的信号，因此它的成熟肽含 16 个残基，其第 12 位上为碱性氨基酸。α4/7－Lt1.4 和 A－超家族芋螺毒素 lt1a 前体高度相似，只在成熟肽区的第 15 位上有一个氨基酸的不同，在 Lt1.4 中为 Phe 而在 lt1a 中则为 Leu。这种多态性现象在芋螺毒素中比较常见，是芋螺毒素成熟肽高突变率的一种表现。

从芝麻芋螺中得到的 α4/7 – Pu1.4 的前导肽较长，含 33 个氨基酸且 C 端保守性较差。成熟肽区长 18 个氨基酸，N 端第 1 个半胱氨酸之前有两个氨基酸(NG –)，C 末端的甘氨酸在翻译后修饰加工过程中被剪切提供给最后一位半胱氨酸酰胺化修饰的信号，因此它的成熟肽含 17 个残基。Pu1.4 与来自食其他软体动物 *Conus bandanus* 的 α4/7 –芋螺毒素 Bn1.1 前体具有最高保守性。Pu1.4 成熟肽的第 2 个 loop 中除具有 α4/7 –芋螺毒素保守的– NNP –结构外，第 10 位的 Ile 和第 16 位上的 Gln 均为在 α4/7 –芋螺毒素中的首次发现。

2.4.2.2　framework 14 芋螺毒素 cDNA 序列的克隆及序列分析

在从食虫性芋螺物种芝麻芋螺(*C. pulicarius*)的毒液管中提取总 RNA 并扩增 A –超家族芋螺毒素时，我们发现了属于该超家族的 3 个新成员，Pu14.1，Pu14.2 和 Pu14.3。Pu14.1，Pu14.2 和 Pu14.3 与 A –超家族芋螺毒素有着相同的信号肽，表明它们应该属于同一超家族，但它们的成熟肽表现为完全不同的半胱氨酸骨架。4 个完全间隔、独立分布的半胱氨酸残基(C – C – C – C)表明，Pu14.1、Pu14.2 和 Pu14.3 属于 framework 14 芋螺毒素，pu14 正是由此得名。“pu”代表其来源的芋螺物种芝麻芋螺(*C. pulicarius*)，“14”表明其半胱氨酸骨架为 framework 14，数字“1～3”区分其发现顺序。图 2 – 4 中是 Pu14.1、Pu14.2 和 Pu14.3 的 cDNA 序列和预测翻译产物。

表 2 – 2 中列出了新克隆 framework 14 芋螺毒素前体肽序列。Pu14.1 的前体肽含 69 个氨基酸，其中前导肽含 28 个氨基酸，成熟肽区含 20 个氨基酸，C 末端的碱性精氨酸残基将在翻译后修饰过程中被羧肽酶剪切，故 Pu14.1 的成熟肽含 19 个氨基酸，具有独特新颖的一级结构，其 3 个 loop 的长度为 C – 10 – C – 1 –C – 3 – C，第 1 个 loop 前 6 个残基中有 4 个都是脯氨酸。与含有 10 个残基的 loop 1 相比，loop2 仅含一个氨基酸，提示该肽可能具有完全不同于同样含 4 个半胱氨酸残基的 α –芋螺毒素的二级结构空间结构。Pu14.1 中 4 个半胱氨酸密码子分别为 TGT – TGC – TGT – TGT，与 α3/5 –芋螺毒素中半胱氨酸密码子使用情况一致。Pu14.2 和 Pu14.3 一级结构间具有更高的相似性，其 3 个 loop 的长度均为 C – 2 – C – 4 – C – 6 – C，但在第 1 个半胱氨酸残基前没有发现相应的碱性氨基酸(可能突变成其他氨基酸)，因此无法确定这两条前体肽中蛋白酶切割位点，无法确定它们的前导肽和成熟肽区。Pu14.2 和 Pu14.3 前体肽 C 端的 4 个半胱氨酸残基密码子使用情况和 α4/7 –芋螺毒素一致，为 TGC –

```
  1 ATG GGC ATG CGG ATG ATG TTC GCC GTG TTT CTG TTG GTT GTC TTG GCA ACC ACT GTC GTT   60
  1 M   G   M   R   M   M   F   A   V   F   L   L   V   V   L   A   T   T   V   V    20

 61 TCC TTC AAT TCA GAT CGT GCA TCT GAT GGC AGG AAT GCC GCA GCC AAT GTC AAA GCG TCT  120
 21 S   F   N   S   D   R   A   S   D   G   R   N   A   A   A   N   V   K   A   S    40

121 GAC CTG ATG GCC CGG GTC CTC GAA AAA GAC TGT CCA CCA CAT CCC GTT CCT GGC ATG CAT  180
 41 D   L   M   A   R   V   L   E   K   D   C   P   P   H   P   V   P   G   M   H    60

181 AAG TGC GTG TGT TTG AAG ACG TGT CGT TGA                                          210
 61 K   C   V   C   L   K   T   C   R   *                                             70
```

(a)

```
  1 ATG GGC ATG CGG ATG ATG TTC ACC GTG TTT CTG CTG GTT GTC TTG GCA ACC ACT GTC GAT   60
  1 M   G   M   R   M   M   F   T   V   F   L   L   V   V   L   A   T   T   V   D    20

 61 TCT TTC AAT TCA GAT CGT GCA TCT GAT GGC AGG GAT GCC GAA GTC GTC TCC ACA GAG TCT  120
 21 S   F   N   S   D   R   A   S   D   G   R   D   A   E   V   V   S   T   E   S    40

121 GAC GTG ATC GTG ACG TGC GAA CCC TGT ATG AAT CCC GCC TGT GGC CCG AAC TAT GGA AAA  180
 41 D   V   I   V   T   C   E   P   C   M   N   P   A   C   G   P   N   Y   G   K    60

181 TGT CGT TGA                                                                      189
 61 C   R   *                                                                         63
```

(b)

```
  1 ATG GGC ATG CGG ATG ATG TTC ACC GTG TTT CTG CTG GTT GTC TTG GCA ACC ACT GTC GAT   60
  1 M   G   M   R   M   M   F   T   V   F   L   L   V   V   L   A   T   T   V   D    20

 61 TCT TTC AAT GTA GAT CGT GCA TCT GAT GAC AGG GAT TCC GCA GCC ATG CAC ACA GAG TAT  120
 21 S   F   N   V   D   R   A   S   D   D   R   D   S   A   A   M   H   T   E   Y    40

121 GAC GTG ATC GCT ACG GAC AAT TGC ATA CCC TGT AGT CAT CCC GCC TGT GGC ATC AAC CGT  180
 41 D   V   I   A   T   D   N   C   I   P   C   S   H   P   A   C   G   I   N   R    60

181 GGA AAA TGT CGT TGA                                                              195
 61 G   K   C   R   *                                                                 65
```

(c)

图 2-4 Pu14.1、Pu14.2 和 Pu14.3 的 cDNA 序列和预测翻译产物

TGT-TGT-TGT。

到目前为止，除来自食鱼性地纹芋螺(*C. geographus*)的 Con14 外，所有具有 framework 14 半胱氨酸骨架的芋螺毒素仅在食虫芋螺中发现。对 16 条 framework 14 芋螺毒素成熟肽序列进行比对(图 2-5)，发现其长度差别很大，最短的来自信号芋螺的 lt14a 仅有 13 个残基，而最长的 Con14 长达 29 个氨基酸，是前者长度的两倍多。除开保守的 4 个半胱氨酸残基外，它们的成熟肽序列差别很大。进一步对 framework 14 芋螺毒素前体肽 N 端信号肽序列进行归属(图 2-6A)发现这类毒素含有 4 种不同的信号肽序列，分别为 J-、L-、I-和 A-芋螺毒素基因超家族中保守的信号肽序列。另外，对 framework 14 芋螺毒素成熟肽中 3 个 loop 长度分析(图 2-6B)发现这类毒素具有 7 种不同的 intercysteine spacing pattern。其中 flf14a-c、vil14a 和 as14a-b 的第 1 个 loop

仅含 3 个残基，第 2 个 loop 含 11 个残基，这与在我们新发现的 Pu14.1 对应的成熟肽蛋白序列 pu14a 中前 2 个 loop 长度情况几乎完全相反。这再一次证明了肉食性动物芋螺经过长达 4 千万年的漫长进化后，其毒液中的活性成分芋螺毒素的多样性和复杂性。

```
pl14.2     --GPG---SAICNMACRLE-HGHLYPFCH--CR&  25
pl14.3     --GPG---SAICNMACRLE-HGHLYPFCN--CD&  25
pl14.1     --GPG---SAICNMACRLG-QGHMYPFCN--CN&  25
pl14a      --FPR---PRICNLACRAG-IGHKYPFCH--CR&  25
fe14.1     --SPG---STICKMACRTG-NGHKYPFCN--CR&  25
fe14.2     --SSG---STVCKMMCRLG-YGHLYPSCG--CR&  25
Con14      KFLSGGFK IVCHRYCAKG-IAKEF--CN-CPD&  29
vil14a     ---GG---LGRCIYNCMNSGGGLSFIQCKTMCY-  27
              **   :***************.*********
as14a      ---GG---VGRCIYNCMNSGGGLNFIQCKTMCY-  27
flf14a     ---WD---VNDCIHFCLIGVVERSYTECHTMCT-  27
flf14b     ---WD---VNDCIHFCLIGVVGRSYTECHTMCT-  27
              **   *::**::** **** *****:****
as14b      --RWD---VDQCIY-YCLNGVVGYSYTECQTMCT- 28
flf14c     ---WD---AYDCIQ-FCMRPEMRHTYAQCLSICT- 27
lt14a      ----------MCPP-LCK--PSCTN---C------ 13
lt14b      ---------SLCHP-PCTGLSMCHGGM-CGYIRFR 24
pu14a      ----------DCPPHPVPGMHKCVCLKTC------ 19
                      *                *
```

图 2 - 5　16 条 framework 14 芋螺毒素成熟肽序列比对

pl14a	MPSVRSVTCCCLLWMMFSVQLVTP -	J - superfamily
lt14a	--- MK - LSVMFIVFLMLTMPMTCA -	L - superfamily
lt14b	--- MK - LVLAIILVLMLTTSLTCG -	I - superfamily
Pu14.1	--- MG - MRMMFAVFLLVVLATTVVS	A - superfamily
Pu14.2, Pu14.3	--- MG - MRMMFTVFLLVVLATTVDS	

(A)

Con 14	CX_3	CX_8	CX_1	C
pl14a, pl14.1 - 3, fe14.1 - 2	CX_3	CX_{10}	CX_1	C
lt14a	CX_3	CX_3	CX_2	C
lt14b	CX_3	CX_5	CX_4	C
flf14a - c, vil14a, as14a - b	CX_3	CX_{11}	CX_3	C
Pu14.1	CX_{10}	CX_1	CX_3	C
Pu14.2, Pu14.3	CX_2	CX_4	CX_6	C

(B)

图 2 - 6　framework 14 芋螺毒素前体信号肽序列归属(A)及成熟肽 loop 长度分析(B)

2.4.2.3 讨论

芋螺毒素是生物毒素中迅速发展的新领域，是很有价值的药物或药物先导化合物，其中 A-超家族芋螺毒素是研究最早、了解较为全面的芋螺毒素超家族之一，由于其高丰度、化学多样性和强专一性等突出特点成为创新药物发展的宝库。我们知道，每个芋螺毒素均由单一的 mRNA 编码，通过核糖体翻译机制进行生化合成，原始翻译产物是一种特定的毒素多肽前体，约为 70～120 个氨基酸，包括 1 个约 20 个氨基酸的 N 端信号肽、1 个中间前导肽段和 1 个 10～30 个氨基酸的成熟肽段，成熟肽段为由 C 端编码的单一拷贝区段[5,15]。对 A-超家族芋螺毒素的 cDNA 序列分析发现，它们的信号肽序列具有很高的同源性，而前导肽序列在同一家族中也具有很高的保守性，成熟肽区则显示超变异性，但各家族的二硫键骨架结构仍相对保守。目前对芋螺毒素基因超家族的分子生物学研究结果表明，A-超家族是占据数量较大的毒素超家族之一。

目前发现的 A-超家族芋螺毒素主要包括 α-、αA-和 κA-芋螺毒素，通常由 10～30 个氨基酸组成，含有 2 对或 3 对二硫键。但就整个 A-超家族芋螺毒素来说，它不像 O-超家族芋螺毒素具有完全相同的 C-C-CC-C-C 二硫键骨架，α-芋螺毒素具有完全不同于 αA-和 κA-家族的骨架并可形成"ω"形的稳定二级结构。这些结构差异也直接导致了它们在生理功能上明显的分化。A-超家族芋螺毒素的 3 个家族中，κA-芋螺毒素主要作为阻断剂作用于电压敏感性钾离子通道，而其他两个家族（α-和 αA-芋螺毒素）作为竞争性拮抗剂选择性作用于 nAChRs。α-芋螺毒素是最早被发现的芋螺毒素之一，也是分布最广泛的芋螺毒素之一，在食鱼、食其他软体动物及食虫的芋螺中都有分布。α-芋螺毒素 loop 区的长度，造成其对 nAChR 的组织专一性和亚基的选择性，如 α3/5-芋螺毒素可以选择性的结合肌肉型 nAChR 的 α/δ 和 α/γ 靶位，除 EⅠ、SrⅠA 和 SrⅠB 外，绝大多数的 α4/7-和 α4/6-芋螺毒素则能专一结合神经元型 nAChR 的 α3/β2 和 α3/β4 靶位[26,27]。以 ImⅠ和 ImⅡ为代表的 α4/3-芋螺毒素可以选择性作用于 α7 靶位[28]，而 α4/4-芋螺毒素 BuⅠA 则对含 α6/α3 或 α3 的 nAChR 具有高度选择性[29]。由于每种 α-芋螺毒素的一级结构不同，其三级结构表现出以"ω"刚性结构为骨架，附加多种柔性侧链，这些柔性结构决定了毒素对特定靶位的选择性[31]。目前为止已经发现了 20 多种 α-芋螺毒素，因可分别选择性阻断 nAChR 的某种亚型，使它们成为鉴定 nAChR 及其亚基结构和功能的有效工具。此外，在药理学方面，α-家族芋螺毒素除了作为镇痛药物已进入临床研究外，也有望开发成用于治疗焦虑症、帕金森病、肌肉紧张和高血压等病症的药物。

目前已发现的 α3/5 -芋螺毒素全部来自食鱼性芋螺物种，其分子靶标为肌肉型烟碱型乙酰胆碱受体。刘丽等近年来首次报道了食鱼性花玛瑙芋螺中 α3/5 -芋螺毒素 Ac1. 1a 和 Ac1. 1b 的结构和功能[128]。固相化学合成的两条 15 肽 Ac1. 1a 和 Ac1. 1b 具有 2 对二硫键(C1 - 3 和 C2 - 4)，其成熟肽只相差一个氨基酸残基。它们对爪蟾卵母细胞中重组表达的小鼠肌肉型乙酰胆碱受体 α1β1γδ 具有相似的阻断活性，IC_{50} 值分别为 36nM 和 26nM。这两个毒素都强烈倾向于作用小鼠肌肉型烟碱型乙酰胆碱受体 α1/δ 亚基界面而不是 α1/γ 结合位点。缺失 Ac1. 1b N 端前 3 个氨基酸不会改变其活性，提示该肽的 N 末端不参与和受体的相互作用。因此，我们新克隆所得到的 Ac1. 1c 和 Ac1. 1d 很可能具有类似于 Ac1. 1a 和 Ac1. 1b 的电生理活性。这些肽将为对烟碱型受体的结构和功能研究提供重要有用的信息。

已知神经元型 α -芋螺毒素(包括 α4/3 -、α4/4 -、α4/6 -和 α4/7 -亚家族)的高级结构在 helix 区域几乎完全一致[129]，其第 1 个 loop 中通常为 Ser - Xaa - Pro - Xaa，其中 Pro 极其保守，是 helix 的起始位置，促进二级结构的形成，而在 α4/3 - ImI 和 α4/7 - EpI 中的 Asp5 及 α4/7 - MⅡ 中的 Asn 也可以稳定 helix[129]。α4/7 - Lt1. 4、α4/7 - lt1a 和来自豹芋螺(*C. leopardus*)的 α4/7 - Lp1. 1 具有独特的氨基酸序列，其第 1 个 loop 内的氨基酸为 Ala - Arg - Ala - Ala，既不具有保守的 Ser 和 Pro，也罕见的存在 3 个 Ala，并且在其他毒素中出现频率较高的第 5 位酸性或疏水性氨基酸被碱性的 Arg 所替代，Lt1. 4 的第二个 loop 没有 α4/7 -芋螺毒素保守的- NNP -结构。这种特殊的序列是否使得这类毒素具有特殊的高级结构及生理活性，还有待于进一步实验探讨。值得注意的是，lt1a 和 Lp1. 1 的成熟肽序列完全相同，这在通常序列超变异的芋螺毒素中十分罕见。lt1a 和 Lp1. 1 分别来源于食虫性芋螺物种 *C. litteratus* 和 *C. leopardus*，根据 Duda 等的理论[130]，食虫性芋螺的出现是一次进化完成的，而 *C. litteratus* 和 *C. leopardus* 在进化上的关系十分接近，或许这就是产生完全相同毒素的原因之一。在本书第 4 章中对 Lp1. 1 进行了详细的功能研究。这种相同毒素并不是绝无仅有的，Jimenez 等曾从织锦芋螺中克隆到一个与 contryphan - R 成熟肽相同、信号肽和 pro 区个别氨基酸不同的序列 contryphan - R/Tx[99]。

从食虫性芝麻芋螺 *Conus pulicarius* 的毒液管中提取总 RNA 并扩增 A -超家族芋螺毒素时发现了属于 A -超家族的 3 个新成员 Pu14. 1、Pu14. 2 和

Pu14.3。它们与 A-超家族芋螺毒素有着相同的信号肽序列但成熟肽表现为完全不同于 α-芋螺毒素的半胱氨酸骨架 14。Pu14.1、Pu14.2 和 Pu14.3 的发现表明 A-芋螺毒素基因超家族中含有 4 种不同的半胱氨酸骨架，它们分别为：CC-C-C(α-家族)、C-C-C-C(framework 14)，CCC-C-C-C(α-SII)和 CC-C-C-C-C(αA-和 κA-家族)。对已报道的 framework 14 芋螺毒素前体肽序列进行比对分析发现它们的前体肽的 N 端采用不同的信号肽序列，它们成熟肽的一级结构高度变异，分子内二硫键间空间距离也各式各样，我们推测这可能与它们的生物活性有着极大的关联。其中具有新颖结构的芋螺毒素 pu14a 的结构及其分子靶标引起了我们极大的研究兴趣。本书第 4 章对固相化学合成和体外氧化重折叠得到的 19 肽 pu14a 的二硫键定位、生物学活性、溶液结构和分子靶标进行了系统研究。

对新克隆 A-超家族芋螺毒素及其同源前体肽序列进行比对(图 2-7)和进化树分析(图 2-8)。在进化树中表现为主要的两个分支，在第 1 个主要分支中，来源于食鱼性芋螺物种的 κA-家族成员列于同一个分支，来源于食虫性芋螺物种的 α4/7-家族列于同一个小分支，并和来源于食其他软体动物芋螺物种 *Conus bandanus* 的 α4/7-Bn1.1 列于同一个分支。来源于食虫性芝麻芋螺中的 framework 14 芋螺毒素 Pu14.1 则位于这两个分支之间。在第 2 个主要分支中，来源于食虫性芝麻芋螺中的 framework 14 芋螺毒素 Pu14.2 和 Pu14.3 列于同一个分支，而来源于食鱼性芋螺物种的 α3/5-家族成员列于同一个分支。

A-芋螺毒素基因超家族成员结构和靶位选择性的进化是在芋螺食性进化

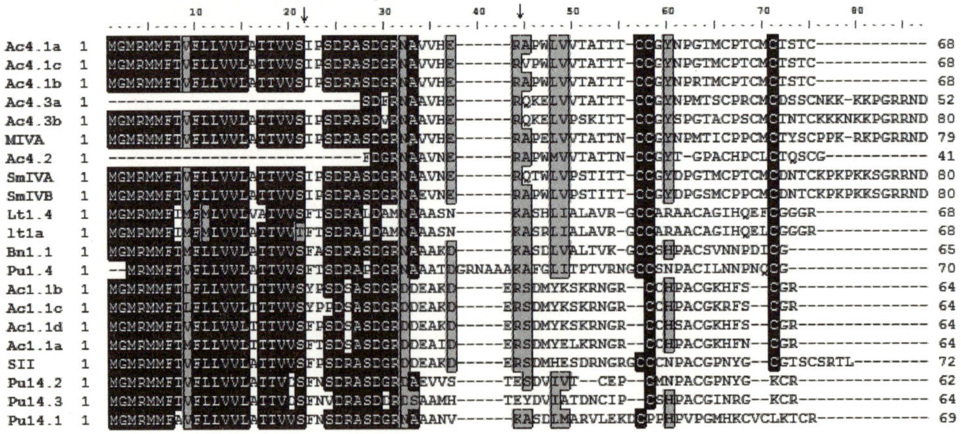

图 2-7　新克隆 A-超家族芋螺毒素及其同源前体肽序列比对

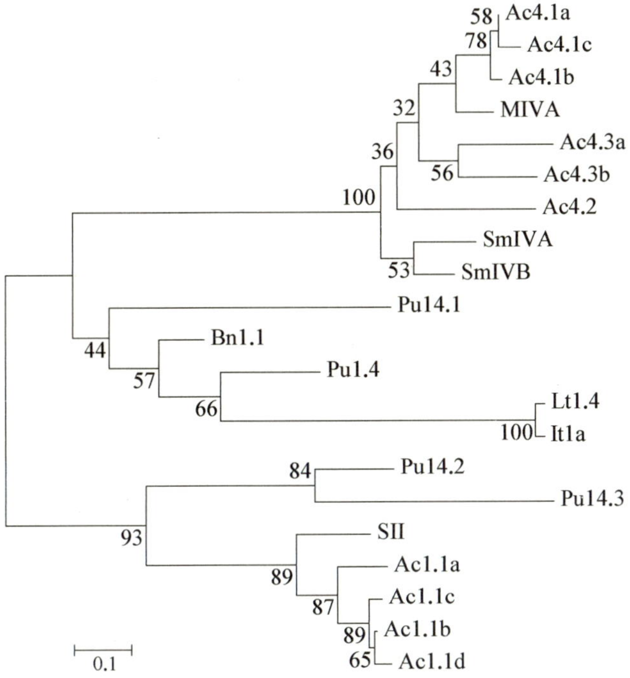

图 2-8　新克隆 A-超家族芋螺毒素及其同源前体肽序列进化树分析

的基础上进行的。在进化树中，来自非食鱼性芋螺的 α4/7-芋螺毒素和来自食鱼芋螺的 α3/5-芋螺毒素处于两个不同的进化分支，恰好和芋螺的食性相吻合。同时可以看出，κA-和 α3/5-芋螺毒素是并行的进化分支，这点与"由 α4/7-芋螺毒素经过密码子的突变和缺失产生 κA-和 α3/5-芋螺毒素"的假设相一致[126]。在这里我们推测 framework 14 芋螺毒素 Pu14.1 可能是从 α4/7-家族演变到 κA-家族进化过程中产生的中间体。framework 14 芋螺毒素 Pu14.2 和 Pu14.3 的第 2 个 loop 和第 3 个 loop 分别含有 4 个和 6 个氨基酸残基，类似于 α4/6-家族芋螺毒素的 loop 结构且它们 loop2 中的 4 个氨基酸残基(-MNPA-和-SHPA-)与 α-家族芋螺毒素非常相似，Pu14.2 和 Pu14.3 极有可能是从 α4/7-家族演变到 α3/5-家族进化过程中产生的中间体。

2.4.3　I_2-芋螺毒素 cDNA 序列的克隆及序列分析

目前发现的 I-芋螺毒素 Cys 骨架都为 C-C-CC-CC-C-C，按照信号肽可以分为两类 I_1 和 I_2。I_1-芋螺毒素按照有无翻译后修饰可再分为 A 和 B 两组，其中 A 组芋螺毒素的倒数第 3 个氨基酸一般为 D 型的 Phe、Leu 或

Met，B组芋螺毒素的信号肽和pro肽与A组比较相似，但是成熟肽长度比A组短，而且没有翻译后修饰。I_2-芋螺毒素的cDNA序列没有propeptide，但是在成熟肽的C端有一段12个氨基酸的序列，被称作"后导肽"(post-peptide)[131]。

根据I_2-芋螺毒素的信号肽序列设计正向引物(5′-TGA ATG ATG TTT CGT GTG ACG-3′)，以AUAP为反向引物，以小牛芋螺毒管cDNA为模板，使用降落PCR程序，挑取阳性克隆测序得到1条I_2-芋螺毒素的cDNA序列Vt11.1(图2-9)。Vt11.1前体肽含74个氨基酸，包括N端26个残基的信号肽、C端15个氨基酸的"后导肽"和中间插入的33个氨基酸残基的成熟肽序列。数据库同源序列检索发现它与来自食其他软体动物芋螺物种 *Conus episcopatus* 的I-超家族芋螺毒素Ep11.12前体肽具有较高相似性，Vt11.1和Ep11.12与桶形芋螺(*Conus betulinus*)中发现的κ-BtX具有相同的半胱氨酸骨架以及loop间残基个数，在它们的第4个loop中均有3个氨基酸残基，而在处女芋螺中发现的I_2-芋螺毒素ViTx在该loop中仅有2个氨基酸残基(图2-10)。Vt11.1的第1个loop中的第3个谷氨酸残基可能被γ羧化，其成熟肽末端的甘氨酸残基将被剪切并为前一位的脯氨酸残基提供酰胺化修饰信号。

```
  1 ATG ATG TTT CGT GTG ACG TCA GTC GGC TGT TTC CTG CTG GTC ATT GTT CTT CTT AAC GTG   60
  1 M   M   F   R   V   T   S   V   G   C   F   L   L   V   I   V   L   L   N   V    20

 61 GCT GTG CTT ACC AAT GCT AGC TGC CGC AAT GAA GGA GCG ATG TGC AGT TTT GGT TTT CAA  120
 21 A   V   L   T   N   A   S   C   R   N   E   G   A   M   C   S   F   G   F   Q    40

121 TGC TGT AAA AAG AAA TGC TGT ATG TCG CAT TGC ACA GAT TTT TGT CGC AAT CCT GGT AAA  180
 41 C   C   K   K   K   C   C   M   S   H   C   T   D   F   C   R   N   P   G   K    60

181 AGG GCG CAC GGA CAC GGT CTG TTG AGC TTT TGG GGC CAA CGT TGA CAT GTT GCC CAG AGG  240
 61 R   A   H   G   H   G   L   L   S   F   W   G   Q   R   *

241 TCT GCA GCT TAT CGT CAT GTA TGG CAG ATA ACT CAG ACC TGA CGT TTC TGC ATT TCT TTC  300

301 TCC CCG TCT TCT TCC TTT GCC CCT CTC ACC CCC TCT CTC TCC TCT TCC CCA CAT CAT GCT  360

361 AAT AAA TTT GAT GCT GCA GAA TCC AAA AAA AAA AAA AAA AAA A                         403
```

图2-9 Vt11.1的cDNA序列

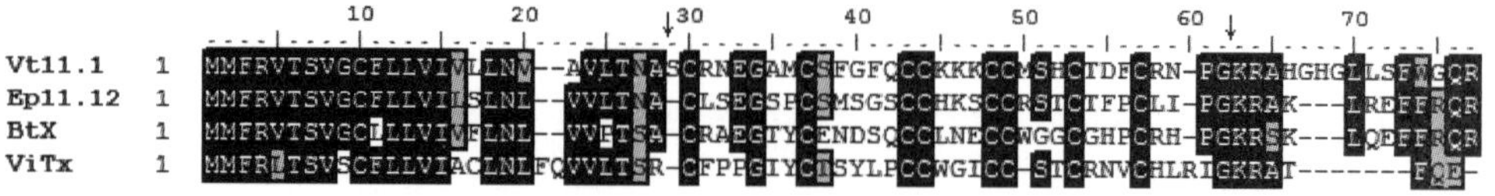

图2-10 四条I_2-芋螺毒素前体序列比较

本实验室袁多多博士从唐草芋螺(*Conus caracteristicus*)中也分离到两个 Cys 骨架为 C－C－CC－CC－C－C 的蛋白,ca11a 和 ca11b 并通过 RACE 法克隆到它们的全长 cDNA 序列。虽然它们都没有翻译后修饰且 loop 间残基个数和 I_1-芋螺毒素中的 B 组毒素较为相似,但是信号肽,前体肽及成熟肽却有较大区别[132]。如表 2－3 所示,ca11a 的信号肽有 20 个残基,而属于 I_1－B 的 R11.3 的信号肽为 19 个残基;ca11a 的 pro 肽也比 R11.3 多 6 个残基;虽然成熟肽 Cys 骨架一样,但第 4 个 loop 的残基个数相差较大。因此,以 ca11a 和 ca11b 为代表的这些芋螺毒素很可能属于 I-芋螺毒素中的第 3 个分支 I_3,这说明 I-芋螺毒素具有非常复杂多样的结构。

虽然发现了多种 I-芋螺毒素,仅 I_1－r11a,I_2－BtX 和 I_2－ViTx 测定了药理学活性[88,89,133,134]。r11a 来自食鱼性芋螺物种 *Conus radiatus*,其成熟肽倒数第 3 位残基(Phe)被放翻译后修饰为 D 型氨基酸(D－Phe)。具有 D 型氨基酸的天然肽作为一种兴奋性毒素,在体内外测活系统中较其 L 型对映体活性更高。对这两种异构体的 NMR 溶液结构的鉴定是在 I_1-芋螺毒素成员中的首次报道。通过结构计算和化学确定,r11a 的二硫键连接方式为 C5－C19、C12－C22、C18－C27、C21－C38,提示 r11a 具有 ICK 结构模式并含有一对多出的二硫键(C21－C38)。除开开始的少数残基外,一直到第 35 位残基附近该肽的结构与 ICK 结构都非常吻合。而 C 末端包括 Phe44 的结构则显混乱。对分别含 D－Phe44 和 L－Phe44 两种形式的结构比较显示对映体的相互转换对肽结构本身几乎没有影响,但对其生物活性和肽与受体的相互作用影响较大。r11a 的分子靶标为电压门控型钠离子通道,它作为一种激动剂,可将在爪蟾卵母细胞中表达的小鼠 $Na_V1.6$ 通道激活的电压依赖性向更为超极化电势移动。r11a 的二硫键配对和空间结构都与作用于钠通道的蜘蛛毒素相似。BtX 是目前多肽毒素中唯一一个钾离子通道激活剂,并且选择性地作用于 Ca^{2+} 激活的、电压门控 BK 通道,而 ViTx 则可以选择性的阻断钾离子通道 Kv1.1 和 Kv1.3,但对 Kv1.2 没有作用。

进化树分析是目前较为流行的分析方法,为了研究 I-芋螺毒素的相互关系,选取有代表性的 10 条 I-芋螺毒素前体肽氨基酸序列,用 MEGA3.1 程序构建了 1 个 Neighbor－Joining 的无根进化树(图 2－11)。由于芋螺毒素成熟肽序列的超变异,即使同一个家族的毒素在非半胱氨酸的位置差异性也较大,因而采用毒素前体肽的氨基酸序列进行分析,很大程度上减少了成熟肽序列多变造成的假象。选取的代表既包括已经清楚功能的 r11a(或 ι－RⅪA)、BtX、ViTx 及

表 2-3　已鉴定 I-芋螺毒素的特性

Conus species (Feeding type)	Peptide	Sequence	Charge	Biological activities	Ref.
I_1-conotoxin					
Group A (presence of D-amino acid either demonstrated or strongly predicted)					
C. radiatus (p)	r11a	GOSF**C**KADEKO**C**EYHAD**CC**N**CC**LSGI**C**AOSTNWILPG**C**STSSFFKI	−1	shifts the voltage dependence of activation of mouse Na_v1.6 expressed in *Xenopus oocytes* to more hyperpolarized potentials.	[133]
C. radiatus(p)	r11b	GOSF**C**KANGKO**C**SYHAD**CC**N**CC**LSGI**C**KOSTNVILPG**C**STSSFFRI	+3	—	[133]
C. radiatus(p)	r11c	GOSF**C**KADEKO**C**KYHAD**CC**N**CC**LGGI**C**KOSTSWI-- G**C**STNVFLT	+1	—	[133]
Group B (presence of D-amino acid unlikely)					
C. radiatus(p)	R11.3	GPR**C**WVGRVH**C**TYHKD**CC**PSV**CC**FKGR**C**KPQSWG**C**WSGPT	+5	—	[133]
C. betulinus (v)	Bt11.1	M**C**LSLGQR**C**ERHSN**CC**GYL**CC**FYDK**C**VVTAIG**C**GHY	+1	—	[131]
C. episcopatus(m)	Ep11.1	GDWGM**C**SGIGQG**C**GQDSN**CC**GDM**CC**YGQI**C**AMTFAA**C**GP	−3	—	[131]

续　表

Conus species (Feeding type)	Peptide	Sequence	Charge	Biological activities	Ref.
I_2- conotoxin					
C. betulinus (v)	BtX	**C**RAγGTY**C**γNDSQ**CC**LNγ**CC**WGG**C**GHO**C**RHP*	−4	increases the open probability of rat Ca^{2+}— and voltage-sensitive BKchannels	[89]
C. virgo (v)	ViTx	SR**C**FPPGIY**C**TSYLP**CC**WGI**CC**ST**C**RNV**C**HLRIGK	+3	inhibits the K_V1. 1 (rat) and K_V1. 3 (human) but not the K_V1. 2 (rat) K^+ channel subtypes ofthe Shaker subfamily	[90]
C. episcopatus(m)	Ep11. 12	**C**LSEGSP**C**SMSGS**CC**HKS**CC**RST**C**TFP**C**LIP*	+1	—	[131]
C. vitulinus(v)	Vt11. 1	S**C**RNEGAM**C**SFGFQ**CC**KKK**CC**MSH**C**TDF**C**RNP*	+3	—	This work
I_3- conotoxin					
C. caracteristicus (v)	ca11a	AWP**C**GGVRAS**C**SRHDD**CC**GSL**CC**FGTSTG**C**RVAVRP**C**W	+2	—	[132]
C. caracteristicus (v)	ca11b	ALL**C**GGTHAR**C**NRDND**CC**GSL**CC**FGT**C**ISAFVP**C**	0	—	[132]

Cys residues are highlighted in bold-face. For post-translational modifications: O, 4-trans-hydroxyproline; F, D - phenylalanine; L, D - leucine; γ, γ - carboxyglutamate; *, C - terminal amidation.

功能靶点尚不确定或功能未知仅有基因的毒素序列，多数 I-芋螺毒素因为其前体序列未知，故未能进行进化分析。树枝上的数字表示 bootstrap 验证中该树枝可信度的百分比，从进化树可以看出，来源于食鱼芋螺 *C. radiatus* 的芋螺毒素 R11.3，R11.6/r11a 和 R11.4/r11c 单独表现一个小分支，并与来自食虫芋螺 *C. betulinus* 的 Bt11.1 和食其他软体动物芋螺物种 *C. episcopatus* 的 Ep11.1 位于一个进化分支中。Vt11.1 和 ViTx 高度相近，位于一个小分支中，并和 BtX 位于一个进化分支中。这 3 个毒素都来自食虫性芋螺物种，提示三者可能源于同一祖先，并具有相似的结构和生理功能。Vt11.1 的作用靶点有可能也为电压门控的钾离子通道。但是由于进化分析方法本身的局限性，加之在 I-芋螺毒素这个庞大家族中仅有极少量成员的结构与功能被阐明，目前进化分析仅作为研究芋螺毒素的一个辅助手段，通过进化分析得出的结论尚需进一步的生理实验所证实。

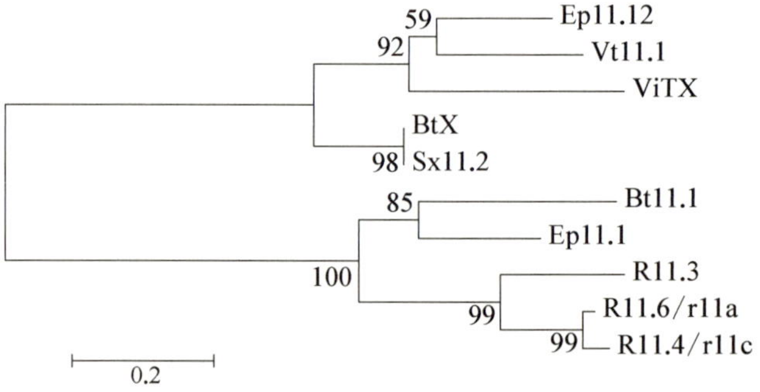

图 2-11　I-芋螺毒素前体氨基酸序列比对进化树

2.4.4　M-超家族芋螺毒素 cDNA 序列的克隆及序列分析

2.4.4.1　M-超家族芋螺毒素 cDNA 序列的克隆及序列分析

利用 M-超家族保守的信号肽序列设计两条正向引物及其相应的巢式引物，以 AUAP 为反向引物，进行 PCR 扩增。从食虫性芝麻芋螺中得到 3 条芋螺毒素 Pu3.4～Pu3.6，从食虫性小牛芋螺中得到 2 条芋螺毒素 Vt3.1 和 Vt3.2，从食鱼性花玛瑙芋螺中得到 1 条芋螺毒素 Ac3.1。

Pu3.4 和 Pu3.5 的前导肽和成熟肽长度相同，均各含 33 个和 15 个残基；Pu3.6 前导肽含 31 个氨基酸，成熟肽含 15 个残基；这 3 条毒素除开第 2 个 loop 中都只有 3 个氨基酸外，其他 2 个 loop 的长度各不相同。Vt3.1 和 Vt3.2 前导肽长度相差较大，前者含 29 个氨基酸而后者则含 39 个氨基酸，

Vt3.1 和 Vt3.2 的成熟肽中只有 1 对二硫键，两个半胱氨酸分别被一个酪氨酸和苯丙氨酸分隔。属于 M-超家族中的首次发现。在 A-超家族芋螺毒素中也存在这种现象，即信号肽非常保守，前导肽较为保守，而成熟肽有两种不同的半胱氨酸骨架，分别作用不同的靶点，因此，Vt3.1 和 Vt3.2 代表了 M-超家族中新的一类芋螺毒素，它们成熟肽区含 14 个残基，C 末端的甘氨酸残基将在翻译后修饰过程中被剪切并提供给前一位氨基酸残基（Vt3.1 中的异亮氨酸和 Vt3.2 中的丝氨酸）酰胺化修饰的信号，因此Vt3.1 和 Vt3.2 的成熟肽含 13 个残基。从 Ac3.1 的 cDNA 和推导的前体肽序列（图 2-12）看，它的前导肽含 30 个氨基酸，成熟肽含 15 个氨基酸且没有发现半胱氨酸残基，这是继 conomarphin[135] 之后第 2 个在 M-超家族中发现的不含半胱氨酸的芋螺毒素。

```
  1 CTG GGA GTC TTG GTG ACC ATC TTT CTG GTT TTG TTT CCC ATG GCA ACT CTT CAG CTG GAT   60
  1 L   G   V   L   V   T   I   F   L   V   L   F   P   M   A   T   L   Q   L   D     20

 61 GGA GAT CAA ACC GCT GAT CGT CAT GCA GGA GAG AGG GAC CAG GAC CCA CTA GAA CAG TAT  120
 21 G   D   Q   T   A   D   R   H   A   G   E   R   D   Q   D   P   L   E   Q   Y     40

121 CGA AAC TTG AAG CAT GTT CTG AGA AGG ACT AGG AAC TAC TAC CTA TAT CCT GCA CGT CCA  180
 41 R   N   L   K   H   V   L   R   R   T   R   N   Y   Y   L   Y   P   A   R   P     60

181 GAG AAC TCC TGG TGG ACG TGA TTG AGA GGC ATC AGG CTG ATT ACT CCA GAA CAG TGG TCG  240
 61 E   N   S   W   W   T   *

241 TAT AAT GAT TGA ATC AAA AGA TCA CTA CAG GGA ATA AAA GTT TCC CCA AGA AAA AAA AAA  300

301 AAA AAA AAA                                                                      309
```

图 2-12　Ac3.1 的 cDNA 和推导的前体肽序列

对数据库进行前体肽序列同源检索发现 Pu3.4 和食虫芋螺物种 *Conus arenatus* 中 GenBank 序列号为 AAG60353.1 的芋螺毒素序列保守性最高，Pu3.5 与大理石芋螺中 Mr3.2 保守性最高，Pu3.6 与豹芋螺中 Lp3.2 保守性最高，Vt3.1 和信号芋螺中 lt3c 保守性最高，Vt3.2 与食虫芋螺物种 *Conus ventricosus* 中 GenBank 序列号为 AAG60375.1 的芋螺毒素序列保守性最高，Ac3.1 与大理石芋螺中 conomarphin 和信号芋螺中 GenBank 序列号为 ABC74991.1 的芋螺毒素序列保守性最高（图 2-13）。表 2-4 中列出了所有新克隆 M-超家族芋螺毒素及其同源前体肽序列。

M-超家族芋螺毒素是除了 O-芋螺毒素之外最为复杂的一个超家族，作用靶点广泛，已经清楚的靶点包括钠离子通道、钾离子通道和 nAChRs，mr3a 和 tx3c 的功能靶位虽然还不清楚，但其不同的序列特征和特殊的整体活性暗示它们可能具有不同的生理活性[37,85,117,118]。根据第 3 个半胱氨酸 loop 中氨基酸残

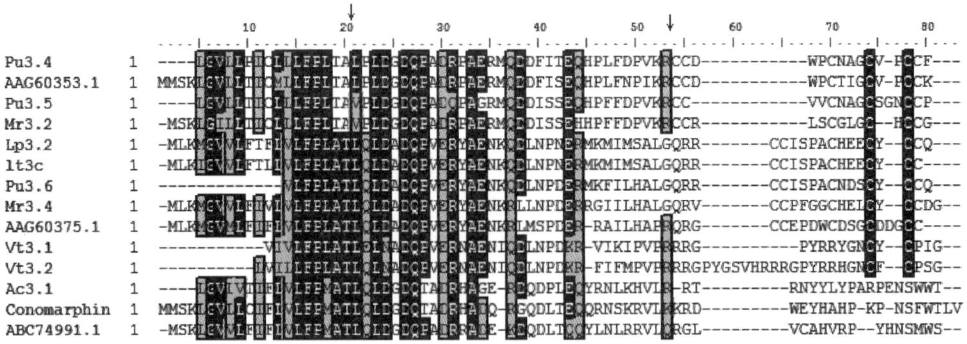

图 2-13　M-超家族芋螺毒素前体肽序列比对

基数可将 M-超家族芋螺毒素分为 4 个分支：M-1、M-2、M-3 和 M-4。一般而言，每个芋螺毒素基因超家族的信号肽都高度保守。王琪等[119]最近从豹芋螺，大理石芋螺和斛芋螺中克隆得到 6 条新型 M-超家族芋螺毒素 cDNA，分别属于 M-1 或 M-3 分支。它们从 cDNA 推导的成熟肽序列富含酸性残基，其信号肽和前导肽高度保守。但它们与已报道的 M-2 和 M-4 分支芋螺毒素有着很大差异，即使是在同一超家族中本应高度保守的信号肽区也有着较大区别。M-1 和 M-3芋螺毒素的信号肽序列含 24 个残基并以序列 MLKMGVVL-作为起始，而 M-2 和 M-4 芋螺毒素的信号肽序列则含 25 个残基并以序列 MMSKLGVL-作为起始。这是除 I-芋螺毒素超家族之外，另一例在同一超家族中存在不同类型信号肽序列。M-1 芋螺毒素和 M-4 或 M-2 芋螺毒素不仅具有不同的二硫键连接方式，序列比对和进化树分析都提示 M-1 和 M-3 芋螺毒素，和 M-超家族芋螺毒素的另外两个分支 M-2 和 M-4 相比，具有更近的亲缘关系。王琪等将克隆得到的这 6 条新毒素归入 2 组，这 2 组毒素最主要的差别在于第 3 个 loop 的长短和序列，第 1 组毒素(group 1)的第 3 个 loop 中仅有 2 个氨基酸，且脯氨酸高度保守，而第 2 组毒素(group 2)分子中第 2 个 loop 更短，通常只含有 1 个氨基酸(Qc3.1 除外)，且缺少保守的脯氨酸。此外，第 2 组毒素的第 2 个 loop 通常含有酸性氨基酸，而第 1 组毒素则通常为碱性氨基酸。

将我们克隆所得的 6 条新 M-超家族芋螺毒素分类，Pu3.6 属于 M-1 分支，Pu3.4 属于 M-2 分支，Pu3.5 属于 M-3 分支。根据王琪等提出的分类方法，又可将 Pu3.4 归入第 1 组，其第 3 个 loop 仅有 2 个氨基酸且含有高度保守的脯氨酸，但第 2 个 loop 中不含酸性或碱性氨基酸，只有极性中性和非极性疏

表 2-4　新克隆 M-超家族芋螺毒素及其同源前体肽序列

Conotoxin	Sequence
M-1 branch	
Pu3. 6	VLFPLATLQLDADQPVERYAENKQDLNPDERMKFILHALGQRRCCISPACNDSCYCCQ
Lp3. 2[119]	MLKMGVVLFTFLVLFPLATLQLDADQPVERYAENKQDLNPNERMKMIMSALGQRR CCISPACHEECYCCQ
Mr3. 4[124]	MLKMGVVLFIVLVLFPLATLQLDADQPVERYAENKRLLNPDERRGIILHALGQR VCCPFGGCHELCYCCD* G
M-2 branch	
Pu3. 4	LGVLLPICLLLFPLTALPLDGDQPADRPAERMQDDFITEQHPLFDPVKR CCDWPCNAGCVPCCF
AAG60353. 1	MMSKLGVLLTICMLLFPLTALPLDGDQPADRPAERMQDDFISEQHPLFNPIKRCCDWPCTIGCVPCCK
M-3 branch	
Pu3. 5	LGVLLTICLLLFPLTAVPLDGDQPADQPAGRMQDDISSEQHPFFDPVKRCCVVCNAGCSGNCCP
Mr3. 2[87,88]	MSKLGILLTICLLLFPLTAVPLDGDQPADRPAERMQDDISSEHHPFFDPVKRCCRLSCGLGCHOCC* G
Others	
Ac3. 1	LGVLVTIFLVLFPMATLQLDGDQTADRHAGERDQDPLEQYRNLKHVLRRTRNYYLYPARPENSWWT
Conomarphin[135]	MMSKLGVLLCIFLVLFPMATLQLDGDQTADRHADQRGQDLTEQQRNSKRVLKKRDWEYHAHPKPNSFWTLV
ABC74991. 1	MSKLGVVLFIFLVLFPMATLQLDGDQPADRRADEKDQDLTQQYLNLRRVLQRGLVCAHVRPYHNSMWS
Vt3. 1	VIVLFPLATLELNADQPVERNAENIQDLNPDKRVIKIPVPRRRGPYRRYGNCYCPI* G
lt3c[125]	MLKIGVVLFTLLVLFPLATLQLDADQPVERYAENKQDLNPNERMKMIMSALGQRRCCISPACHEECYCC
Vt3. 2	LVILLFPLATLQLNADQPVERNAENIQDLNPDKRFIFMPVPRRRGPYGSVHRRR GPYRRHGNCFCPS* G
AAG60375. 1	MLKMGVMLFIFLVLFPLATLQLDADQPVERYAENKRLMSPDERRAILHAPRQRGCCEPDWCDSGCDDGCC

*, amidated C-terminus.

水性氨基酸。Pu3.6可归入第2组，其第3个loop仅有1个氨基酸且不为保守的脯氨酸，第2个loop中含1个酸性的天冬氨酸。虽然按照王琪等提出的对M-超家族新的分类方法应将Pu3.5归入group 2(含M-1和M-3分支)，但根据前体肽序列的同源分析，发现Pu3.5和group 1(含M-2和M-4分支)中的Mr3.2具有最高的前体肽序列保守性。对新克隆得到的6条M-超家族芋螺毒素及其同源肽前体序列的进化树分析(图2-14)显示，Pu3.5和Mr3.2位于同一小分支，和由Pu3.4和AAG60353.1组成的另一小分支组成单独的分支，故Pu3.5应归入group 1。Vt3.1和Vt3.2中虽然只有2个半胱氨酸，但在进化树中却与Pu3.6处于同一分支中，故可将Vt3.1和Vt3.2归入group 2中。该组成员信号肽序列保守性由于lt3c信号肽序列中的4个不同位点而有所下降。Ac3.1成熟肽中虽不含有半胱氨酸，其前体肽与大理石芋螺中conomarphin和信号芋螺中GenBank序列号为ABC74991.1的芋螺毒素序列保守性最高，三者的信号肽序列只有2个位点上的差别。因后两者的信号肽序列属于group 1(MMSKLGVL-作为起始)，故可将Ac3.1归入group 1。

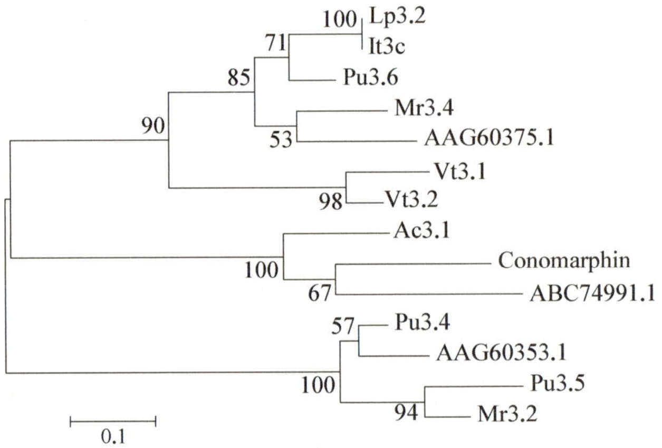

图2-14 M-超家族芋螺毒素前体肽氨基酸序列比对进化树

另外，Mr3.2和ABC74991.1的信号肽序列很可能由于其起始密码子之前的5′非翻译区最后3个核苷酸发生了突变，导致开放读玛框就从第2个ATG开始。这种起始密码子的移位很有可能是进化过程中点突变或者复制的结果。

2.4.4.2 讨论

毒素的结构往往与它们的功能紧密相关，如μ-芋螺毒素中保守的Arg13、

Lys16、Hyp17 等对其活性至关重要，而 PⅢA 中 Hyp8 的 trans 构象也是造成其生理靶点不同于 GⅢA(Hyp7 为 cis 构象)的原因之一[50,55]。mr3a 在溶液中展现出 3 个 turn 的骨架，其中第 3 个 γ - turn 的氨基酸序列是 RFGCVPC，靠 2 对二硫键维持结构，Gly11 和 Val13 位形成辅助的氢键[10]。而在所有第 1 组的芋螺毒素中，都存在 GCXP 保守序列，因此可以大胆推测这个 motif 对此类毒素的结构或者功能极其重要。在新发现的 Pu3.4 中也发现了 GCVP 的保守序列，可能参与形成类似于 mr3a 中的第 3 个 turn 结构。值得注意的是，在第 2 组中并不存在这个 motif，并且其成员之一 mr3.4(其对应的 cDNA 序列为 Mr3.4)的二硫键配对是 C1 - C5、C2 - C4、C3 - C6，与 mr3a(C1 - C6、C2 - C4、C3 - C5) 和 GⅢA(C1 - C4、C2 - C5、C3 - C6)截然不同。由于 Pu3.6 和 Mr3.4 前体肽均属于 M - 1 分支和第 2 组，因此我们推测 Pu3.6 毒素可能具有和 Mr3.4 一样的二硫键配对方式，并可能代表了 M -超家族的一个新家族，其高级结构和功能靶位可能也是与众不同的。

根据 DNA 序列的同源比对和进化树分析，王琪等对文献报道的将 M -超家族芋螺毒素分为 maxi - M 和 mini - M 的分类方法提出质疑[124]，认为 maxi - M 和 mini - M 毒素其实都属于 group 1。Group 1 和 Group 2 属于不同的家族，但归属于同一个超家族，有诸多的证据支持这一新的分类，如：两组成员中仅 group 1 的短 M -芋螺毒素成熟肽序列具有 GCXP motif；毒素成熟肽二硫键配对方式的显著差异；group 1 和 group 2 具有各自保守的信号肽，且同源性较低；进化树中的明显分支等。同时，group 1 和 group 2 中的短 M -芋螺毒素在进化中又具有很近的亲缘关系，这点从它们信号肽 DNA 序列的同源性可以证实。在第 1 组中，GⅢA、RⅢK、SⅢA 等毒素又分别归于不同的小分支，恰好每个分支中的代表毒素都具有不同的作用靶点，同样作用于 TTX - R 钠离子通道的 SⅢA 和 SmⅢA 则在同一个小分支中，因此在进化树中各个细小分支的毒素，可能都具有不同的生理活性。目前定义一个超家族的标准是其保守的信号肽，而 M -超家族是具有 2 个不同保守信号肽的超家族，这一发现不仅使得我们对 M -超家族芋螺毒素重新认识和分类，也补充和完善了现有的定义超家族的方法。芋螺毒素是功能复杂、序列超变异的毒素，对这些新的 M -芋螺毒素结构和功能作深入的研究，必将有助于我们对芋螺毒素进化超变异的理解。

在芋螺中，除了含有 2 对半胱氨酸以上的芋螺毒素，还有数目众多的不含或只含 1 对半胱氨酸的多肽。一般将这类多肽称为芋螺肽(conopeptide)，以区别于芋螺毒素(conotoxin)[4]。已经报道并深入研究的芋螺肽主要有 7 个家族(表

2－5)。它们都有比较独特的翻译后加工，如 conantokin 中的 γ－羧基谷氨酸；contulakin 中的 O 型糖基化；conophan 中的 D 型氨基酸[19,104,138]。这种现象很可能是因为这些芋螺肽一般序列都比较短(这可能是由于 conopeptide 一般含有的二硫键比较少，如果链太长的话，无法保持对其生理活性至关重要的某种特定的主链构象)，所以需要氨基酸侧链的复杂度，从而增加其功能的多样性或帮助维持某种特定的空间结构。

和已报道的 M－超家族芋螺毒素保守的半胱氨酸骨架 CC－C－C－CC 不一样，Vt3.1 和 Vt3.2 的成熟肽中仅有 2 个半胱氨酸残基，Ac3.1 的成熟肽中则不含半胱氨酸残基。由于本实验室和国外其他实验室以前也报道了另外一些含有其他不同半胱氨酸骨架的 M－超家族芋螺毒素，如 Vx2(CCC－C－C－C)和 PnⅣB(CC－C－C－C－C)[139,140]，加上本书中仅含有 1 对二硫键的 Vt3.1 和 Vt3.2 以及不含有任何半胱氨酸的 Ac3.1 和 conomarphin，M－超家族芋螺毒素至少已有 5 种不同的半胱氨酸骨架，这种现象从一个侧面证明了芋螺毒素在进化上的多样性：同一祖先基因可以通过基因进化衍生出从结构和功能上完全不同的分子。本实验室袁多多博士在利用 I_3－芋螺毒素 ca11a 和 ca11b 的信号肽序列设计引物，并从芝麻芋螺和信号芋螺中克隆得到类似的含有 8 个 Cys 的芋螺毒素，以及类似于 O－超家族 Cys 骨架的芋螺毒素和类似于 J－超家族 Cys 骨架的芋螺毒素[132]。这提示 Vt3.1/Vt3.2、Ac3.1 和具有保守半胱氨酸骨架 CC－C－C－CC 的 M－超家族芋螺毒素中存在有多个半胱氨酸密码子的突变，方向可以是相互的。前体肽不同结构域的重排也可能是造成这一现象的原因。这也在另一层面上再次验证了芋螺毒素序列上的超变异。

第 1 个发现含有 D 型氨基酸的天然活性肽是从蛙皮发现的一个七肽 dermorphin，其第 2 个氨基酸为 D 型的 alanine[141]。进一步实验发现 dermorphin 和其他一些从蛙皮中发现的 dermorphin 类似物是 μ－鸦片样受体激动剂，对灵长类动物有很好的镇痛活性[142]。随后在蛙类和其他动物中陆续发现了一系列含有 D 型氨基酸的天然活性肽。这些含 D 型氨基酸的天然活性肽一般都是一些小于 10 个氨基酸的短肽，但也有为数不多的一些序列较长如从蜘蛛毒腺中分离纯化到的 ω－Agatoxin TK[143]、I_1－芋螺毒素 r11a[133]等。比较有趣的是，目前已知的含 D 型氨基酸的活性肽中 D 型氨基酸的位置似乎是固定的。而且到现在为止只发现了 3 个这样的位置，即 N 端第 2 或第 4 位，C 端倒数第 3 位。上述这些含 D 型氨基酸的天然活性肽都是从基因转录、翻译后，由某种 D 型氨基酸异构酶进行翻译后加工产生，与存在于细菌细胞壁上通过生物合成所

表 2 - 5　主要的芋螺肽家族

Family	Example	Sequence	Target	Ref.
αC	PrXA	TYGIYDAKPOFS**C**AGLRGG**C**VLPONLROKFKE*	neuromuscular nAChR.	[43]
M - superfamily group 2	Vt3. 1	GPYRRYGN**C**Y**C**PI*	unknown	This work
M - superfamily group 2	Vt3. 2	GPYRRHGN**C**F**C**PS*	unknown	This work
Conantokin	Conantokin - G	GEγγLQ γNQ γLIR γKSN*	NMDAreceptor	[95]
Contulakin	Contulakin - G	ZSEEGGSNAT† KKPYIL	Neurotensin receptor	[104]
Conorfamide	Conorfamide	GPMGWVPVFYRF*	FR amide receptor	[108]
Conomap	Conomap - Vt	AFVKGSAQRVAHGY*	unknown	[136]
Conophan	Conophan gld - V	AOANSVWS	unknown	[137]
Conomarphin	Conomarphin	DWEYHAHPKONSFWT	unknown	[135]
M - superfamily group 1	Ac3. 1	NYYLYPARPENSWWT	unknown	This work

NMDA, N - methyl - D - aspartate. For post-translational modifications: γ, γ - carboxylated glutamate; *, amidated C - terminus; †, glycosylation; O, hydroxyproline; V, D - Val; F, D - Phe.

得到的含有D型氨基酸的小肽在合成机制上完全不同[144]。

迄今为止，芋螺毒素中发现了少数含D型氨基酸的肽(表2-6)。很早以前发现的contryphan家族，包括Contryphan-R和Glacontryphan-M等，它们共同的特征是肽链的第4位氨基酸(W或L)为D型氨基酸，同时序列较短，只含有1对二硫键[19]。已知Glacontryphan-M是L型钙通道的阻断剂[100]，其他成员的功能还不清楚。最近发现I-超家族芋螺毒素中的一支(典型代表为r11a)，其中所有的成员可能在C端倒数第3位都是D型氨基酸。这一类I超家族芋螺毒素的分子靶位是钠离子通道，r11a作为一种激动剂，可将在爪蟾卵母细胞中表达的小鼠$Na_V1.6$通道激活的电压依赖性向更为超极化电势移动[131]。最近从两种亲缘关系较近的芋螺物种*C. gladitor*和*C. mus*的粗毒中找到了一系列小肽[137]，这些小肽只有8个氨基酸且富含羟基化氨基酸，C末端倒数第3位是D型的Val或是更少见的γ-羟基化D型Val，其中后者是第1次在芋螺毒素中被发现，功能还不清楚。将这类小肽命名为conophan，作为conopeptide的一个新家族。

含D型氨基酸的天然活性肽中D型氨基酸的位置似乎是固定的，而与这个位置上具体是哪一种氨基酸无关，即所谓的“position rule”。到目前为止发现这样的位置只有3个：N末端第2、第4位和C末端倒数第3位。而在这3个位置中，N端第2位的D型氨基酸似乎更为普遍，已经在软体动物(非洲大蜗牛)，两栖动物(蛙类)和低等哺乳动物(鸭嘴兽)中都发现了在该位置含D型氨基酸的小肽[141,145,149]。而C末端倒数第3位含有D型氨基酸的毒素在节肢动物(蜘蛛)和软体动物(芋螺)中都已有报道[131,137,143,150]。而N端第4位的D型氨基酸到目前为止似乎只专属于芋螺毒素中的contryphan。值得注意的是所有这3个D型氨基酸可能存在的位置都集中在肽链的N端和C端，目前还没有在肽链中部发现D型氨基酸，推测可能与这些生物体内D型氨基酸异构酶的性质有关。到目前为止，已从蛙皮和蜘蛛毒液腺中找到了2种能够在离体条件下将相应的L型氨基酸转变为D型氨基酸的异构酶，但两者的序列，催化作用机制和催化作用位点完全不同，似乎是完全不同的两种酶[151,152]。在蛙皮中找到的异构酶通过数据库搜索，发现在其他生物如人，鼠中也有同源性较高的序列，联想到蛙皮中含有的D型氨基酸一般在N端第2位，而这个位置似乎在许多生物中都是保守的，所以很有可能在蛙皮中找到的异构酶在整个生物界中比较普遍和保守。

韩禹宏等近年来从大理石芋螺中纯化到一条不含半胱氨酸的15肽，并将其

表 2-6　不同物种中含 D 型氨基酸肽

Organism	Example	Sequence	Position	Ref.
Cone snail	r11a	GOSFCKADEKOCEYHADCCNCCLSGICAOSTNWILPGCSTSSFFKI	−3	[131]
	Contryphan - R	GCOWEPWC*	−5	[101]
	Glacontryphan - M	NγSγCPWHPWC*	−5	[100]
	Conophan gld - V	AOANSVWS	−3	[137]
	Conomap - Vn	AFVKGSAQRVAHGY*	+2	[136]
	Conomarphin	DWEYHAHPKONSFWT	−3	[135]
	Ac3. 1	NYYLYPARPENSWWT	−3	This work
Snail	Fulicin	FNEFV*	+2	[148]
Frog	Dermorphin	YAFGYPS*	+2	[141]
Spider	Ω - Agatoxin	EDNCIAEDYGKCTWGGTKCCRGRPCRCSMIGTNCECTPRLIMEGLSFA	−3	[143]
Australian platypus	C - type natriuretic peptide	LLHDHPNPRKYKPANKKGLSKGCFGLKLDRIGSTSGLGC	+2	[149]
	Defensin-like peptide	IMFFEMQACWSHSGVCRDKSERNCKPMAWTYCENRNQKCCEY	+2	[153]

D - amino acid residues are underlined. For post-translational modifications: * , amidated C - terminus; O, hydroxyproline; γ, γ - carboxylated glutamate.

命名为 conomarphin，其 C 端序列与 conophan 有很高的同源性[135]。通过比对不同蛋白酶酶切天然 conomarphin 和含 L 型 Phe 的合成对映体酶谱的 HPLC 分析发现 conomarphin C 末端倒数第 3 位氨基酸为 D 型 Phe。意外发现编码 conomarphin 前体的 cDNA 序列具有 M－超家族芋螺毒素保守的信号肽序列，这提示虽然它与其他含 6 个半胱氨酸 M－超家族芋螺毒素没有同源性，仍应将 conomarphin 归入 M－超家族。NMR 实验发现 conomarphin 在溶液中具有良好的结构，肽中段有一紧密 loop，肽 C 末端有一短 3^{10}－螺旋。在 L－Phe13－conomarphin 结构中没有 loop，提示 D－Phe13 对 conomarphin 结构至关重要。因此，conomarphin 可能代表一类芋螺毒素新家族，它的生物活性仍有待鉴定。Ac3.1 与大理石芋螺中 conomarphin 和信号芋螺中 GenBank 序列号为 ABC74991.1 的芋螺毒素序列保守性最高（图 2－13）。由于 Ac3.1 与 conomarphin 和信号芋螺中 GenBank 序列号为 ABC74991.1 的芋螺毒素序列保守性最高，故 Ac3.1 成熟肽 C 末端倒数第 3 位的 Trp 极有可能也为 D 型氨基酸，而 ABC74991.1 成熟肽中唯一的一个半胱氨酸残基很可能是由其他残基突变而来。分析三者的前体肽序列发现，与其他 M－超家族芋螺毒素相比，pro 区 C 端碱性氨基酸含量特别高，且碱性氨基酸与疏水性氨基酸相间排列，这个现象与同出自于大理石芋螺的另一个含 D 型氨基酸的 Glacontryphan－M 的情况非常相似，虽然暂时没有进一步的证据，但这种现象应该不只是偶然巧合，因为国外文献报道芋螺毒素的翻译后加工与其前体肽的序列有较大的关系[9]。Conomarphin 这类新芋螺毒素家族目前已在食鱼性花玛瑙芋螺、食其他软体动物性大理石芋螺和食虫性信号芋螺中发现，提示该类家族成员可能具有重要的生理功能。

相比其他生物中含 D 型氨基酸的天然活性肽，含 D 型氨基酸的芋螺毒素似乎有其鲜明的特点。第一，芋螺是目前为止唯一一类 D 型氨基酸同时可能存在两种位置的生物物种（N 端的第四位和 C 端倒数第 3 位），且 N 端第 4 位只在芋螺毒素中被发现。第二，虽仍遵守“position rule”，但芋螺毒素中目前为止所报道的 D 型氨基酸限于一些疏水性氨基酸，如 Leu、Trp、Val、Phe，这一点也与其他生物有所不同。从大理石芋螺中分离纯化到的 C 端倒数第 3 位含 D 型氨基酸的 conomarphin 和 C 端倒数第 5 位含 D 型氨基酸的 Glacontryphan－M[100] 提示，大理石芋螺毒液中同时含有两种不同 D 型氨基酸，且它们的位置也不同。因此大理石芋螺中可能含有不同的 D 型氨基酸异构酶分别作用于这两种不同的芋螺毒素，或者只存在一种这样的酶，依靠识别特定的空间三维结构来保证它的选择性。

2.4.5　O-超家族芋螺毒素 cDNA 序列的克隆及序列分析

2.4.5.1　O-超家族芋螺毒素 cDNA 序列的克隆及序列分析

同样制备总 RNA 和第一链 cDNA。按照 O-超家族保守的信号肽起始端设计简并引物作为上游引物，AUAP 作为下游引物，进行 PCR 扩增。最终从食虫性小牛芋螺中得到 3 个新的 O-超家族芋螺毒素 Vt6.1～Vt6.3；从食虫性处女芋螺中得到 5 个新的 O-超家族芋螺毒素 Vi6.1b、Vi6.5a、Vi6.5b、Vi6.6 和 contryphan-Vi；从食虫性芝麻芋螺中得到 3 个新的 O-超家族芋螺毒素 Pu6.3、Pu6.4a 和 Pu6.4b；从食鱼性花玛瑙芋螺中得到 6 个新的 O-超家族芋螺毒素 Ac6.1、Ac6.2a、Ac6.2b、Ac6.3、Ac6.4 和 Ac6.5。新克隆到的这 17 个 O-超家族芋螺毒素前体肽序列列于表 2-7 中。对新克隆的 17 条 O-超家族芋螺毒素和 13 条已知的 O-超家族芋螺毒素前体肽序列进行比对(图 2-15)发现，N 端的信号肽区高度保守，前导肽区的保守性则比较差，前导肽和成熟肽的长度相差较大且成熟肽序列表现出显著差异。除 contryphan-Vi 外，C 端成熟肽区中 6 个半胱氨酸以 C-C-CC-C-C 骨架排列，其第 1 个 loop 中均含 6 个氨基酸残基，其他 3 个 loop 中的残基个数区别较大。为进一步研究这 30 个 O-超家族芋螺毒素间的进化关系，对它们的前体肽氨基酸序列用 MEGA3.1 软件构建了 bootstrap 验证的 NJ 进化树(图 2-16)。

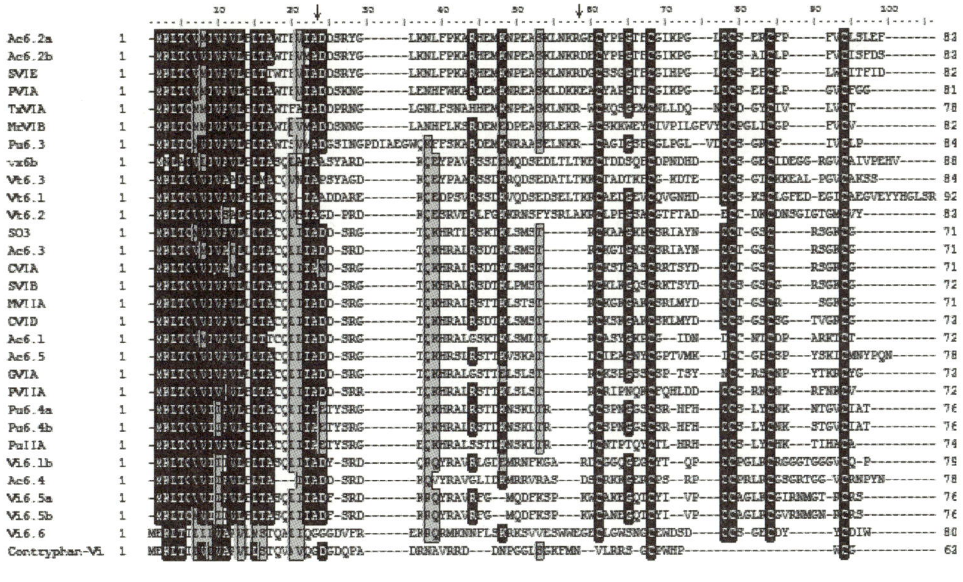

图 2-15　O-超家族芋螺毒素前体肽序列比对

表 2-7 新克隆 O-超家族芋螺毒素前体肽序列

Conotoxin	Sequence
Vt6. 1	MKLTCVVIVAVLFLTACQLTAADDAREKQEDPSVRSSDKVQDSEDSELTKRCAEDGEVCQVGNHDCCSKSCLGFEDEGICAEGVEYYHGLSR
Vt6. 2	MKLTCVVIVSALFLTACQVSTAGDPRDKQESRVERLFGKKRNSFYSRLAKRCLPFGSACGTFTADECCDKCDNSGIGTGMCVY
Vt6. 3	MKLTCVVIVAALFLMACQVNTAPSYAGDKQEYPAARSSDKRQDSEDATLTKKCTADTKFCGKDTECCSGTCKKEALPGVCAKSS
Vi6. 1b	MKLTCVVIITVLFLTASQLITADYSRDQRQYRAVRLGDEMRNFKGARDCGGQGEGCYTQPCCPGLRCRGGGTGGGVCQP
Vi6. 5a	MKLTCVVIIAVLFLTASQLITADFSRDKRQYRAVRFGMQDFKSPKWCAKEGQTCYIVPCCAGLKCGIRNMGTRCRS
Vi6. 5b	MKLTCMVIITVLFLTASQLITADFSRDKRQYRAVRFGMQDFKSPKWCANEGQTCYIVPCCAGLRCGVRNMGNRCRS
Vi6. 6	MEKLTILLLVAAVLMSTQALIQGGGDVFREKRQRMKNNFLSKRKSVVESWWEGECLGWSNGCEWDSDCCSGECDYYCDIW
Contryphan - Vi	MEKLTILVLVAAVLLSTQVMVQGDGDQPADRNAVRRDDNPGGLSGKFMNVLRRSGCOWHPWC* G
Pu6. 3	MKLTCMVIVAVLFLTAWTSVMADGSINGPDIAEGWQKFFSKARDEMKNRAASELNKRCAGIGSFCGLPGLVDCCSGRCFIVCLP
Pu6. 4a	MKLTCVVIIAVLFLTACQLITAETYSRGKQKHRALRSTDKNSKLTRQCSPNGGSCSRHFHCCSLYCNKNTGVCIAT
Pu6. 4b	MKLTCVVIIAVLFLTACQLITAETYSRGKQKHRALRSTDKNSKLTRQCSPNGGSCSRHFHCCSLYCNKSTGVCIAT
Ac6. 1	MKLTCVMIVAVLLLTTCQLLTADDSRGTQKHRALGSKTKLSMLTLRCASYGKPCGIDNDCCNTCDPARKTCT
δ - Ac6. 2a	MKLTCVMIVAVLFLTAWTFVTADDSRYGLKNLFPKARHEMKNPEASKLNKRGECYPPGTFCGIKPGLCCSERCFPFVCLSLEF
δ - Ac6. 2b	MKLTCVVIVAVLFLTAWTFVMADDSRYGLKNLFPKARHEMKNPEASKLNKRDECYPPGTFCGIKPGLCCSAICLPFVCISFDS
ω - Ac6. 3	MKLTCVMIVALLLLTACQLLTADDSRDTQKHRALRSDTKLSMSTRCKGTGKSCSRIAYNCCTGSCRSGKC* G
Ac6. 4	MKLTCVVIIAVLFLTAITADDSRDKQVYRAVGLIDKMRRVRASDSCRKKGERCPSRPCCPRLRCGSGRTGGVCRNPYN
Ac6. 5	MKLTCVVIVAVLLLTACQLLTADDSRGTQKHRSLRSTTKVSKATDCIEAGNYCGPTVMKICCGFCSPYSKICMNYPQN

* amidated C - terminus.

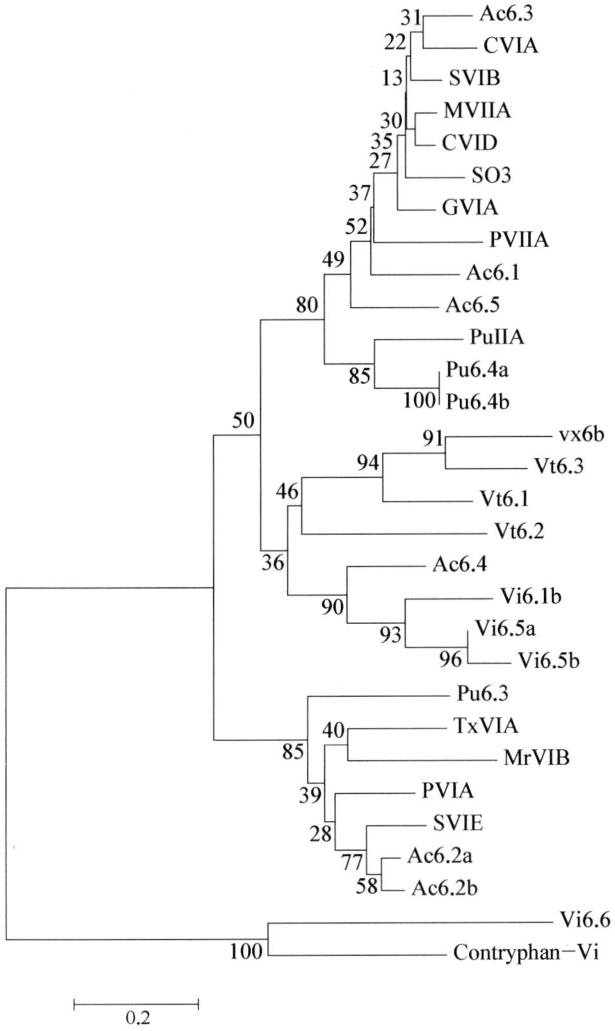

图 2-16　O-超家族芋螺毒素前体肽氨基酸序列比对进化树

Vt6.1 信号肽含 22 个氨基酸，前导肽含 29 个氨基酸，成熟肽区含 41 个氨基酸，其 C 末端的碱性精氨酸残基可能在翻译后修饰的过程中被羧肽酶切割，故 Vt6.1 的成熟肽长 40 个残基。Vt6.2 信号肽和前导肽长度和 Vt6.1 一样，但成熟肽却短得多，只有 32 个残基。Vt6.1 和 Vt6.2 的成熟肽富含酸性氨基酸，分别呈现净电荷 −8 和 −3，既不像 ω-和 κ-芋螺毒素中以碱性氨基酸为主，也不同于 δ-和 μO-芋螺毒素中的疏水氨基酸为主 Vt6.1 中的酸性氨基酸较为分散而 Vt6.2 中的酸性氨基酸则集中于分子肽段的中间。Vt6.3 的信号肽含 21

个氨基酸，前导肽含 31 个氨基酸，成熟肽区含 32 个氨基酸，呈现净电荷＋1。Vt6.1、Vt6.2 和 Vt6.3 的第 4 个 loop 都很长，分别含 8 个、9 个和 8 个残基，前两者在该 loop 中还富含甘氨酸。

Vi6.1b 信号肽含 22 个氨基酸，前导肽含 25 个氨基酸，成熟肽含 32 个氨基酸且富含甘氨酸，可能对其结构或生理活性至关重要。Vi6.1b 和数据库中同样来自处女芋螺的 Vi6.1a 只有最后一位氨基酸的差别，在 Vi6.1b 中为 Pro 而 Vi6.1a 中为 Leu。Vi6.5a 和 Vi6.5b 的信号肽均含 22 个氨基酸，前导肽均含 23 个氨基酸，成熟肽均含 31 个氨基酸且只有 4 个位置上的差别，分别呈净电荷＋4 和＋3。Vi6.6 的信号肽含 19 个氨基酸，前导肽含 25 个氨基酸，成熟肽比 Vi6.1b、Vi6.5a 和 Vi6.5b 长，含 36 个氨基酸且不含碱性氨基酸，呈现净电荷－9，其第 4 个 loop 比这三者要短，仅含 3 个氨基酸。我们同时在处女芋螺中发现了 contryphan－Vi，它与数据库中的 contryphan－R 仅有一个氨基酸的差别，contryphan－R 中第 5 位酸性的 Glu 在 contryphan－Vi 中为碱性的 His。如此高的相似性使我们推测 contryphan－Vi 中第 2 位的 Pro 将在翻译后修饰过程中被羟化，而第 4 位的 Trp 将被异构化为 D 型氨基酸，成熟肽 C 末端的甘氨酸残基将被剪切并提供给最后一位的半胱氨酸残基酰胺化修饰的信号。

Pu6.3 的信号肽含 22 个氨基酸，前导肽含 35 个氨基酸，成熟肽含 27 个氨基酸，第 4 个 loop 较短，仅含 3 个残基。Pu6.4a 和 Pu6.4b 的信号肽均含 22 个氨基酸，前导肽均含 24 个氨基酸，成熟肽均含 30 个氨基酸，且均呈净电荷＋2，第 4 个 loop 中有 6 个残基。两者在成熟肽中只有一个氨基酸的差别，Pu6.4a 中第 23 位的 Asn 在 Pu6.4b 中为 Ser。

Ac6.1 的信号肽含 22 个氨基酸，前导肽含 24 个氨基酸，成熟肽含 26 个氨基酸。Ac6.2a 和 Ac6.2b 的信号肽均含 22 个氨基酸，前导肽均含 29 个氨基酸，成熟肽均含 32 个氨基酸，两者在成熟肽中有 8 个氨基酸的差别，并分别呈净电荷－1 和－2。由于其分子中以疏水性氨基酸为主，且与来自食鱼性线纹芋螺中的 δ－SVIE 前体肽序列相近，故推测 Ac6.2a 和 Ac6.2b 也属于 δ－家族。Ac6.3 的信号肽含 22 个氨基酸，前导肽含 23 个氨基酸，成熟肽区含 26 个残基，C 末端的甘氨酸残基将在翻译后修饰过程中被剪切，从而提供给最后一位的半胱氨酸残基酰胺化修饰的信号，故 Ac6.3 的成熟肽含 25 个氨基酸并呈净电荷＋5。由于与 ω－芋螺毒素 CⅥA 前体肽序列相近，故推测 Ac6.3 也属于 ω－家族。Ac6.4 的信号肽含 19 个氨基酸，前导肽含 22 个氨基酸，成熟肽较长，含 37 个氨基酸并呈净电荷＋7。Ac6.5 的信号肽含 22 个氨基酸，前导肽含 20 个氨基酸，成熟肽含 36 个氨基酸。由于这 6 条来自食鱼性花玛瑙芋螺的 O-超家族芋螺毒素与来自食鱼性线纹芋螺中的 O-芋螺毒素高度同源且这两个芋螺物种在外壳花纹及塔高上的相似，我们推测花玛瑙芋螺很可能就是经进化演变而成的“小型”线纹芋螺。

2.4.5.2　讨论

O-超家族芋螺毒素包含 μO-、δ-、κ-、ω-、和 γ-等多个家族的芋螺毒素，分别作用于钠、钾、钙及 pacemaker 等离子通道，对它们的研究已经比较深入[82]。其中 ω-芋螺毒素由于其对电压敏感性钙通道亚型的高度选择性，在钙通道的定义和分类中起着至关重要的作用，如 MⅦC 可以选择性阻断 P/Q 型钙通道[66,120]，而 GⅥA 则作用于 N 型钙通道[114]。

Shon 等提出 O-超家族的毒素成员向 2 个方向同时进化：作用于钾通道和钙通道的 κ-和 ω-芋螺毒素，及作用于钠通道的 μO-和 δ-芋螺毒素[82]。本书根据 30 个 O-超家族芋螺毒素的前体肽构建的进化树也证实了这一观点。在进化树中主要表现为 2 个主要分支，Vi6.6 由于其前体肽序列和 contryphan-Vi 更为相近，虽然两者的成熟肽中半胱氨酸个数不同，仍被归于同一主要分支中。在另一主要分支中，δ-Ac6.2a 和 δ-Ac6.2b 与同样来自食鱼芋螺的 δ-和 μO-芋螺毒素归于同一小分支，来自食虫性芝麻芋螺中的 Pu6.3 与它们归于同一分支中，提示 Pu6.3 的分子靶标很可能也为电压敏感性的钠离子通道。Ac6.3 和来源于食鱼性芋螺的 ω-芋螺毒素归于同一小分支，并与同样来自食鱼性芋螺的 κ-PⅦA、Ac6.1 和 Ac6.5 处于同一分支中。来自同意食虫性芋螺物种芝麻芋螺的 Pu6.4a、Pu6.4b 和 ω-PuⅡA 则处于另一分支。而其他来自食虫芋螺的 O-超家族成员和来自食鱼性花玛瑙芋螺的 Ac6.4 则位于与之平行的另一分支中，推测其功能可能为电压门控型的钾离子和(或)钙离子通道。

2.4.6　T-1 家族芋螺毒素 cDNA 序列的克隆及序列分析

2.4.6.1　T-1 家族芋螺毒素 cDNA 序列的克隆

根据 T-1 家族芋螺毒素保守的信号肽序列和 3′UTR 序列设计上下游引物，对芝麻芋螺毒管 cDNA 成分进行扩增，最终得到 6 条全新的编码 T-1 家族芋螺毒素前体肽的 cDNA 序列，Pu5.1～Pu5.6(GenBank 序列号为 EF488463～EF488468)。它们由 22 个氨基酸的信号肽序列，25～30 个氨基酸的 pro 区和预测的 11～18 个氨基酸的成熟肽组成。其中 Pu5. 1(从- WGKRK 到- W - NH_2),Pu5. 2 和 Pu5. 4(从- XG 到- X - NH_2)的 C 末端在毒素成熟的过程中被酰胺化修饰。类似于蝎毒中的情况[154],Pu5. 3(R)、Pu5. 5(K)和 Pu5. 6(R)C 末端的碱性残基被羧肽酶切割。Pu5. 5 成熟肽 C 末端含一段 8 个氨基酸的"尾",其中半数为酪氨酸残基。

以 Pu5. 1 为参考标准,计算这 6 条全新 T - 1 芋螺毒素前体肽不同结构域的序列相同性(图 2 - 17)。Pu5. 1、Pu5. 2、Pu5. 3 和 Pu5. 4 有着几乎完全一样的信号肽序列。在 pro 区和成熟肽区,由于猎食性螺类毒素的等位基因选择,使得同义突变和非同义突变要频繁得多。这两个结构域的序列相同性相比高度保守的信号肽要低得多,除 Pu5. 3 和 Pu5. 4 之外,成熟肽同源性均低于 50%,这也符合 T - 1 家族芋螺毒素序列超变异的特点。对 36 条 T - 1 芋螺毒素前体的比较清晰可见它们在信号肽区具有高度相似性,而在 pro 区和成熟肽区则具有明显和高度的多样性(图 2 - 18)。除开 4 个保守的半胱氨酸残基外,它们的成熟肽没有明显的同源性。因为 pro 区尤其是其 C 端是在成熟肽的二硫键形成和翻译后修饰调控中重要的结构元件,pro 区和成熟肽区高度多样化的序列可能影响这些毒素的生物学功能。

Conotoxin	Signal peptide Identity (Compared with Pu5. 1 in %)	Pro-region Identity (Compared with Pu5. 1 in %)	Mature toxin region Identity (Compared with Pu5. 1 in%)
Pu5. 1	100. 0	100. 0	100. 0
Pu5. 2	100. 0	66. 7	33. 3
Pu5. 3	100. 0	48. 3	58. 3
Pu5. 4	100. 0	44. 8	66. 7
Pu5. 5	86. 4	44. 8	27. 8
Pu5. 6	86. 4	31. 0	33. 3

图 2 - 17　6 条全新 T - 1 芋螺毒素前体肽不同结构域的序列相同性计算

为了更好地理解 T - 1 家族芋螺毒素的进化关系,我们从 T - 1 芋螺毒素前体序列比对中,计算出 Neighbor-Joining 树(图 2 - 19),该树由 Kimura 两参数距离重建。Pu5. 1 和 Pu5. 2、Pu5. 3 和 Pu5. 4 这两对芋螺毒素分别被聚类在一个分支中,同一分支中成员还有来自食其他软体动物芋螺物种 *C. victoriae* 中的 vc5a/Vc5. 1,显示它们有相同的进化踪迹。而 Pu5. 5 和 Pu5. 6 在树中属于不同的分支,提示它们可能具有完全不同的结构和生物学功能。这些 T - 1 芋螺毒素前体序列,按照不同芋螺食性表现为不同的进化分支,来自食虫芋螺的毒素序列

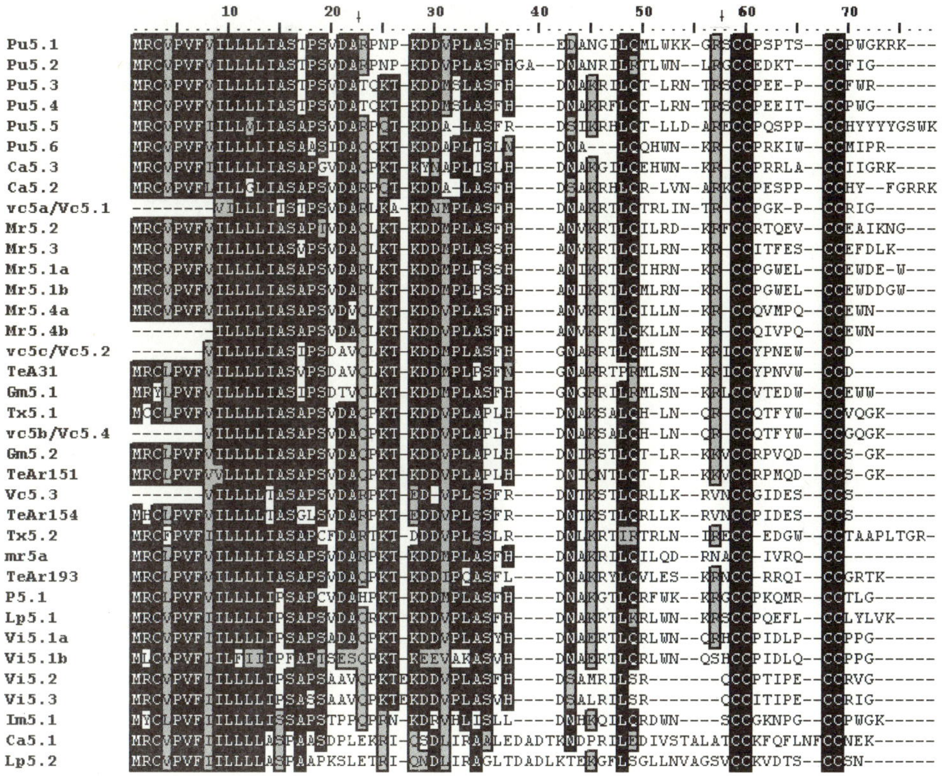

图 2-18　T-1 亚家族芋螺毒素前体肽序列比对

分散在整棵树中并与食鱼和食其他软体动物的进化分支交错排列。

2.4.6.2　T-1 家族芋螺毒素 cDNA 序列分析

尽管这 6 条全新 T-1 芋螺毒素 Pu5. x 仅含 11～18 个氨基酸，它们全部富含半胱氨酸。与大多数 T-1 芋螺毒素一样，Pu5. 1、Pu5. 4、Pu5. 5 和 Pu5. 6 在 2 对毗邻的半胱氨酸对之间有 5 个氨基酸残基，而 Pu5. 2 和 Pu5. 3 在该 loop 中只有 4 个氨基酸(图 2-18)。尽管这 6 条 T-1 芋螺毒素有着相同的半胱氨酸排列方式，它们不同的间隔模式可能预示着它们有着不同的折叠特性，[155] 从而进一步影响毒素的结构与功能。

密码子偏好性分析显示，高变的成熟肽区半胱氨酸密码子高度保守。前 3 个半胱氨酸残基具有高度位置特异性的 TGC 密码子保守性，而第 4 个半胱氨酸残基的密码子则为 TGT，这和文献报道的有所不同[156,158]。值得注意的是，在这 6 条 T-1 芋螺毒素的信号肽中含一个由 TGT 编码的半胱氨酸残基，而 pro 区

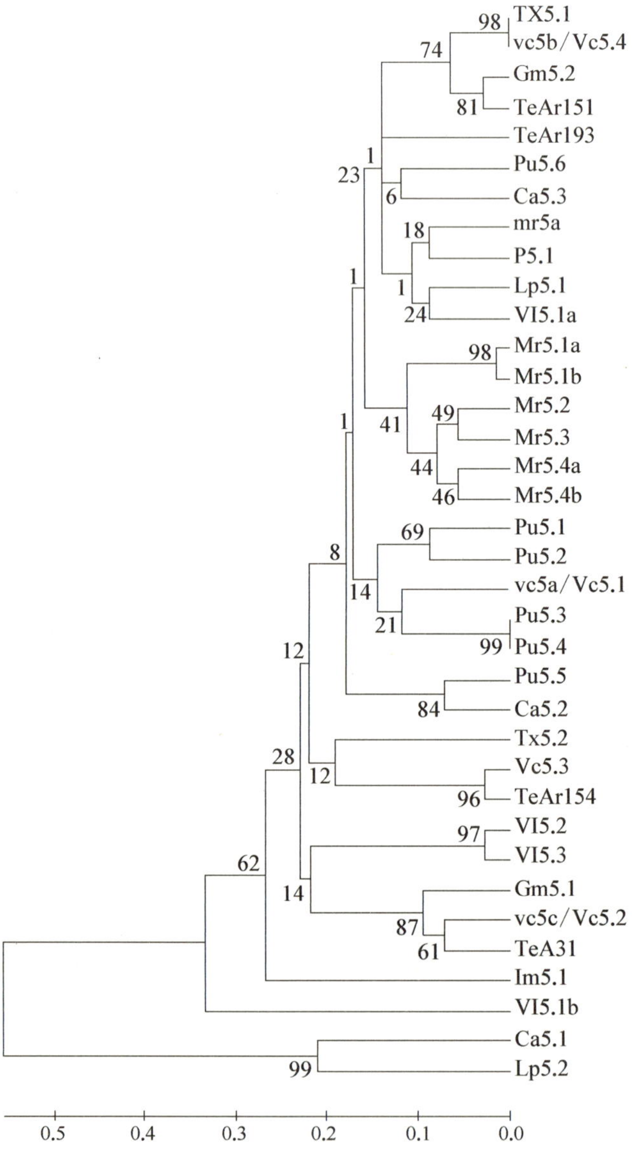

图 2-19　T-1 亚家族芋螺毒素前体肽氨基酸序列比对进化树

则没有任何半胱氨酸残基。信号肽中的半胱氨酸残基可能参与了成熟肽中二硫键的形成。因此,对成熟肽或信号肽中的半胱氨酸残基的突变都可能影响芋螺毒素的正确折叠和分泌。

分离自不同芋螺物种中的 T-1 家族芋螺毒素的物化特性及生物活性见表 2-8。由于 T-1 芋螺毒素显著的序列多样性,它们的生理功能也应该多样化。

因此，T－1 芋螺毒素可作为研究毒素构效关系的理想探针。

2.4.6.3　讨论

芋螺毒素是在等位基因选择压力下的快速进化蛋白。栖息在不同地理区域的芋螺物种中毒素氨基酸序列的变化提示栖息地相关的进化模式和猎物类型是造成它们进化多样性的两个重要因素[36]。应该注意到，快速多样化的芋螺肽基因属于一类其产物“外在的”作用于其他物种而非其本身，对它们的理解需要一类特殊的骨架，“外基因组学”，以便区别于传统基因组学特征[168]。

在此，我们对来源于 10 个物种的 36 条 T－1 芋螺毒素序列进行了进化分析。被分析毒素的多样化存在 3 种不同机制：物种形成、复制和“焦点超突变”，前两种被广泛认为在其他进化系统基因家族的进化中至关重要，而第 3 种则被认为是芋螺肽多样化的一个特殊表征[36]。

尽管芋螺毒液极度复杂，T－1 芋螺毒素成熟肽高度可变性，它们的 cDNA（信号肽，pro 区和成熟肽）组成在物种间具有高度保守性。特别是即使源于亲缘关系较远的芋螺物种中的不同前体肽的信号肽序列也保持不变（图 2－18）。与之相反的是成熟肽中大为提高的分化速率，其成因可能是通过复制/修复或重组机制造成该结构域更高的突变速率[8]。T－1 芋螺毒素前体不同区域突变速率的显著不同提示它们 cDNA 的开放读玛框可能被 1 至 2 个内含子中断，从而极大的加快多肽不同外显子的多样化并提高了新物种的进化速度，特别是在地质剧变期[8]。因为 α－和 δ－芋螺毒素的基因组结构已经被报道[8,127]，对 T－1 芋螺毒素基因结构的研究将进一步解释芋螺前体肽可能的进化机制。

T－1 家族芋螺毒素含有多种翻译后修饰（表 2－8）。来自织锦芋螺被高度修饰的 tx5a，可能作用于突触前钙离子通道或 G 蛋白偶联受体，它对软体动物的突触具有生物学活性，小鼠颅腔注射后甚至引起超度兴奋和痉挛状态[6,159]。tx5a 中 Thr 残基的 O－糖基化可能不仅通过保护该肽不被蛋白酶降解，并稳定其三级结构来提高其生物学稳定性，而且如在 contulakin－G[104,169] 中报道的一样可提高其药理学特性。而仅有 C 末端酰胺化修饰的源于紫纹芋螺 *C. purpurascens*的 p5a 和源于 *C. aulicus* 的 au5a 对同一哺乳动物物种则无生物学效应[6]。因此，根据翻译后修饰的程度，我们可将 T－1 芋螺毒素进一步分为 3 个组，第 1 组富含翻译后修饰，特别是第 4 个半胱氨酸后面的第 1 个残基都是 γ－羧基谷氨酸，我们得到的这 6 条毒素序列在相应的位置没有谷氨酸，可能不属于这一组，第 2 组轻度修饰，第 3 组则没有翻译后修饰。

表 2-8 食鱼性、食其它软体动物性和食虫性芋螺物种中 T-1 家族肽的物化特征和生物学活性

Peptide	Sequence	Charge	Theoretical pI	Species	Biological Activities	Ref.
p5a	---GCCPKQMRCCTL*-----	+3	8.55	*C. purpurascens*/p	an aggressive behavior onfish	[6]
Tx5.1	----CCQTFYWCCVQGK----	+1	7.88	*C. textile*/m	—	[6]
tx5a/ε-TxⅨ	---γCCγDG-W†CCT▲AAO---	−5	3.57	*C. textile*/m	hyperactivity and spasticity in mice when injected intracranially; an effect on mollusk synapses, possibly targeting on pre-synaptic Ca^{2+} channels or G protein-coupled receptors	[6, 159]
mr5a	--NACCIVR-QCC--------	+1	7.89	*C. marmoreus*/m	—	[160]
GlaMrⅢ	---FCCRTQγVCCγAIKN*--	−1	6.12	*C. marmoreus*/m	—	[161]
GlaMrⅣ	----CCITFγSCCγFDL----	−5	3.57	*C. marmoreus*/m	—	[161]
au5a	---FCCPFIRYCC-------W	+1	7.88	*C. aulicus*/m	an aggressive behavior onfish	[6]
au5b	---FCCPVIRYCC-------W	+1	7.88	*C. aulicus*/m	—	[6]
Gm5.1	---LCCVTEDWCCEWW-----	−3	3.57	*C. gloriamaris*/m	—	[6]
Gm5.2	---VCCRPVQDCCSGK-----	+1	7.86	*C. gloriamaris*/m	—	[6]
vc5a	----CCPGK-OCCRI*-----	+3	8.55	*C. victoriae*/m		[162]
vc5c	---ICCYPNγW†CCD-------	−2	4.03	*C. victoriae*/m		[162, 163]
Im5.1	DWNSCCGKNPGCCPWGK----	+1	7.88	*C. imperialis*/v	—	[6]

续　表

Peptide	Sequence	Charge	Theoretical pI	Species	Biological Activities	Ref.
sr5a	IINWCCLIFYQCC--------	0	5.50	*C. spurious*/v	extension of the body and turns on 9-day-old mice injected intracranially; depressed activity and agitated respiration on 16-day-old mice injected intracranially	[164]
Mo1274	-GNW†CCSARVCC---------	+1	7.89	*C. monile*/v		[165]
ViVA	---ZCCLTLPECCRL*-----	+1	5.97	*C. virgo*/v		[166]
ViVB	---ZCCPTLPECCRV*-----	+1	5.97	*C. virgo*/v		[166]
Vi1359	---ZCCITIPECCRI*-----	+1	5.97	*C. virgo*/v		[167]
Vi1361	---ZCCPTMPECCRI*-----	+1	5.97	*C. virgo*/v		[167]
Pu5.1	---SCCPSPTSCCPW*-----	+1	5.23	*C. pulicarius*/v	—	[112]
Pu5.2	---GCCEDK-TCCFI*-----	0	4.37	*C. pulicarius*/v	—	[112]
Pu5.3	---SCCPEE-PCCFW------	−2	3.79	*C. pulicarius*/v	—	[112]
Pu5.4	---SCCPEEITCCPW*-----	−1	3.79	*C. pulicarius*/v	—	[112]
Pu5.5	---ECCPQSPPCCHYYYYGSW	−1	5.24	*C. pulicarius*/v	—	[112]
Pu5.6	----CCPRKIWCCMIP-----	+2	8.55	*C. pulicarius*/v	—	[112]

Cys residues are highlighted in bold. For post-translational modifications: γ, γ-carboxyglutamate; z, pyroglutamic acid; L, leucine or isoleucine; O, hydroxyproline; *, amidated C-terminus; †, bromination; ▲, O-glycosylation. The theoretical net charge at neutral pH is underlined for peptides isolated from venoms.

对来自芝麻芋螺中这 6 条全新 T－1 芋螺毒素中可能的翻译后修饰的鉴定对该家族肽的分子进化及功能特性的理解很重要。成熟肽中一些特定的谷氨酸残基(Pu5.2 中的第 4 个残基,Pu5.3 中的第 6 个残基和 Pu5.5 中的第 1 个残基),因其在序列比对中与 GlaMrⅢ、GlaMrⅣ,vc5c 和 tx5a[6,161,163] 中羧化谷氨酸残基具有保守的位置,它们很可能也会在翻译后被 γ 羧化。芋螺是目前唯一发现有 γ 羧谷氨酸的无脊椎动物,这种加工方式由维生素 K 依赖的 γ 谷氨酰羧化酶所催化,最初仅在某些凝血因子中被发现[15,16],γ 羧谷氨酸通过螯合钙离子诱导凝血因子发生构象变化,与磷脂结合,从而发挥凝血作用。N－甲基－D－天冬氨酸受体(NMDA)阻断剂 conantokin－G 中 γ 羧谷氨酸的发现提示并证实在芋螺肽系统一系列基因产物中同样存在这种修饰方式(约 10%)[170]。Conantokin－G 中的羧谷氨酸与钙离子结合诱使肽段产生 α 螺旋从而稳定结构,而这一结构的维系对其与受体的结合十分重要[171,172]。T－1 芋螺毒素中的该翻译后修饰可能具有重大的生化意义并对其生理活性有重要的作用。另外,该家族中的这些羧谷氨酸残基可能会像在 tx9a 和 gm9a[173] 中发现的那样,在内质网中[Ca^{2+}]提高的情况下促进氧化折叠。T－1 芋螺毒素中羧谷氨酸的存在也可能会影响正确折叠毒素的药理学活性。其他翻译后修饰如 Trp 溴化(Pu5.6 中第 7 个残基)和脯氨酸羟化(Pu5.3 中第 7 个残基,Pu5.5 中第 8 个残基和 Pu5.6 中最后一个残基)也可能存在。

研究者以前曾推测,翻译后修饰作用酶可能通过一些识别信号,结合特定芋螺肽前体,从而修饰成熟肽区的特定残基。芋螺肽翻译后修饰的普遍机制和修饰酶系统潜在的进化起源,已由对一种特定的芋螺中翻译后修饰酶－γ 谷氨酰羧化酶鉴定[16]。迄今为止已发现两个 γ 羧化识别信号序列的位置:一个位于前体肽中的 pro 区[174],另一个位于发现自织锦芋螺中新型芋螺毒素 C 末端的“后导肽”[9]。但 γ 羧化识别序列本身就高度不一致,并有别于哺乳动物 γ 羧化肽中的识别序列[15]。因此,这 6 条全新 T－1 芋螺毒素中 γ 羧谷氨酸修饰的存在只能在蛋白水平上得到确认。我们详细的序列分析,将为 T－1 家族芋螺肽多样化的翻译后修饰提供一些机制上的见解。

在所有含 2 对二硫键的芋螺毒素中(表 2－9),目前研究最广泛的是发现于食鱼性、食其他软体动物性和食虫性芋螺物种中的 α－芋螺毒素。与之类似的是,T－1 芋螺毒素也已在这三种主要食性芋螺中被发现,提示这类结构和功能高度多样化的芋螺肽对物种本身有着重要的生理学功能。我们的实验结果将含有 T－1 芋螺毒素的物种扩展到的第 19 种——芝麻芋螺。

表 2-9 含两对二硫键的芋螺毒素

Superfamily	Family	Signal Peptide	S-S Motif	Disulfide Connectivity	Peptide	Species	Molecular Target	Ref.
A	α	MGMRMMFTVFLLVVLATTVVS	Ⅰ/Ⅱ CC-C-C	1-3, 2-4	$\alpha_{3/5}$-GⅠ	*C. geographus*	Muscle (α1β1δγ) type of nAChRs	[175]
	ρ	—		1-3, 2-4	$\alpha_{4/7}$-MⅡ	*C. magus*	Neuronal (α3β2) type of nAChRs	[176]
					TⅠA	*C. tulipa*	α_1-Adrenergic receptor	[177]
J	None defined	MPSVRSVTCCCLLWMMFSVQLVTP	XⅠV C-C-C-C	1-3, 2-4	pl14a	*C. planorbis*	a K^+ channel subtype (Kv1.6); neuronal (α3β4) and neuromuscular (α1β1εδ) types of nAChRs	[39]
L	αL	MKLSVMFIVFLMLTMPMTCA	XⅠV C-C-C-C	1-3, 2-4	lt14a	*C. litteratus*	Neuronal type of nAChRs	[40]
	κL	—		1-4, 2-3	vil14a	*C. villepinii*	K^+ channels blocker	[38]
T	T-1/τ	MRCFPVFIILLLLIASAPCFDA(RT)	V CC-CC	1-3, 2-4	tx5a	*C. textile*	a Ca^{2+} channel or a G protein-coupled receptor that affects Ca^{2+} channels	[6, 159]
	T-2/χ	MRCLPVLIILLLLTASAPGVVVLP	X CC-CXOC (O, hydroxyproline)	1-4, 2-3	MrⅠA	*C. marmoreus*	Norepinephrine transporter	[106, 116]

—: The signal sequences of these conotoxins have not been reported. Subscript 3/5 indicates the numbers of amino acid residues encompassed by the second and third Cys residues and the third and fourth Cys residues.

尽管以前的研究结果表明，T-1芋螺毒素在整体动物模型上具有生物学活性，它们的分子靶标至今仍未被鉴定。由于T-1芋螺毒素具有显著的序列多样性，它们的分子靶标可能包含神经肌系统中多种电压门控和配体门控离子通道或受体。与其他可走动的猎食者相比，芋螺行动极为缓慢。为了战胜极大的选择压力并使猎物快速麻痹，在过去的4千万年间，芋螺特别是食鱼性物种进化出一套药理学组合肽库策略[5]。T-1芋螺毒素可能与其他肽毒素协同作用并在猎食过程中发挥关键性作用。刘君梁等近年来从食虫性芋螺物种信号芋螺中纯化并鉴定了1条T-1芋螺毒素lt5d[178]。在全细胞膜片钳模式下，lt5d可呈剂量依赖性地抑制成年大鼠背根神经节神经元上TTX敏感型钠电流，IC_{50}值为156.16 nM，但对TTX非敏感型钠电流无效应。这是第一条被发现能阻断TTX敏感型钠电流的T-超家族芋螺毒素。

目前，芋螺毒素已成为基础研究和药物开发的焦点。通过分子克隆在*C. victoriae*中发现的α-芋螺毒素Vc1.1具有强烈的镇痛效应，能抑制对感觉神经选择性刺激的血管反应，调节受伤神经元的功能性恢复以及减轻大鼠神经痛症状[179,180]。Xen-2174是T-2芋螺毒素χ-MrⅠA的衍生物，作用于去甲肾上腺素受体，目前已进入人类临床1期，以期用于治疗顽固性疼痛[181]。T-1芋螺毒素的长度适宜开发新药和药理学有用工具药，它们易于进行化学合成和构效关系研究。tx5a和sr5a对哺乳动物中央神经系统具有强烈的生物学活性，提示该家族成员可能具有诊断和治疗意义。因而，我们从芝麻芋螺中发现这6条T-1芋螺毒素，为它们今后的开发利用奠定了基础。

第3章 中国南海处女芋螺中新型芋螺毒素的分离纯化、cDNA 克隆和溶液结构研究

3.1 概　　述

目前国内外研究者对芋螺毒素的分离纯化，集中在毒性较高的食鱼性和食其他软体动物性芋螺物种，对食虫性芋螺物种毒液的研究相对较少。食虫芋螺一般以浮游生物或者低栖生物为食，食物选择的压力也会令其毒素有特殊的一面。处女芋螺(*C. virgo*)属于食虫芋螺(图 3-1)，同其他常见芋螺相比个头较小、毒液管比较细。文献搜索发现，目前对处女芋螺毒液的研究相对较少。目前被鉴定的仅有：I_2-芋螺毒素 ViTx，它可抑制 *Shaker* 亚家族中大鼠Kv1.1和人源Kv1.3钾通道亚型，但对大鼠Kv1.2亚型无抑制作用[90]；具有翻译后修饰焦谷氨酸残基的 T-超家族芋螺毒素[167]。在处女芋螺中没有报道过 M-超家族芋螺毒素的发现。本实验室从中国南海采集到十余只处女芋螺，本章通过蛋白测序和 cDNA 克隆的方法，对处女芋螺在 4 kDa 以下的芋螺毒素进行了研究，结果表明，处女芋螺富含 4 个、6 个及 8 个半胱氨酸的芋螺毒素。另外，本章还对采自中国南海的食虫性信号芋螺和食鱼性花玛瑙芋螺的毒液成分进行了分离纯化和分子量鉴定。

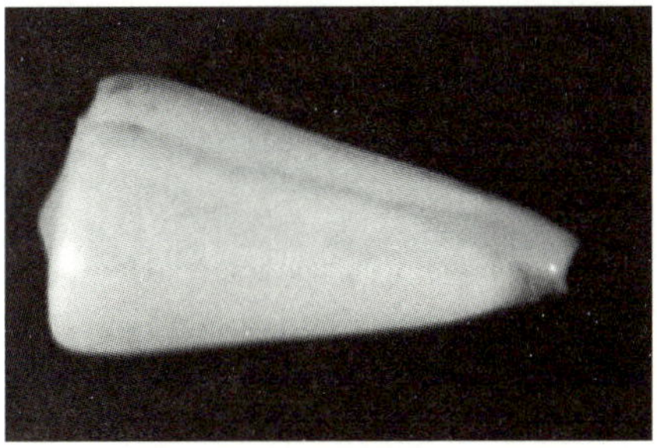

图 3-1　处女芋螺(*C. virgo*)

3.2 材料和方法

3.2.1 材料

处女芋螺、信号芋螺和花玛瑙芋螺采集于海南省三亚市附近的中国南海海域。Amersham Pharmacia Superdex™ Peptide HR 10/30 柱购自 GE Healthcare;C18 反相半制备柱 ZORBAX 300SB - C18 (9.4×250 mm) 购自 Agilent Technology; HPLC 级乙腈(ACN)和甲醇购自 Merck (Darmstadt, Germany);N-乙基马来酰亚胺(NEM)和三氟乙酸(TFA)购自 Sigma;含重氢的 trifluoroethanol (TFE) - d_3 和 hexafluoroisopropanol (HFIP) - d_2 购自 Eurisotop; TRIZOL 和 3′ RACE Kit 购自 Invitrogen; SMART™ cDNA Library Construction Kit 购自 Clontech; *Taq* DNA 聚合酶购自 TaKaRa; PCR Product Purification Kit 购自 QIAgen; pGEM - T Easy vector system 购自 Promega; 5 - Bromo - 4 - chloro - 3 - indolyl - β - D - galactoside (X - gal)和 isopropyl - β - D - thiogalactopyranoside (IPTG)和其他药品为国产分析纯。

3.2.2 粗毒的提取

从−80℃冰箱中取出 7 只处女芋螺,冰上快速小心地从体内剥离出毒液管,并在培养皿上用手术剪尽量剪成小段,将毒液管中内容物尽量挤出,加入适当体积的 1.1%(体积比)乙酸,在 4℃冰上磁力搅拌 30 min。4℃,12 000 r/min 离心 15 min后取上清,重复抽提操作两次,合并 3 次上清后冷冻干燥。冻干后的粗毒在上柱前暂贮于 4℃。

对于信号芋螺和花玛瑙芋螺粗毒的提取,将它们毒液管中内容物尽量挤出,加入适当体积的 1.1%(体积比)乙酸,在 4℃冰上磁力搅拌 30 min。4℃,12 000 r/min离心 15 min 后取上清,重复抽提操作一次,收集两次上清。离心所得沉淀则加入适当体积的 0.1% TFA+40%乙腈,在 4℃冰上磁力搅拌 30 min。4℃,12 000 r/min 离心 15 min 后取上清,重复抽提操作一次,合并 4 次上清后冷冻干燥。冻干后的粗毒在上柱前暂贮于 4℃容器中。

3.2.3 凝胶色谱分级纯化

取处女芋螺冻干后粗毒样品用 0.1% TFA + 10% 乙腈溶解,室温

12 000 r/min 离心 10 min，上清使用已经平衡好的分子筛柱 Amersham Pharmacia Superdex™ Peptide HR10/30 在高效液相色谱仪(HPLC，Agilent 1100 series 化学工作站)上分离，将小分子的芋螺毒素与大蛋白和无机小分子分开，柱平衡液和洗脱液为 0.1% TFA+10%乙腈，流速为 0.4 ml/min，检测波长为 280 nm 和 214 nm，收集各组分冷冻干燥。

对于离心下来的沉淀，用 0.1% TFA+40%乙腈溶解，室温 12 000 r/min 离心 10 min，上清使用已经平衡好的分子筛柱 Amersham Pharmacia Superdex™ Peptide HR10/30 在 HPLC 上分离，柱平衡液和洗脱液为 0.1% TFA+40%乙腈，流速为 0.4 ml/min，检测波长为 280 nm 和 214 nm。收集各组分并冷冻干燥。

取信号芋螺和花玛瑙芋螺冻干后粗毒样品分别用 0.1% TFA+40%乙腈溶解，室温 12 000 r/min 离心 10 min，上清使用已经平衡好的分子筛柱 Amersham Pharmacia Superdex™ Peptide HR10/30 在高效液相色谱仪(HPLC，Agilent 1100 series 化学工作站)上分离，将小分子的芋螺毒素与大蛋白和无机小分子分开，柱平衡液和洗脱液为 0.1% TFA+40%乙腈，流速为 0.4 ml/min，检测波长为 280 nm 和 214 nm，收集各组分并冷冻干燥。

3.2.4　反相柱分离纯化

将分子筛分离并冻干后的样品用 0.1% TFA 溶解，室温 12 000 r/min 离心 10 min，上清用 C18 半制备柱在 HPLC 上分离。Buffer A：0.1% TFA/水，Buffer B：0.1% TFA/乙腈，流速为 2 ml/min 或 1.5 ml/min，检测波长为 280 nm 和 214 nm，利用适当的 Buffer B 梯度洗脱，收集、合并各组分并冷冻干燥。

3.2.5　分子量测定

对于经 HPLC 分离的各组分，经溶液浓缩或冷冻干燥后用 ABI 公司的 Q Trap 离子喷雾质谱仪(Applied Biosystems，Foster City，CA，USA)以增强的质谱扫描模式测定其分子量。质谱仪配以 TurboIonSpray source 并以阳离子模式操作。

3.2.6　蛋白还原和烷基化

取已纯化的毒素蛋白约 10 μg，溶于 400 μl 还原缓冲液(200 mM Tris－

HCl，1 mM EDTA，pH 8.0）中，加入过量 100 倍（摩尔数）的 DTT，42℃温育 40 min。还原反应用 50% TFA 酸化终止后用 0.1% TFA 稀释，用 C18 反相柱在 HPLC 上纯化，冻干，质谱测定分子量，确定二硫键对数。

将纯化并冻干的还原产物溶于 300 μl 0.1% TFA，加入 3～5 mM NEM，避光室温反应 2 h。HPLC 纯化烷基化产物并冻干，质谱确认分子量。

3.2.7 蛋白序列测定

在 ABI Model 491A Procise Protein Sequencing System (Applied Biosystems, Foster City, CA, USA) 型序列测定仪上用 Edman 降解法测定氨基酸序列。将烷基化修饰的毒素蛋白稀释后取约 50 pmol，滴加到测序用 PVDF 膜上（用 5 μl BioBrene Plus 和 20 μl 甲醇预处理），60℃ 烘干，切下后置于 Sample Cartridge 中央开始测序。每次分析之前使用 phenylthiohydantoin-氨基酸标准溶液进行校准。

3.2.8 总 RNA 抽提和第一链 cDNA 的合成

称取处女芋螺毒液管 4 根，在液氮中研磨成粉末，按 TRIZOL Total RNA Isolation Reagent Kit 推荐方法抽提总 RNA。取约 5 μg 总 RNA，加入含 oligo (dT)的通用引物 AP (5′- GGC CAC GCG TCG ACT AGT AC $(dT)_{17}$- 3′)，使用 Superscript II 逆转录酶进行第一链 cDNA 的合成，具体步骤参照 3′ RACE Kit 推荐方法，所得 cDNA 一链作为用来扩增处女芋螺中新毒素基因 3′端部分 cDNA 序列的模板。

而用做扩增处女芋螺中新毒素基因 5′端部分 cDNA 序列的模板的第一链 cDNA 则按 Clontech 公司 SMART™ cDNA Library Construction Kit 说明书操作。其原理是利用真核生物 mRNA 5′端的甲基化 G(m^7G)和 5′- 5′三磷酸键连接的特殊帽子结构以及 3′端的 polyA 尾的特点设计锚定引物，进行第一链合成，可起到富集全长 cDNA 的目的，因为只有全长 mRNA 可正常扩增，而已经降解的 mRNA 由于不能与引物搭配而终止扩增，具体过程见图 3-2。对第一链合成，所有试剂的反应管应在冰上预冷并在冰上操作。如果需要暂停反应，在第一链合成后，置反应混合物于－20℃保存。在 0.2 ml 离心管中加入下列试剂：1.5 μl处女芋螺毒管总 RNA，SMART IV olignucleotide(5′- AAG CAG TGG TAT CAA CGC AGA GTG GCC ATT ACG GCC GGG - 3′)(10 μM)和 CDS III/3′PCR 引物(5′- ATT CTA GAG GCC GAG GCG GCC GAC ATG -

d(T)$_{30}$N $-_{1}$N - 3′)(10 μM)各 1 μl,加入去离子水至 5 μl。混匀,短暂离心。72℃温育2 min。冰浴 2 min。短暂离心,使混合物集于管底。依次加入下列试剂:2 μl 的 5×First Strand Buffer、1 μl 的 20 mM DTT、1 μl 的 10 mM dNTP Mix 和 1 μl PowerScript Reverse Transcriptase(200 units/μl),轻弹管壁,混匀后短暂离心。42℃ 1 小时(在 PCR 仪里反应)。冰浴终止反应。cDNA 一链可在−20℃保存 3 个月以上。

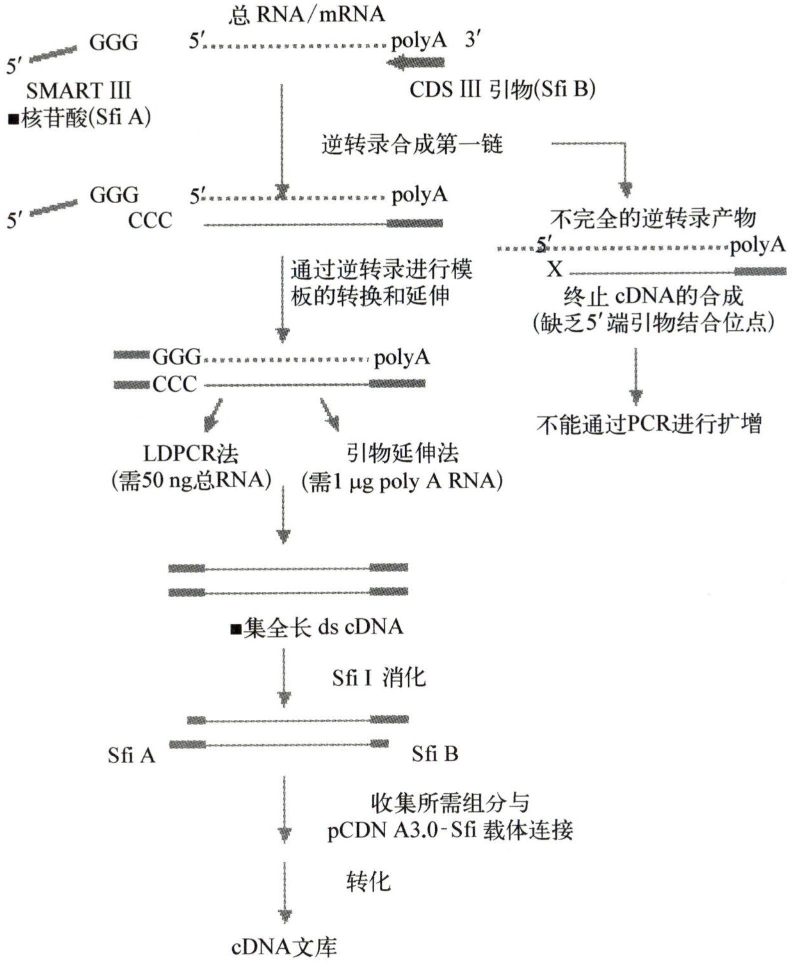

图 3-2 SMART™ cDNA 文库构建试剂盒操作流程

3.2.9 3′RACE 和 5′RACE

以第一链 cDNA 为模板,根据所测蛋白氨基酸序列设计简并引物,以

AUAP 为下游引物，进行 PCR 扩增(3′ RACE)。PCR 采用 touchdown 方法，前 10 个循环退火温度从 55℃ 降到 45℃，随后以 45℃ 退火温度进行 20 个循环。根据不同的蛋白，PCR 的退火温度、退火时间和延伸时间作相应地调整，以优化 PCR 结果。PCR 产物经 2%琼脂糖凝胶电泳分析，选择适当大小的扩增片断进行产物纯化回收。纯化回收产物连入 pGEM－T Easy 质粒载体，利用蓝白斑筛选阳性克隆测序。

得到蛋白的 3′端 cDNA 序列后，设计基因特异反义引物，与 SMART^{TM} cDNA Library Construction Kit 中提供的用于 cDNA 二链 LD PCR 扩增的 5′端通用 PCR 引物联用进行处女芋螺中毒素蛋白 cDNA 序列的 5′末端扩增并测序。

3.3 结果和讨论

3.3.1 α－芋螺毒素 ViⅠA 两种天然二硫键异构体的发现

3.3.1.1 处女芋螺中 α－芋螺毒素 ViⅠA 两种天然二硫键异构体的分离纯化

取 7 根冻存于－80℃ 的处女芋螺毒液管，用 1.1%乙酸重复抽提 3 次，离心后合并 3 次所得上清冷冻干燥。冻干后粗毒用 0.1% TFA ＋ 10%乙腈溶解，室温 12 000 r/min 离心 10 min，上清使用已经平衡好的分子筛柱 Amersham Pharmacia Superdex^{TM} Peptide HR10/30 在高效液相色谱仪(HPLC，Agilent 1100 series 化学工作站)上分离，将小分子的芋螺毒素与大蛋白和无机小分子分开，柱平衡液和洗脱液为 0.1% TFA＋10%乙腈，流速为 0.4 ml/min，检测波长为 280 nm 和 214 nm，收集各组分并冷冻干燥。将分子筛分离并冻干后的其中一个组分(图 3－3A)用 0.1% TFA 溶解，室温 12 000 r/min 离心 10 min，上清用 C18 半制备柱在 HPLC 上进一步分离(图 3－3B)，收集各组分，合并后冷冻干燥。

经过质谱鉴定，较为亲水的 2 个主要 HPLC 分离组分具有相同的分子量。将这两个组分分别重上 HPLC 纯化。发现如只将第 1 个组分上柱不会得到第 2 个组分，而只将第 2 个组分重新上柱不会得到第 1 个组分，可以认为两者的产生不是由于分子中相邻脯氨酸残基的顺反异构现象所造成。对这两个组分用 DTT 还原处理后再进行质谱鉴定，发现两者均含 4 个半胱氨酸残基且两者的还原产物可以在 HPLC 上共洗脱。将这两条线性肽非别在体外重新氧化，得到的氧化过程图谱完全相同，且这两种线性肽的氧化都各自产生了 2 个主要产物，和

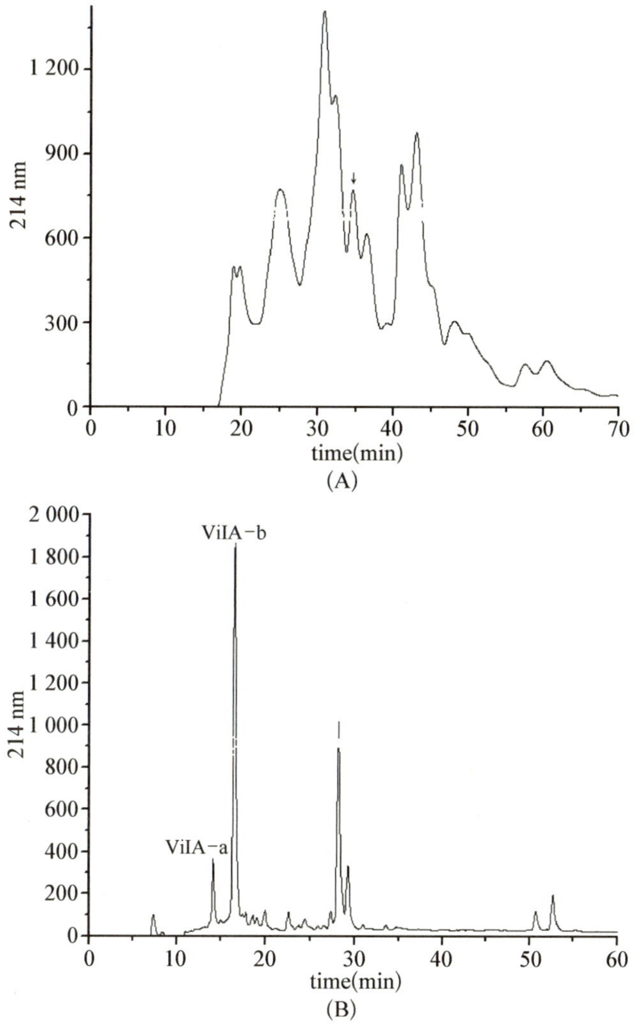

图 3-3　处女芋螺 α-芋螺毒素 ViIA 的分离纯化

天然纯化得到的两个组分的丰度分布恰好相反，体外重新氧化得到的第 1 个组分含量要远高于第 2 个组分。上述观察结果提示这两个组分应该为具有不同二硫键连接方式的异构体，且它们的氧化在体内外受到完全不同的精密机制调控。由于均含 4 个半胱氨酸，它们很可能属于 α-芋螺毒素。

进一步的蛋白 N 端测序结果证实了我们的假设，这两个组分具有完全一样的氨基酸序列且为 α4/6-芋螺毒素。按照经典的芋螺毒素命名原则，将它们分别成为 ViⅠA-a 和 ViⅠA-b（表 3-1）。和大多数 α-芋螺毒素不同的是，

ViⅠA的第一位氨基酸不为甘氨酸，而是酸性的天冬氨酸，C末端没有酰胺化修饰，第1个和第2个loop中各有一个羟基化脯氨酸残基。根据天然分离纯化到的ViⅠA-a和ViⅠA-b的含量分布，推测前者可能采用C1-C4，C2-C3的二硫键连接方式，而后者则可能和所有已鉴定的天然α-芋螺毒素一样，采用C1-C3，C2-C4的连接方式。

表3-1 从处女芋螺粗毒中发现α-芋螺毒素ViIA的两个二硫键异构体

Name	Sequence	Retention time (min)	Determined MW (Da)
ViⅠA-a	DCCSNPOCAHNNODC	14.138	1 617.6
ViⅠA-b	DCCSNPOCAHNNODC	16.520	1 617.6

O, 4-trans-hydroxyproline.

3.3.1.2 处女芋螺中α-芋螺毒素ViⅠA两种天然二硫键异构体连接方式的确定

按照ViⅠA可能的C1-C4，C2-C3和C1-C3，C2-C4两种二硫键配对方式，用Trt和Acm分别保护ViⅠA-a和ViⅠA-b中的两对半胱氨酸，固相化学合成粗肽。

ViIA-a：C(Trt)C(Acm)---C(Acm)---C(Trt)　　C1-C4，C2-C3

ViIA-b：C(Acm)C(Trt)---C(Acm)---C(Trt)　　C1-C3，C2-C4

合成好的粗肽经HPLC分离纯化后，按以下体系进行第1对二硫键的空气氧化：取200 μg纯化好的线性肽，溶于500 μl的Tris-HCl（含0.1 mM GSH和0.05 mM GSSG，pH 8.0）缓冲液中，在室温条件下体外氧化。取少量经HPLC和质谱鉴定，确认氧化反应完全后，经HPLC分离纯化，冻干。冻干好的肽重新溶于0.1% TFA中，进行第2对二硫键的碘氧化，反应体系为10% CH_3CN/4% TFA/H_2O，并加入适量I_2（目的在于去掉保护基Acm），混合后室温反应1小时；以抗坏血酸终止反应并经HPLC分离纯化，冻干后得到最终氧化产物。

将两步氧化的终产物（含有两种不同的二硫键连接方式）与相应的天然毒素在相同条件下进行HPLC共洗脱实验，用于核实二硫键配对方式的正确性。实验结果发现，化学合成的ViⅠA-a(C1-C4、C2-C3)与天然纯化的ViⅠA-a有共同的HPLC行为并能共洗脱（图3-4A），而化学合成的ViⅠA-b(C1-C3、

C2－C4)与天然纯化的 ViⅠA－b 有共同的 HPLC 行为并能共洗脱(图3－4B)，这从另一个侧面验证了 ViⅠA－a 和 ViⅠA－b 确实为具有两种不同连接方式的天然二硫键异构体。

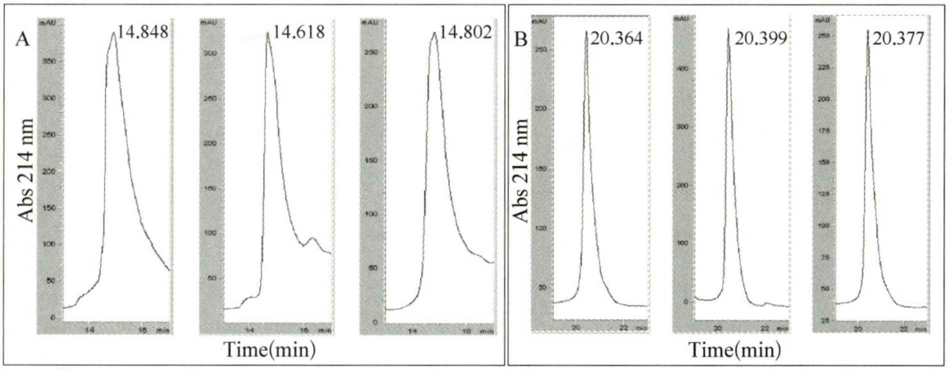

图 3－4 ViⅠA－a 和 ViⅠA－b 中二硫键连接方式的确定

3.3.1.3 讨论

目前研究较多的动物神经毒素包括蝎毒、蛇毒、蜘蛛毒和芋螺毒素。第 1 个芋螺毒素 α－GⅠ是在 1981 年被报道的[182]，而第 1 个芋螺毒素的 cDNA 是 1992 年克隆到的[183]。

α－芋螺毒素属于 A 基因超家族，是最早发现也是分布最广泛的家族之一，在食鱼、食其他软体动物以及食虫芋螺物种中都有分布[126]。目前发现的 α－芋螺毒素序列较短，一般含 11～19 个氨基酸，其半胱氨酸骨架为 CC－C－C，二硫键连接方式为 C1－C3、C2－C4，2 对二硫键交叉分布，形成 2 个 loop 和形成球形构象(globular conformation)(图 3－5B)。α－芋螺毒素可以选择性抑制肌肉型或神经元型 nAChRs，已成为研究 nAChRs 的理想工具[25]。迄今已阐明，一级结构的 α－芋螺毒素有 20 余种，分别来自不同芋螺种属，除了 α－SⅡ含有 3 对二硫键之外，其余都只含 2 对二硫键。保守的二硫键骨架和 loop 长度是 α－芋螺毒素的一个主要特征，据此又可将 α－芋螺毒素分为 α3/5、α4/3 和 α4/7 等多种亚家族[26]。α3/5－芋螺毒素主要作用于肌肉型烟碱型乙酰胆碱受体，包括最早发现的 GⅠ、SⅠ和 CnⅠA 等都来自食鱼芋螺[25]。α3/5－芋螺毒素 loop 区同源性很强，仅有个别氨基酸发生突变。α4/7－芋螺毒素主要作用于神经元型 nAChRs 的不同亚型，在 3 种食性的芋螺物种中都有分布。作用于神经元型烟

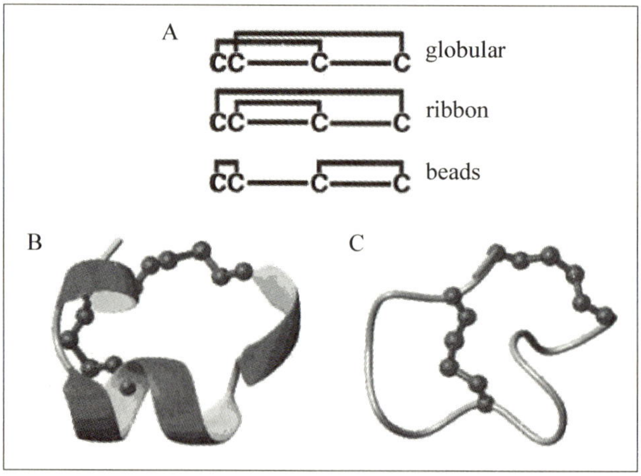

图 3-5　含 2 对二硫键芋螺毒素的异构体示意图

碱型乙酰胆碱受体的 α-芋螺毒素 loop 区长度变化很大，包括 α4/3、α4/4 和 α4/6 等[184]。

α-芋螺毒素，λ/χ-芋螺毒素和 ρ-芋螺毒素的半胱氨酸骨架相同(CC-C-C)，都形成 2 对二硫键(表 3-2)。2 对二硫键可能形成 3 种配对方式(图 3-5A)，表现为不同的空间构象。其中 α-芋螺毒素通过保守的二硫键连接方式形成天然的球形构象，到目前为止在 α-芋螺毒素中还没有发现另外两种非天然构象，而化学合成的这两种非天然构象的多肽活性要比其天然构象低 10 倍左右[185]。

表 3-2　一些含 2 对二硫键的芋螺毒素

Name	Sequence	Receptor[a]	m/n[b]
α-conotoxin (1-3, 2-4 "globular" disulfide connectivity)			
GⅠ	E**CC**NPA-**C**GRHYS--C*	M $(\alpha1)_2\beta\gamma\delta$	3/5
EⅠ	RDO**CC**YHPT**C**NMSNPQI**C***	M $(\alpha1)_2\beta\gamma\delta$	4/7
MⅡ	G**CC**SNPV**C**HLEHSNL**C***	N α3 β2 / α6 β2 β3	4/7
AuⅠB	G**CC**SYPP**C**FATNPD-**C***	N α3 β4	4/6
ViⅠA-b	D**CC**SNPO**C**AHNNOD-**C**	—	4/6
BuⅠA	G**CC**STPP**C**AVLY---**C***	N α6/α3 β2，α6/α3 β4	4/4
ImⅠ	G**CC**SDPR**C**AWR----**C***	N α7	4/3
α-conotoxin (1-4, 2-3 "ribbon" disulfide connectivity)			
ViⅠA-a	D**CC**SNPO**C**AHNNOD-**C**	—	4/6

续 表

Name	Sequence	Receptor[a]	m/n[b]
λ/χ - conotoxin(1 - 4，2 - 3 "ribbon" disulfide connectivity)			
MrⅠA	NGV**CC**GYKL**C**HO - - - - - **C**	NET	4/2
MrⅠB	VGV**CC**GYKL**C**HO - - - - - **C**	NET	4/2
CMrⅥA	V**CC**GYKL**C**HO - - - - - **C**	NET	4/2
CMrX	GI**CC**GVSF**C**YO - - - - - **C**	NET	4/2
ρ-conotoxin (1 - 3，2 - 4 "globular" disulfide connectivity)			
TⅠA	FNWR**CC**LIPA**C**RRNHKKF**C***	α_1 - adrenoceptor	4/7

Cysteines involved in disulfide bonds are in boldface type. O, hydroxyproline; *, C - terminal amidation; γ, γ - carboxyglutamate; [a] M, muscle nicotinic acetylcholine receptor; N, neuronal nicotinic acetylcholine receptor; NET, neuronal noradrenaline transporter. [b] *m* and *n* refer to the number of residues in the loop1 and loop2.

λ/χ-芋螺毒素(或称为T-2芋螺毒素)，属于T-基因超家族。λ/χ-芋螺毒素的半胱氨酸骨架虽与α-芋螺毒素相同，但二硫键配对方式完全不同(C1-C4,C2-C3)，形成带形构象(ribbon conformation)(图3-5C)，小鼠颅腔注射可导致癫痫发作(如CMrⅥA)和弛缓性麻痹(如CMrX)[13,106,116]。不同于α-芋螺毒素抑制乙酰胆碱受体的活性，λ/χ-芋螺毒素是去甲肾上腺素转运蛋白阻断剂。去甲肾上腺素是中枢和外周神经系统的重要神经递质，肾上腺素受体可分为α型受体(有α1和α2两种亚型)和β型受体(有β1和β2两种亚型)。λ/χ-芋螺毒素可特异性阻断去甲肾上腺素转运蛋白，从而影响其发挥作用。λ/χ-芋螺毒素成员目前有MrⅠA(CMrⅥB)、MrⅠB、MrX及CMrⅥA，其中MrⅠB仅在N端比CMrⅥA多了2个氨基酸Val-Gly，可能是蛋白选择性加工的结果[13,106]。具天然构象的λ/χ-芋螺毒素和α-芋螺毒素阻断活性最高，非天然构象的多肽活性要降低3倍左右[13,185]，说明二硫键配对方式和多肽构象对芋螺毒素的功能至关重要。

本节研究从处女芋螺毒液中分离纯化到具有相同分子量的两个多肽组分ViⅠA-a和ViⅠA-b，这两个组分经N端测序后发现其蛋白序列完全相同，由此推测这两个组分的二硫键配对方式可能不同。按照C1-4、C2-C3和C1-3、C2-C4两种连接方式合成了ViⅠA的两种二硫键异构体，将固相化学合成和体外重新氧化折叠的这两种异构体与其相应的天然产物进行共洗脱实验，确定了两个天然二硫键异构体ViⅠA-a(C1-4、C2-C3)和ViⅠA-b(C1-3、C2-

C4)中的连接方式。在同一芋螺毒素中发现两种天然存在的二硫键异构体，使我们观察到芋螺毒素另一水平上的多样化性质。

蛋白质的高级结构由其一级结构所决定。根据氨基酸序列分析的结果设计实验，发现如将 α-芋螺毒素 ImI 的 C 末端脱酰胺化并将第 1 个 loop 内的 proline 突变为 lysine 将导致 ImI 从球形构象转变为带形构象；与之相反，如将 λ/χ-芋螺毒素 CMrⅥA 第 1 个 loop 内的 lysine 突变为 proline 将导致其从带形构象转变为球形构象，并且这种构象上的改变大大地影响了毒素的功能。这说明第一个 loop 内的 proline 和 C 末端的酰胺化与否决定了 α-芋螺毒素和 λ/χ-芋螺毒素天然构象和功能的不同[186]。相对于其他 α-芋螺毒素，ViⅠA-a 和 ViⅠA-b 的第 1 个 loop 内有 proline 但 C 末端没有酰胺化，有可能是导致其产生两种构象的原因。

ViⅠA-a 和 ViⅠA-b 属于 α4/6-芋螺毒素，来自芋螺物种 *C. aulicus* 的 AuⅠB 是目前唯一报道的 α4/6-芋螺毒素。相比 α4/7-AuⅠA 和 α4/7-AuⅠC，AuⅠB 对神经元型烟碱型乙酰胆碱受体亚型 α3β4 的选择性和抑制性更强[187]，而对其他受体亚型的抑制活性并不显著。NMR 溶液结构显示，AuⅠB 由于缺少了大多数 α4/7-芋螺毒素 loop2 中保守的 tyrosine，使得其构象完全不同于 AuⅠA 和 AuⅠC[187]。这种差异使得 AuⅠB 的亚型选择性更特异。大量研究表明，非天然二硫键配对的芋螺毒素的活性往往远低于具天然构象的芋螺毒素，但 AuⅠB 的非天然构象(C1-C4，C2-C3，ribbon conformation)的活性却是其天然构象(C1-C3，C2-C4，globular conformation)的 10 倍[188]。NMR 溶液结构显示，相对于天然的球形构象，非天然带形构象的 AuⅠB 中 N 端和 C 端间区域非常柔性，可能是导致这一现象的原因[188]。本书第 4 章中测定了 ViⅠA-a 和 ViⅠA-b 这两种天然二硫键异构体对烟碱型乙酰胆碱受体的抑制活性和亚型选择性，这将帮助我们不同的二硫键连接方式对毒素蛋白结构和活性的影响。由于 ViⅠA-a 在芋螺体内含量较少，它有可能具有 less defined structure，但可能较占优势含量的 ViⅠA-b 异构体而言，ViⅠA-a 也许和同样具带形构象的 α4/6-AuⅠB 一样具有对受体更强的抑制活性。

3.3.2 O-超家族富含甘氨酸芋螺毒素 vi6a 的发现和溶液结构测定

3.3.2.1 O-超家族富含甘氨酸芋螺毒素 vi6a 的纯化和生化鉴定

我们从食虫性处女芋螺的毒液中纯化并生化鉴定了一条富含甘氨酸残基的新型肽。根据经典的芋螺肽命名方法[6,7]，将其命名为 vi6a，它含有 32 个氨基酸并含有高含量的甘氨酸(约占非半胱氨酸残基的 42%),具体序列为:DCGGQGEGCYTQOCCOGLRCRGGGTGGGVCQL,其中 O 代表 4 - trans-hydroxyproline。根据其 6 个半胱氨酸残基的排列方式(C - C - CC - C - C),vi6a 属于 O -芋螺毒素超家族或 six cysteine/four-loop 芋螺毒素(表 3 - 3)。vi6a 的纯化图见图 3 - 6。

表 3 - 3　不同芋螺毒素结构框架比较

Superfamily	Cysteine framework	Superfamily	Cysteine framework
Four cysteine/one-loop		Six cysteine/five-loop	
T [160]	CC - CC (Ⅴ) CC - CPC (Ⅹ)	P [190]	C - C - C - C - C - C (Ⅸ)
		Eight cysteine/five-loop	
Four cysteine/two-loop		I [131]	C - C - CC - CC - C - C (Ⅺ)
A [126]	CC - C - C (Ⅰ/Ⅱ)	cal6a [191]	C - C - CC - C - CC - C (ⅩⅥ)
Four cysteine/three-loop		Eight cysteine/six-loop	
J [39]	C - C - C - C (ⅩⅣ)	TxX [9]	C - C - C - C - CC - C - C (Ⅻ)
L [40]	C - C - C - C (ⅩⅣ)	del3a [192]	C - C - C - CC - C - C - C (ⅩⅢ)
Six cysteine/three-loop		V [193]	C - C - CC - C - C - C - C (ⅩⅤ)
M [119]	CC - C - C - CC (Ⅲ)	Ten cysteine/seven-loop	
Six cysteine/four-loop		di16a [194]	C - C - C - CCC - C - C - C - C (ⅩⅥ)
A [126]	CC - C - C - C - C (Ⅳ)	Ten cysteine/nine-loop	
O [189]	C - C - CC - C - C (Ⅵ/Ⅶ)	S [195]	C - C - C - C - C - C - C - C - C - C (Ⅷ)

尽管大多数已知的 O -芋螺毒素纯化或克隆自印度洋——太平洋海域的食鱼性(约 60%)和食其他软体动物性(约 30%)物种,在食虫性物种中也已分离到 O -芋螺毒素[196]。来自斛芋螺的 scratcher 肽 QcⅥA[197] 以及来自菖蒲芋螺的 vx6a 和 vx6b[189] 均分离自栖息于西太平洋海域的物种,而假定的 γ -芋螺毒素 de7a(来自 *C. delessertii*)[198] 和 as7a(来自 *C. austini*)[199] 以及来自 *C. spurius* 的 sr7a[196] 均分离自西大西洋芋螺物种。因此,来自处女芋螺的 vi6a 是从食虫性芋螺毒液中纯化到的第 7 个 O -芋螺毒素,同时也是分离自西太平洋芋螺物种中的第 4 个 O -芋螺毒素成员。尽管以前有对 O -超家族芋螺肽前体的直接 cDNA 克隆报道[200],vi6a 是该物种中被纯化和鉴定的第 1 个 O -芋螺毒素。

虽然目前还不清楚这些少数分离自食虫性芋螺 O -芋螺毒素的生理靶标,

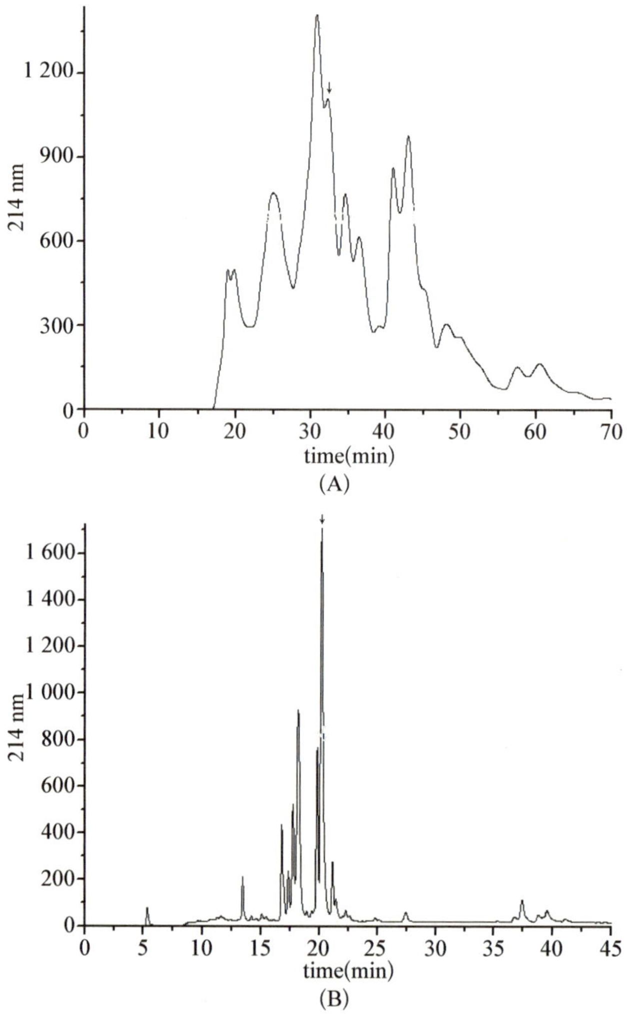

图 3-6　vi6a 的分离纯化

该超家族中已鉴定成员一般具有一些共同的生化特性(表 3-4)。来自食鱼性物种的 ω-芋螺毒素和 κ-PⅦA 是亲水性碱性肽,具有高含量的赖氨酸和精氨酸残基,它们的 intercysteine spacing pattern 为 $CX_6CX_{5-6}CCX_{2-3}CX_{4-6}C$。这些亲水性 ω-芋螺毒素也具有被酰胺化修饰的 C 末端。这些碱性残基(特别是 Lys2, Arg10 和 Arg22)与 N 端氨基基团对 ω-芋螺毒素抑制钙通道具有重要作用[221]。另外,Tyr13 对于识别 N 型或 P/Q 型钙通道微位点至关重要[11,221,222]。然而那些来自食其他软体动物性芋螺的 ω-芋螺毒素却是疏水性酸性肽。来自食鱼性物种的 δ-芋螺毒素($CX_6CX_6CCX_{3-4}CX_{3-4}C$)是酸性、中性或碱性的疏水

表 3-4　食鱼性、食其它软体动物性和食虫性芋螺物种中已鉴定的 O-超家族芋螺毒素

Peptide	Species/Prey	Sequence	Net charge	Ref.
ω-CnⅦA	*C. consors*/p	---CKGKGAOCTR-LMYD--CCHGSCSSSKGRC---*	+4	[69]
ω-CⅥA	*C. catus*/p	---CKSTGASCRR-TSYD--CCTGSC--RSGRC---*	+4	[68]
ω-CⅥB	*C. catus*/p	---CKGKGASCRK-TMYD--CCRGSC--RSGRC---*	+6	[68]
ω-CⅥC	*C. catus*/p	---CKGKGQSCRK-LMYD--CCTGSCS-RRGKC---*	+6	[68]
ω-CⅥD	*C. catus*/p	---CKSKGAKCSK-LMYD--CCSGSCSGTVGRC---*	+4	[68]
ω-GⅥA	*C. geographus*/p	---CKSOGSSCSO-TSYN--CCR-SCNOYTKRCY--*	+5	[4]
ω-MⅦA	*C. magus*/p	---CKGKGAKCSR-LMYD--CCTGSC--RSGKC---*	+6	[201—203]
ω-MⅦC	*C. magus*/p	---CKGKGAPCRK-TMYD--CCSGSCG-RRGKC---*	+7	[120]
ω-SⅥA	*C. striatus*/p	---CRSSGSOCGV-TSI---CCG-RC--YRGKCT--*	+5	[71]
ω-TⅥA	*C. tulipa*/p	---CLSOGSSCSO-TSYN--CCR-SCNOYSRKCR--*	+4	[72]
ω-PnⅥA	*C. pennaceus*/m	--GCLEVDYFCGIPFANNGLCCSGNC---VFVCTPQ	−2	[204]
ω-PnⅥB	*C. pennaceus*/m	DDDCEPPGNFCGM-IKIGPPCCSGWC---FFACA--	−3	[204]
ω-TxⅦ	*C. textile*/m	---CKQADEPCDV-FSLD--CCTGIC---LGVCMW-	−3	[205]
κ-PⅦA	*C. purpurascens*/p	CRIONQKCFQHLDDCCSRKCNRFNKCV	+4	[82，206，207]
μO-MrⅥA	*C. marmoreus*/m	-ACRKKW-EYCIVPIIGFIYCCPGLICGPFVCV--	+2	[208]
μO-MrⅥB	*C. marmoreus*/m	-ACSKKW-EYCIVPILGFVYCCPGLICGPFVCV--	+1	[208]
μO-lt7a	*C. litteratus*/v	--CLG-WSNYCTSHSI----CCSG-ECILSYCDIW	−2	[209]

续 表

Peptide	Species/Prey	Sequence	Net charge	Ref.
μO - lt6c	*C. litteratus*/v	WPCKVAG - SPCGLVSE ---- CCGTCNVLRNRCV --	+2	[210]
δ - CⅥE	*C. catus*/p	- YGCSNAGAFCG --- IHOGLCCSELCL - VWCT ---	−1	[211]
δ - CnⅥA	*C. consors*/p	- YECYSTGTFCG --- INGGLCCSNLCLFFVCLTFS	−1	[211]
δ - EⅥA	*C. ermineus*/p	- DDCIKOYGFCSLPILKNGLCCSGACV - GVCADL -	−1	[212]
δ - NgⅥA	*C. nigropunctatus*/p	- SKCFSOGTFCG --- IKOGLCCSVRCFSLFCISFE	+2	[63]
δ - PⅥA	*C. purpurascens*/p	- EACYAOGTFCG --- IKOGLCCSEFCLPGVCFG --*	0	[62]
δ - SⅥE	*C. striatus*/p	- DGCSSGGTFCG --- IHOGLCCSEFCF - LWCTFID	−3	[211]
δ - Am2766	*C. amadis*/m	--- CKQAGESCD --- IFSQNCCVG - TCAFICIE --*	−1	[213]
δ - GmⅥA	*C. gloriamaris*/m	VKPCRKEGQLCD --- PIFQNCCRGWNCVLFCV ---	+2	[60]
δ - TxⅥA	*C. textile*/m	-- WCKQSGEMCN --- LLDQNCCDGYCIVLVCT ---	−2	[214 - 215]
δ - TxⅥB	*C. textile*/m	-- WCKQSGEMCN --- VLDQNCCDGYCIVFVCT ---	−2	[215]
γ - PnⅦA	*C. pennaceus*/m	DCTSWFGRCTVNSγCCSNSCDQTYCγLYAFOS	−5	[216]
GS	*C. geographus*/p	ACSGRGSRC ---- OOQCCMGLRCGRGNPQKCIGAHγDV ----	+2	[217 - 218]
TⅦA	*C. tulipa*/p	SCSGRDSRC ---- OOVCCMGLMCSRG --- KCVSIYGE -----	+2	[219，220]
sr7a	*C. spurius*/v	- CLQFGSTCFLGDDDICCSG - ECFYSG—- GTFGICS ------*	−3	[196]
vx6a	*C. vexillum*/v	- CNNRGGGC -- SQHPHCCSG - TCN ----- KTFGVCL ------	+2	[189]
vx6b	*C. vexillum*/v	- CTDDSQFCD - PNDHDCCSG - ECIDE --- GGRGVCAIVPEHV	−8	[189]
vi6a	*C. virgo*/v	DCGGQGEGCY --- TQOCCOGLRCRGGG -- TGGGVCQL -----	0	This work

Conserved cysteine residues are highlighted in bold-face. *，amidated C - terminus；O，hydroxyproline；γ，γ - carboxyglutamate.

肽，而来自食其他软体动物性芋螺物种的 δ-芋螺毒素则为酸性肽，且不那么疏水（碱性的 δ-GmⅥA 除外）。来自食其他软体动物性大理石芋螺的 μO-芋螺毒素（$CX_6CX_9CCX_4CX_4C$）是非常疏水的碱性化合物。δ-和 μO-芋螺毒素的主要区别在于 loop2 的长度大小：δ-芋螺毒素仅含 6 个残基而 μO-芋螺毒素含 9 个氨基酸。来自食其他软体动物性芋螺物种 *C. pennaceus* 和织锦芋螺的 γ-芋螺毒素（$CX_6CX_5CCX_3CX_4C$）是亲水性酸性肽。然而，vi6a 是疏水性中性化合物并具有独特的 intercysteine spacing pattern：$CX_6CX_4CCX_4CX_9C$。

值得注意的是，除开保守的半胱氨酸外，vi6a 和以上这些已被鉴定的药理学家族肽几乎不具有序列相似性，但它与来自食鱼性地纹芋螺的芋螺毒素 GS[217,218] 和来自食鱼性芋螺物种 *C. tulipa* 的 TⅦA[219,220] 具有序列同源性（图 3-7）。这3 条毒素的 loop1 和 loop3 含有相同的残基数目，第 2 和第 3 个半胱氨酸残基间的间距也相似。GS 和 TⅦA 的 C 端“尾”结构具有高度的序列变异性并可能具有功能和结构上的作用。但与大多数 O-芋螺毒素一样，vi6a 在胱氨酸核心之外具有较少的残基。vi6a 具有非常长的 loop4（C 端的 2 个半胱氨酸残基间有 9 个残基），该特征也存在于 vx6b（8 个残基）[189]，sr7a（9 个残基）[196] 和类 γ-芋螺毒素 as7a（10 个残基）[199] 中，它们均分离自食虫性物种。这些生化特征提示新毒素 vi6a 可能代表 four-loop 芋螺毒素中的一个独特亚组。

3.3.2.2　O-超家族富含甘氨酸芋螺毒素 vi6a 的溶液结构测定

vi6a 具有不同于其他迄今为止所报道芋螺毒素的独特新颖的一级结构，在它 32 个氨基酸残基中，除开保守的 6 个半胱氨酸，剩下的 26 个非半胱氨酸残基中有 11 个为甘氨酸，如此高的甘氨酸含量引起了我们对该肽溶液结构的强烈兴趣。O-超家族富含甘氨酸芋螺毒素 vi6a 的溶液结构测定由中国科学院上海药物研究所的林东海研究员课题组的郭晨云助理研究员完成。

将 vi6a 溶解在水和 0～80％（v/v）TFE（trifluoroethanol）混合溶液或水和 0～80％（v/v）HFIP（hexafluoroisopropanol）混合溶液中，在 25℃时测得的圆二色谱见图 3-8。以水做溶剂是没有观察到典型的“倒峰”曲线，222 nm 处的波动可能提示 vi6a 具有不规则或伸展构象[223]。尽管助溶剂 TFE 和 HFIP 被广泛用于促进肽在溶液中二级结构的形成，它们的加入即使在高浓度条件下也未能引起曲线形状的明显变化。

通过 2D ^{1}H NMR 波谱技术和分子建模，我们确定了 vi6a 的三维溶液结构。根据 DQF-COSY、TOCSY 和 NOESY 谱的数据得到 vi6a 的序列特异性共振

```
                        10        20        30        40
                ....|....|....|....|....|....|....|....|....|
   ω-CnⅦA     1 ---CKGKGAPCT--RLMY-DCCHG-SCSS----SKGRC------- 27
   ω-MⅦA      1 ---CKGKGAKCS--RLMY-DCCTG-SCRS------GKC------- 25
   ω-CⅥB      1 ---CKGKGASCR--KTMY-DCCRG-SC-R----S-GRC------- 25
   ω-MⅦC      1 ---CKGKGAPCR--KTMY-DCCSG-SCGR----R-GKC------- 26
   ω-CⅥC      1 ---CKGKGQSCR--KLMY-DCCTG-SCSR----R-GKC------- 26
   ω-CⅥD      1 ---CKSKGAKCS--KLMY-DCCSG-SCSG----TVGRC------- 27
   ω-CⅥA      1 ---CKSTGASCR--RTSY-DCCTG-SCRS------GRC------- 25
   ω-GⅥA      1 ---CKSPGSSCS--PTSY-NCCR--SCNP----YTKRCY------ 27
   ω-TⅥA      1 ---CLSPGSSCS--PTSY-NCCR--SCNP----YSRKCR------ 27
   ω-SⅥA      1 ---CRSSGSPCG--VTS--ICCG--RC------YRGKCT------ 24
   μO-lt6c    1 -WPCKVAGSPCG--LVS--ECCG--TCNV----LRNRCV------ 28
   γ-as7a     1 --TCKQKGEGCS--LDV--ECCSS-SCKPGGPLFDFC------- 31
   γ-de7a     1 --ACKPKNNLCA--ITEMAECCSG-FCLI------YRCS------ 28
   ω-TxⅦ      1 ---CKQADEPCD--VFSL-DCCTG-ICLGV-------CMW----- 26
   δ-Am2766   1 ---CKQAGESCD--IFSQ-NCCVG-TCAFI-------CIE----- 26
   δ-TxⅥA     1 --WCKQSGEMCN--LLDQ-NCCDGYCIVLV-------CT------ 27
   δ-TxⅥB     1 --WCKQSGEMCN--VLDQ-NCCDGYCIVFV-------CT------ 27
   δ-GmⅥA     1 VKPCRKEGQLCD--PIFQ-NCCRGWNCVLF-------CV------ 29
   vx6a       1 ---CNNRGGGC----SQHPHCCSG-TCN----KTFGVCL------ 27
   sr7a       1 ---CLQFGSTCFL--GDDDICCSG-ECFYSG-GTFGICS------ 32
   vx6b       1 ---CTDDSQFCD---PNDHDCCSG-ECIDE--GGRGVCAIVPEHV 36
   ω-PnⅥA     1 --GCLEVDYFCGIPFANNGLCCSG-NCV-------FVCTPQ---- 31
   δ-EⅥA      1 -DDCIKPYGFCSLPILKNGLCCSG-ACV-------GVCADL---- 32
   ω-PnⅥB     1 DDDCEPPGNFCGM-IKIGPPCCSG-WCF-------FACA------ 30
   δ-CⅥE      1 -YGCSNAGAFCGI---HPGLCCSE-LCL-------VWCT------ 27
   δ-SⅥE      1 -DGCSSGGTFCGI---HPGLCCSE-FCF-------LWCTFID--- 30
   δ-NgⅥA     1 -SKCFSPGTFCGI---KPGLCCSV-RCFS------LFCISFE--- 31
   δ-PⅥA      1 -EACYAPGTFCGI---KPGLCCSE-FCLP------GVCFG----- 29
   δ-CnⅥA     1 -YECYSTGTFCGI---NGGLCCSN-LCLF------FVCLTFS--- 31
   μO-lt7a    1 ---CLGWSNYCTS----HSICCSG-ECIL------SYCDIW---- 27
   γ-PnⅦA     1 --DCTSWFGRCTV----NSECCSN-SCDQ------TYCELYAFPS 32
   TⅦA        1 --SCSGRDSRC-------PPVCCMGLMCSRG------KCVSIYGE- 30
   GS         1 --ACSGRGSRC-------PPQCCMGLRCGRGNP---QKCIGAHEDV 34
→  vi6a       1 --DCGGQGEGCY-----TQPCCPGLRCRGGG-----TGGGVCQL- 32
   μO-MrⅥA    1 --ACRKKWEYCIVPIIGFIYCCPGLICGPF------VCV------ 31
   μO-MrⅥB    1 --ACSKKWEYCIVPILGFVYCCPGLICGPF------VCV------ 31
   QcⅥA       1 ----DQSCPWC------GFTCCLPN-YCQGL------TCTVI---- 25
   κ-PⅦA      1 ---CRIPNQKCF---QHLDDCCSR-KCNR-----FNKCV------ 27
```

图 3-7 O-超家族芋螺毒素比较

归属。Hα 位移数据被用于计算每个残基的化学位移指数和二级结构的分析。使用模拟退火算法计算 200 个结构,其中具有最低能量值和最少残基约束违反的 20 个结构被进一步精修并用来代表 vi6a 的溶液结构(图 3-9)。没有观察到大于 5°的二面角违反和大于 0.2 Å 的 NOE 违反。

vi6a 在水溶液和膜模拟环境下的三维结构含有由 3 对二硫键(Ⅰ-Ⅳ,Ⅱ-Ⅴ,Ⅲ-Ⅵ)稳定的伸展构象(图 3-10)。和具有由 β 发夹和一些转角组成的紧

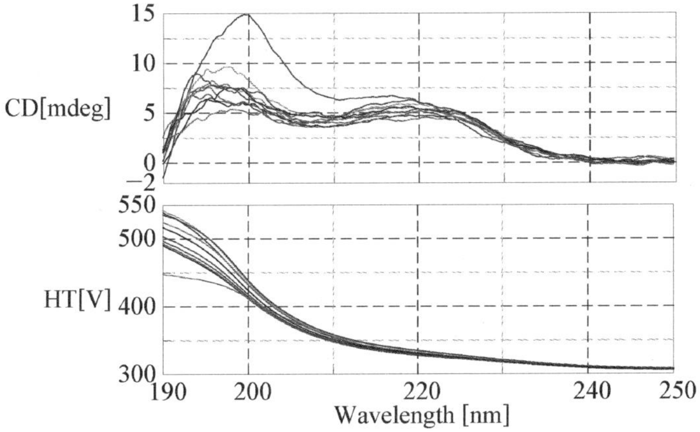

(A)

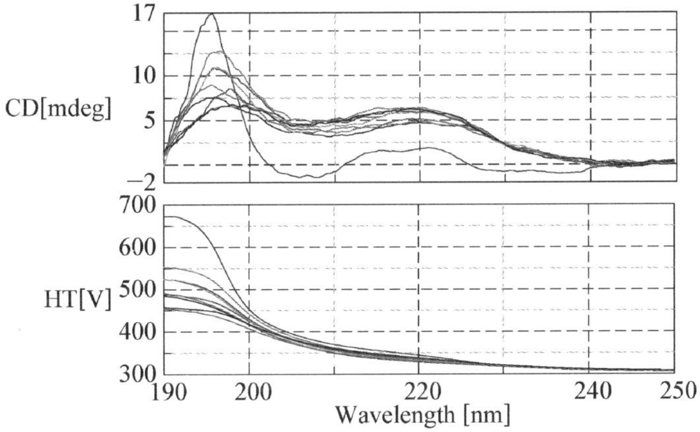

(B)

图 3－8　vi6a 的圆二色谱图

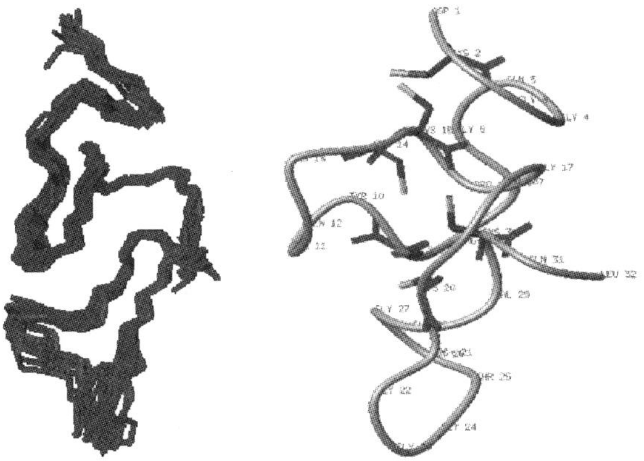

图 3－9　vi6a 20 种汇总结构骨架原子重叠展示(左)和其三级结构(右)

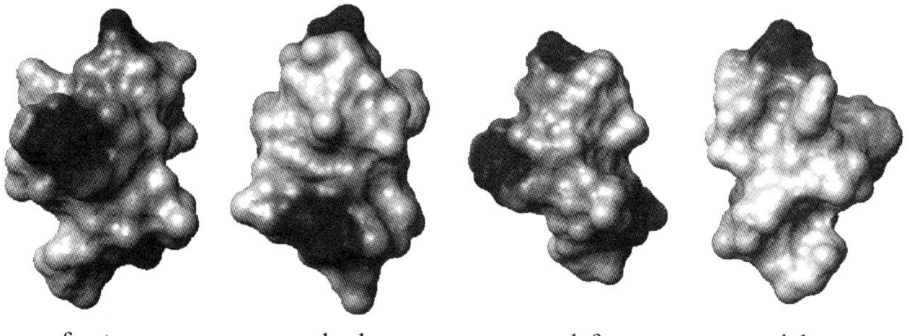

图 3-10 vi6a 表面静电分布

密折叠的芋螺毒素 GS 不同，vi6a 中由 3 对二硫键组成的 ICK 模体形成的分子核心不那么紧密。

vi6a 的独特之处在于分子中极高的甘氨酸含量。因为该残基几乎没有骨架约束且在溶液中倾向采用伸展构象[224]。由于 vi6a 中含有丰富的甘氨酸，它可能本质上具有一种 random coil 样结构。尽管沿肽链分布的这 11 个甘氨酸使确定 vi6a 的局部拓扑结构变得困难，它们赋予分子以高度柔韧性，而这种柔性可能对应了 vi6a 有效识别靶离子通道的能力。

我们还在恒温条件下测试了 vi6a 在水，TFE 和 HFIP 中的结构稳定性（图 3-11）。自由能（ΔG°）由线性外推方程计算：不含变性剂时的自由能（ΔG）/变性剂的浓度[225]。在水中，vi6a 的变性过程非常迅速，提示该肽几步不含有疏水核心。使用溶剂 TFE 和 HFIP 时得到的 S 形曲线提示 vi6a 的变性是一个两步骤的过程。在 1.2 M 和 1.6 M 剂量下，变性剂盐酸胍可分别引起溶剂 TFE 和 HFIP 中 50%的 vi6a 去折叠。低于 1.0 M 的盐酸胍仅能缓慢变性 vi6a，而高于

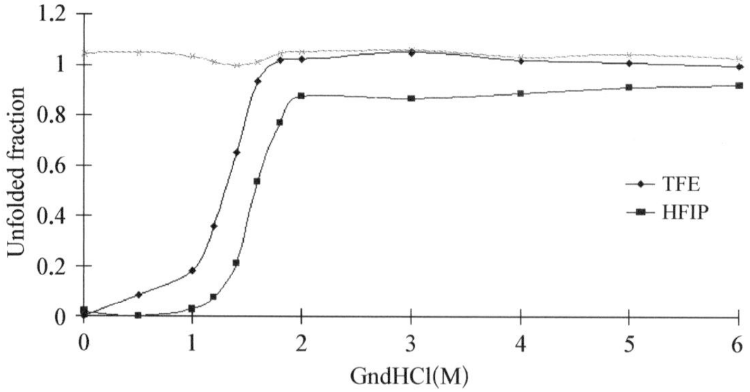

图 3-11 vi6a 的结构稳定性测试

该浓度变性剂的使用可引起快速的去折叠。对于去折叠过程的缓慢—快速转变所需要的该变性剂的浓度大大低于变性球蛋白所需值(约 4.5 M 盐酸胍),说明疏水相互作用在稳定 vi6a 结构中有限的影响。通过这些曲线计算得到的 ΔG° 值分别为：TFE,14 kJ/mol；HFIP,16 kJ/mol。这说明 vi6a 在这些溶剂中具有较低的结构稳定性。但是,溶剂 TFE 和 HFIP 可稳定 vi6a 的结构,因为在这种膜模拟环境下,NMR 实验中的 NOE contact 数增加了大约 1.5 倍。

3.3.2.3　讨论

芋螺毒素是一类分离自海洋猎食性芋螺毒液的富含二硫键并具神经毒性的肽,被芋螺用于捕食猎物、防御天敌和威慑竞争者。它们一般含有 7～40 个氨基酸和 1～4 对二硫键。由于它们对电压门控和配体门控离子通道,G 蛋白偶联受体和神经递质转运体的高选择性、特异性和作用强度,芋螺毒素可作为神经科学研究中的药理学工具和药物设计研究中宝贵的先导化合物,引起了研究者们极大的兴趣[226,227]。根据其前体中高度保守的信号肽序列,已将芋螺毒素分为若干个超家族,并在此基础上根据其不同的分子靶标,将每个超家族进一步分为 1～5 个药理学家族。尽管芋螺毒素具有多样化的生理学功能,它们仅采用有限的几种保守结构框架(表 3 - 3),其中作为 six cysteine/four-loop framework (C - C - CC - C - C) 典型代表的 O -超家族被认为是成员最为丰富的结构类别。

O -超家族芋螺毒素含有 24～33 个氨基酸残基,3 对二硫键赋予毒素分子 4 个intercysteine loop。O -芋螺毒素具有 ICK 模体特征性的二硫键连接方式(Ⅰ-Ⅳ,Ⅱ-Ⅴ,Ⅲ-Ⅵ)。该模体广泛存在于多种具毒性和抑制性的多肽中,如动物肽类神经毒素[82]和植物蛋白酶抑制剂[75]等。ICK 模体的拓扑学结构表现为由 3 对二硫键交联的三股反平行的 β -片层。尽管 O -超家族芋螺毒素均采用 ICK 模体作为它们基本的结构框架,由于它们具有不同的 loop 大小和一级结构,O -超家族芋螺毒素具有多种结构和生物学活性[228]。

O -超家族包括 5 个已知的药理学家族,每一个家族具有不同的分子靶标和作用机制。ω -和 κ -芋螺毒素分别是电压门控型钙通道和 *Shaker* 钾通道的特异型阻断剂[82,120]。功能密切相关的 δ -和 μO -芋螺毒素均作用于电压门控型钠离子通道：δ -芋螺毒素主要消除 Na_v1.2、Na_v1.4 和 Na_v1.6 亚型的快速失活[212],而 μO -芋螺毒素则抑制 Na_v1.2 亚型的离子流通过[216]。γ -芋螺毒素可激活神经元型 pacemaker 阳离子通道[229]。来自食鱼性幻芋螺的 ω -芋螺毒素 MⅦA,已于 2004 年 12 月被 FDA 批准为治疗顽固性疼痛的商品用药[201,203]。

来自食鱼性地纹芋螺的ω-芋螺毒素GⅥA是神经科学领域最为广泛使用的芋螺肽，大约有2 000篇左右的研究性论文使用该化合物作为药理学工具[4]。这两个毒素均高特异性作用于N型钙通道($Ca_V2.2$)。来自紫纹芋螺毒液的κ-芋螺毒素PⅦA是第一条被发现能阻断钾通道的芋螺毒素。它在动物心肌梗死模型上能有效减轻心肌损伤[206,207]。O-超家族芋螺毒素既是研究电压门控型离子通道的有用分子探针，也是一系列病理学条件下新药研发中颇具前景的候选药物。

vi6a是分离自中国南海食虫性处女芋螺的一条全新含32个氨基酸的O-芋螺毒素。尽管vi6a和其他O-芋螺毒素一样具有six cysteine/four-loop structural framework，该毒素具有非常独特的一级结构：它富含甘氨酸，在26个非半胱氨酸残基中有11个是甘氨酸。在本节中，我们描述了vi6a的分离纯化，氨基酸序列组成和溶液结构(含水相溶液和膜模拟环境)。这是迄今为止对食虫性芋螺物种中O-芋螺毒素结构鉴定的首次报道。

目前已有5条来自食虫性芋螺的O-芋螺毒素进行了功能鉴定。肌肉注射as7a可对淡水螺类*Pomacea paludosa*产生毒性，而颅腔注射as7a对小鼠没有动物毒性[199]。在250 pmol剂量下，颅腔注射sr7a可引起小鼠的超兴奋，注射淡水螺类*Pomacea paludosa*斧足肌肉可引起瘫痪，而肌肉注射帽贝*Patella opea*或淡水鱼*Lebistes reticulates*则无明显效应[196]。合成的vx6a可引起颅腔注射的4周龄小鼠一系列症状，例如颤抖、爬动、搔抓、滚筒和四肢瘫痪[189]。从信号芋螺毒液管cDNA文库中发现的2条全新O-芋螺毒素lt7a和lt6c在全细胞膜片钳模式下可剂量依赖性抑制成年大鼠背根神经节神经元上的钠电流[209,210]。重组表达的毒素不会引起钠通道激活和失活动力学以及离子选择性的改变。因为lt7a和lt6c的电生理学活性与μO-芋螺毒素相似，它们是首次在食虫性芋螺中发现的μO-芋螺毒素。

因为目前已鉴定的O-超家族肽作用于所有主要的电压门控型离子通道家族，vi6a可能也作用于电压门控型离子通道。vi6a在结构上与芋螺毒素GS最为接近，后者与tetrodotoxin(TTX)和saxitoxin(STX)属于同一类骨骼肌钠通道抑制剂[217,218]。然而电生理实验结果显示天然的vi6a对背根神经节神经元上电压门控的钠、钾、钙电流均无影响(数据未显示)。作为食虫性处女芋螺毒液主要成分之一，vi6a可能具有未知的显著生理学功能，其药理学靶标可能是与背根神经节神经元上截然不同的海洋蠕虫类特异性离子通道。另外，具有相同结构框架的芋螺毒素可作用于电压和配体门控离子通道[126]。例如：κA-和αA-芋螺毒素均具有 CC－C－C－C－C 骨架并可分别阻断钾通道和烟碱型乙酰胆碱受体。vi6a 的分子靶标和生物学功能仍有待阐明。

通过 NMR，远紫外圆二色谱和荧光波谱技术对 vi6a 在水环境(pH 3.0)和模拟膜环境中的结构作出鉴定。通过 NMR 2 维氢谱和模拟退火算法得到 vi6a 的溶液三维结构。通过 TOCSY 和 NOESY 谱进行质子共振归属以确定标量偶联旋转系统和序列连接。通过 Pentium Ⅲ 733M 电脑上 ARIA/CNS 软件进行结构计算。在水溶液中，vi6a 具有无序的二级结构和由 3 对二硫键维系的三维结构。另外，在模拟膜环境中 vi6a 不能形成任何二级结构成分，提示 vi6a 可能本质上具有随机类 coli 结构。但在膜模拟环境下，vi6a 的结构稳定性有所增强，这可从盐酸胍诱导的无折叠实验以及在 HFIP 和 TFE 溶剂系统中 NMR NOE contacts 数的增加中看出。

由于结构解析需要 TOCSY 和 NOESY 谱数据，而在膜模拟环境(有机相)下，vi6a 的谱不出峰，所以无法计算在该环境下的肽结构。根据圆二色谱结果和谱推测，vi6a 在有机相中的二级结构和水相中一样，其在有机相中的三级结构比水相紧密。vi6a 和其他 O－超家族芋螺毒素成员的三级结构不一样，即使在有机相里也没有明显的二级结构，可能和它的 Gly 含量多有关。

vi6a 含有 6 个半胱氨酸残基从而形成特征性的 four-loop O－芋螺毒素结构框架。然而，vi6a 不属于该基因超家族中已被鉴定的药理学家族：ω－、κ－、δ－、μO－和 γ－芋螺毒素。vi6a 与芋螺毒素 GS 和 TⅦA 具有序列同源性。vi6a 的整体球形折叠、分子形状和氨基酸侧链分布与以前报道的 GS[217,218] 和 TⅦA[219,210] 相似。和其他具 four-loop 芋螺毒素的结构进行比较，揭示 vi6a 代表该结构家族中一类新颖独特的亚组。发现和鉴定该亚组中更多的成员引起了我们的极大兴趣，这不仅能提供一系列具有相似作用方式的同源肽，也能开发以前未鉴定受体亚型的新型配体。这是对分离自西太平洋食虫性芋螺的 O－芋螺毒素的首次结构鉴定。对 vi6a 结构的研究将为以后的构效关系和对它与靶受体相互作用的理解奠定基础。

3.3.3　全新基因超家族 V－芋螺毒素 vi15a 的发现和 cDNA 克隆

3.3.3.1　全新芋螺毒素 vi15a 的分离纯化

采自中国南海的食虫性处女芋螺的粗毒首先用分子筛柱粗分，洗脱所得含有小肽的组分进一步在反向 HPLC 上纯化(图 3－12)，收取主要洗脱峰，合并后冻干。图 3－12B 中用箭头指示的组分经过还原和烷基化处理后，通过 Edman

降解进行蛋白 N 端测序，得到一条含 27 个残基和 8 个半胱氨酸的序列：DCTTCAGEECCGRCTCPWGDNCSCIEW*（*，amidated C－terminus）。这条 27 肽中的 8 个半胱氨酸的排列方式为：C－C－CC－C－C－C－C，属于一种全新的芋螺毒素半胱氨酸骨架。该肽用 ESI－MS 测得的平均分子量为 2 937.0 Da，与计算分子量 2 937.27 Da 相符，并确定了该肽中所有的半胱氨酸残基均参与了二硫键的形成且该肽的 C 末端有酰胺化修饰。

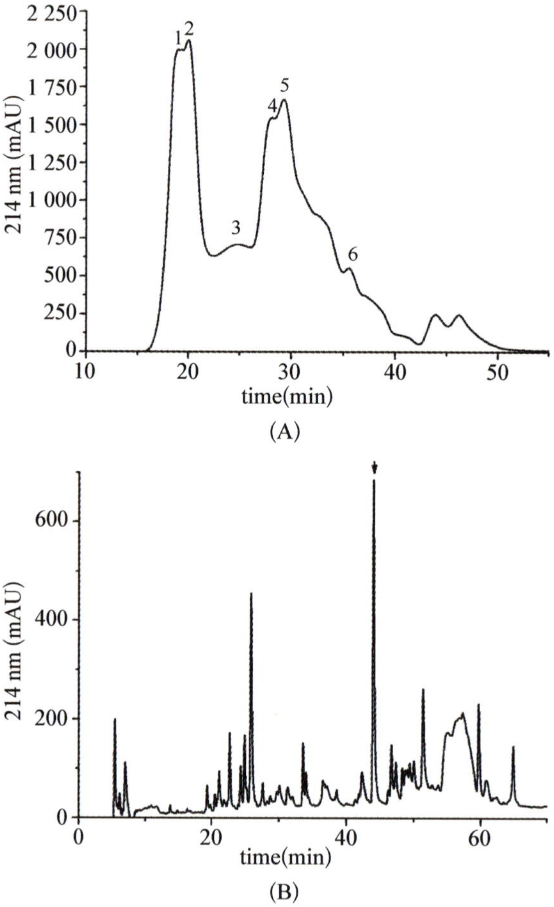

图 3－12　V－芋螺毒素 vi15a 的纯化

按照对芋螺肽的经典命名法[6,7]，这个全新的含 8 个半胱氨酸的骨架 C－C－CC－C－C－C－C 被命名为 framework 15。这条从处女芋螺毒液中分离得到的 27 肽被命名为 vi15a。两个小写字母“vi”该天然毒素被发现的物种，数字“15”代表半胱氨酸骨架的编号，而字母“a”表示这类具有全新结构芋螺毒素发现的顺序。

3.3.3.2　全新芋螺毒素 vi15a 的 cDNA 克隆和新基因超家族 V-芋螺毒素的定义

为确定编码 vi15a 前体的全长 cDNA 序列，对应第 16～22 位氨基酸残基(CPWGDNC)设计上游简并引物(5′- TGY CCN TGG GGN GAY AAY TG - 3′)，配以缺失 poly dT 尾的桥式通用扩增引物 AUAP(5′- GGC CAC GCG TCG ACT AGT AC - 3′)为下游引物，通过 PCR 扩增来得到其 3′端部分序列。使用 SMART™ cDNA Library Construction Kit 合成的一链 cDNA 则被用于 5′ RACE 的模板。根据上述得到的 3′端部分序列，使用根据肽段 DNCSCIEW 设计的反义引物(5′- CAC TCT ATG CAA GAA CAG TTG - 3′)和用于 cDNA 的 LD PCR 扩增中的 5′端通用 PCR 引物(5′- AAG CAG TGG TAT CAA CGC AGA GT - 3′)来得到其 5′端部分序列。

根据已知蛋白序列，通过 RACE 的方法进行全长 cDNA 克隆，我们将得到的编码 vi15a 的 cDNA 克隆命名为 Vi15.1(GenBank accession no. EU169206)。该 cDNA 具有芋螺毒素编码基因非常保守的组织结构(信号肽，pro 区和成熟肽)。Vi15.1 的编码区以及其 5′非翻译区和 3′非翻译区的序列见图 3 - 13。vi15a 的信号肽序列与以前已鉴定的芋螺毒素超家族成员的相应区域不具有相似性，所以 vi15a 定义了一类全新的芋螺毒素，V-芋螺毒素。其前体的 C 末端多出的两

```
-138                                                                      GGC CAT TAC GGC CGG GTG  -121
-120 TCC GCT GAC GTG TGT CCT GCT CTC TCA GTT TTC CTG ATA CCT ACC TGC CCT TAC CTG TCC  -61
 -60 CGC CGT CAT CTC CAC TCA TTT AAA CAG AAC TGA AAG ACG GCC ACG ATG GCA ACA CCA AGA   -1

   1 ATG ATG CCA GTC ATC CTC CTG CTT CTG TTG TCC CTG GCA ATC CGT TGT GCC GAC GGA AAG   60
   1 M   M   P   V   I   L   L   L   L   L   S   L   A   I   R   C   A   D   G   K    20
  61 GCG GTC CAA GGG GAC AGT GAT CCC AGT GCC AGT CTT CTA ACA GGG GAC AAG AAT CAT GAT  120
  21 A   V   Q   G   D   S   D   P   S   A   S   L   L   T   G   D   K   N   H   D    40
 121 CTA CCT GTC AAG CGG GAT TGC ACC ACT TGT GCT GGT GAA GAA TGC TGT GGC AGG TGC ACA  180
  41 L   P   V   K   R   D   C   T   T   C   A   G   E   E   C   C   G   R   C   T    60
 181 TGC CCT TGG GGG GAC AAC TGT TCT TGC ATA GAG TGG GGG AAA TAA ATT TGG CAT CTC TGT  240
  61 C   P   W   G   D   N   C   S   C   I   E   W   G   K   *

 241 GCT CTT CTC ACT ATC TAT CTA ACT CTC TCT CTC TCT CTC TAT CTA TCT ATC TCT CTA TCT  300
 301 ATT CAT GTT TCT ATC TAT CTC AGA AAG GGA TAC CGC TTA CTT TAA AAC ACC CCA GAG AAT  360
 361 AAA ACT TGC AAG ATG AAA AAA AAA AAA AAA AAA AAA AAA A                            400
```

图 3 - 13　Vi15.1 的 cDNA 序列和预测翻译产物

个残基 GK 进一步确定了 vi15a 中的 C 末端酰胺化，因为在一个或者两个碱性残基之前的甘氨酸是典型的 C 末端酰胺化的信号[16]。值得注意的是 Vi15.1 的 3′非翻译区的长度在 71 和 175 bp 之间，它们具有相同的序列但 poly A 尾的位置不同。Vi15.1 的 3′非翻译区中具有长的富含嘧啶的重复序列，可能具有重要的进化意义。对不同芋螺毒素的信号肽和半胱氨酸骨架的比较见表 3-5，信号肽起始区中的碱性残基以下划线表示。

表 3-5 不同芋螺毒素信号肽和半胱氨酸骨架比较

Superfamily	Signal peptide	Cysteine framework
A[126]	MGMRMMFIMFMLVVLATTVVT	CC-C-C(I/II)
	MGMRMMFIMFMLVVLATTVVT	CC-C-C-C-C(IV)
T[160]	MRCVPVFIILLLLIPSAPSVDA	CC-CC(V)
	MRCVPVFIILLLLIPSAPSVDA	CC-CPC(X)
J[39]	MPSVRSVTCCCLLWMMFSVQLVTP	C-C-C-C(XIV)
L[40]	MKLSVMFIVFLMLTMPMTCA	C-C-C-C(XIV)
M[119]	MMSKLGVLLTICLLLFPLTALPMDG	CC-C-C-CC(III)
	MLKMGVVLFIFLVLFPLATLQLDA	CC-C-C-CC(III)
O[189]	MKLTCVLIIAVLFLTAYQLATA	C-C-CC-C-C(VI/VII)
P[190]	MHLSLARSAVLMLLLLFALGNFVVVSG	C-C-C-C-C-C(IX)
I[131]	MKLCLTFLLVLMILASVTG	C-C-CC-CC-C-C(XI)
	MMFRVTSVGCLLLVIVFLNLVVPTSA	C-C-CC-CC-C-C(XI)
S[195]	MMLKMGAMFVLLLLFILPSSQ	C-C-C-C-C-C-C-C-C-C(VIII)
TxX[9]	MSGHTSVSFLLLSIVALGMVATVIC	C-C-C-C-CC-C-C(XII)
de13a[192]	—	C-C-C-CC-C-C-C(XIII)
vi15a[193]	MMPVILLLLLLSLAIRCADG	C-C-CC-C-C-C-C(XV)
Lt15.1[193]	MEKLTILILVATVLLAIQVLVQ	C-C-CC-C-C-C-C(XV)
ca16a[191]	MQKATVLLLALLLLLPLSTA	C-C-CC-C-CC-C (XVI)
di16a[194]	MSTLGILLPIALLLPLANP	C-C-C-CCC-C-C-C-C(XVI)

The basic residue at the beginning of the signal peptides was underlined.

3.3.3.3 其他编码全新 V-芋螺毒素的 cDNA 克隆

对食虫性芋螺物种处女芋螺(*C. virgo*)、小牛芋螺(*C. vitulinus*)、信号芋螺

(*C. litteratus*)、芝麻芋螺(*C. pulicarius*)，食其他软体动物性芋螺物种大理石芋螺(*C. marmoreus*)和食鱼性芋螺物种花玛瑙芋螺(*C. achatinus*)的 cDNA 成分进行 PCR 扩增以寻找全新 V－芋螺毒素。每个芋螺物种至少测序 10 个 cDNA 克隆。

我们从小牛芋螺毒液管中得到一个全新 V－芋螺毒素 cDNA Vt15.1 (GenBank accession no. EU169207)(图 3－14)。Vt15.1 和 Vi15.1 高度相似，特别是它们的信号肽和具有相同半胱氨酸骨架的成熟肽，而它们的 pro 区序列却差别较大。在 Vt15.1 的成熟肽第 14 位存在一个点突变(S→P)。与在 vi15a 中发现的情况一样，Vt15.1C 末端的最后两个残基 GK 将被切割处理，故其成熟肽的最后一位残基 Trp 被酰胺化。与在 Vi15.1 中的情况不一样，Vt15.1 的 3′非翻译区的长度差别不大，在 187 和 193 bp 之间。Vi15.1 中的 8 个半胱氨酸编码模式为 TGC－TGT－TGCTGT－TGC－TGC－TGT－TGC。除开其第 2 个半胱氨酸残基是由 TGC(而非 TGT)编码外，Vt15.1 具有和 Vi15.1 几乎一样的半胱氨酸密码子(图 3－14)。而那些非半胱氨酸密码子则不这么保守。

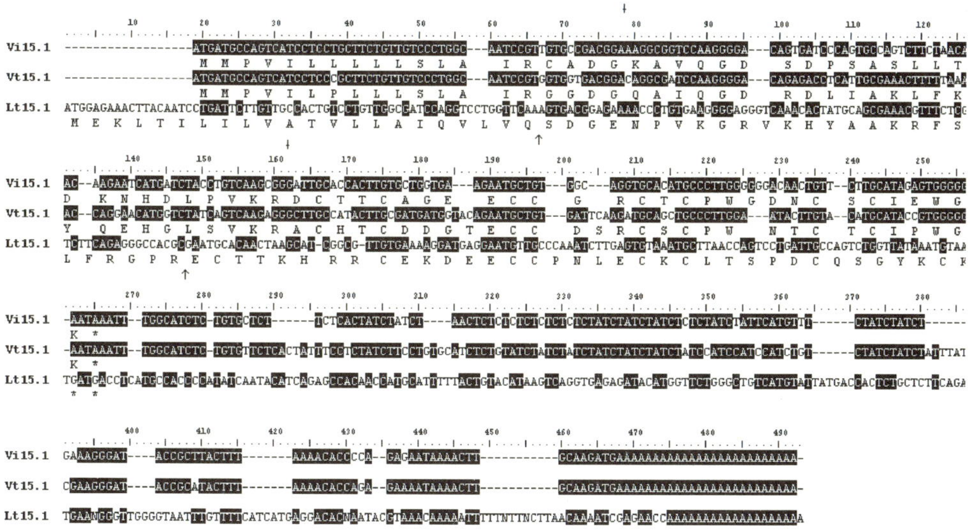

图 3－14　V－芋螺毒素 Vi15.1、Vt15.1 和 Lt15.1 的 cDNA 序列比较

含 8 个半胱氨酸芋螺毒素的前体肽比较可见表 3－6。这些芋螺毒液肽的两个定义性特征，前体肽中高度保守的信号肽和成熟肽中独特的半胱氨酸模式，在表中都被清楚的列出。为更好的理解含 8 个半胱氨酸芋螺毒素的进化关系，我

表 3-6　食鱼性、食其它软体动物性和食虫性芋螺物种中含 8 个半胱氨酸芋螺毒素前体肽比较

Conus species (Feeding type)	Clone/Peptide		Ref.
	I - conotoxins		
	I_1 - superfamily		
	Group A	Signal sequence　Propeptide　Mature toxin	
C. radiatus (p)	R11. 6/r11a	MKLCLTFLLVLMILASVTGEKSSKHTLSRAARVKNRGOSFCKADEKOCEYHADCCNCCLSGICAOSTNWILPGCSTSSFFKI	[133]
	Group B	Signal sequence　Propeptide　Mature toxin	
C. radiatus (p)	R11. 3	MKLCLTFLLVLMILASVTGEKLSEQTLRRAARKNKGPRCWVGRVHCTYHKDCCPSVCCFKGRCKPQSWGCWSGPT	[133]
	I_2 - superfamily		
	Group C	Signal sequence　Mature toxin	
C. betulinus (v)	BtX	MMFRVTSVGCLLLVIVFLNLVVPTSACRAγGTYCγNDSQCCLNγCCWGGCGHOCRHP* GKRSKLQEFFRQR	[89]
C. virgo (v)	ViTx	MMFRLTSVSCFLLVIACLNLFQVVLTSRCFPPGIYCTSYLPCCWGICCSTCRNVCHLRIGKRATFQE	[90]
	V - conotoxins		
	V_1 - superfamily		
	Group A	Signal sequence　Propeptide　Mature toxin	
C. virgo (v)	Vi15. 1/vi15a	MMPVILLLLLSLAIRCADGKAVQGDSDPSASLLTGDKNHDLPVKRDCTTCAGEECCGRCTCPWGDNCSCIEW* GK	[193]
C. vitulinus (v)	Vt15. 1	MMPVILPLLLSLAIRGGDGQAIQGDRDLIAKLFKRYQEHGLSVKRACHTCDDGTECCDSRCSCPWNTCTCIPW* GK	[193]
	V_2 - superfamily		
	Group B		

续 表

Conus species (Feeding type)	Clone/Peptide		Ref.
C. caracteristicus (v)	ca15a	CRVENKCOHTVCCDRSNCSC - LIRGNPKMY - KCPHTVCCDRSRCSCKLIRTRPLMYHVCVC	[193, 230]
	Group C	Signal sequence / Propeptide / Mature toxin	
C. litteratus (v)	Lt15.1	MEKLTILILVATVLLAIQVLVQ SDGENPVKGRVKHYAAKRFSALFRGPR ECTTKHRRCEKDEECCPNLECKCLTSPDCQSGYKCKP	[125, 193]
	Others		
		Signal sequence / Mature toxin	
C. textile (m)	GlaTxX	MSGHTSVSFLLLSIVALGMVATVIC SCDSγFSSγFCγRPγγSCSCSTHTCCHWARRDQCMKPQRCISAQKGN* GRRRLIHMQK	[9]
C. marmoreus (m)	GlaMrII	SCDSγFSSγFCγQPγγRICSCSTHVCCHLSSSKRDQCMTWNRCLSAQTGN	[161]
C. delessertii (v)	del3a	DCOTRCOTTCANGWECCKGYOCVNKACSGCTH* GK	[192]
C. caracteristicus (v)	ca16a	MQKATVLLLALLLLLPLSTA QDAEGSQEDAAQREVDIATRCGGTGDSCNEPAGELCCRRLKCVNSRCCPTTDGC	[191]

Cys residues are highlighted in bold-face. For post-translational modifications: O, 4 - trans-hydroxyproline; F, D - phenylalanine; L, D - leucine; γ, γ - carboxyglutamate; *, C - terminal amidation; W, 6 - bromotryptophan, and K, 5 - hydroxylysine. The underlined parts of sequences are presumed to be post-translationally cleaved by carboxypeptidase.

们从由这些芋螺毒素前体序列比对计算得到的 Kimura 双参数距离重建了一颗 Neighbor-Joining 进化树(图 3-15)。在进化树中,来自食鱼性芋螺 *C. radiatus* 的 I-芋螺毒素 R11.6/r11a,R11.4/r11c 和 R11.3 处于同一分支中,而其他含 8 个半胱氨酸芋螺毒素成员则分散在食虫/食其他软体动物的进化分支中。Vi15.1和 Vt15.1 被归入同一小分支,因此它们具有相同的进化痕迹。

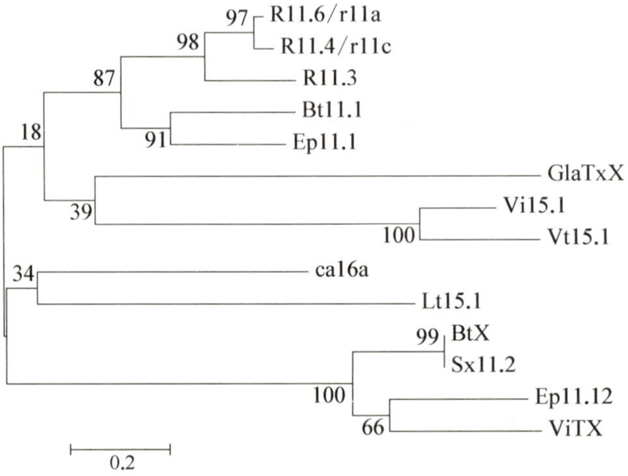

图 3-15　含 8 个半胱氨酸芋螺毒素前体进化树分析

3.3.3.4　讨论

芋螺毒素具有极高的结构多样性。本节我们报道了从食虫性处女芋螺毒液中一条全新 27 肽 vi15a 的分离纯化并在蛋白和 cDNA 水平上定义了一类全新的芋螺毒素,V-芋螺毒素。该肽具有全新的不同于以往发现的含 8 个半胱氨酸芋螺毒素的骨架结构 C-C-CC-C-C-C-C。vi15a 的 cDNA 具有全新的信号肽序列,我们通过该序列在采自中国南海的另一食虫性芋螺物种小牛芋螺中发现了一条相似肽 Vt15.1。值得注意的是,另一 V-芋螺毒素 Lt15.1 (GenBank accession no. DQ345376) 以前曾在食虫性芋螺物种信号芋螺毒液管 cDNA 文库中被发现[125]。Lt15.1 具有与 V-芋螺毒素 Vi15.1 和 Vt15.1 相同的半胱氨酸排列方式,但其信号肽却与上述 2 个毒素完全不同。因为 Lt15.1 的信号肽序列与 O-超家族芋螺毒素的相似,它早先一直被归为该基因超家族中的一类全新芋螺毒素。这 3 个 V-芋螺毒素 Vi15.1、Vt15.1 和 Lt15.1 的 cDNA 序列和它们超变异的成熟肽中半胱氨酸密码子保守性见图 3-14。Lt15.1 具有与 Vi15.1 和 Vt15.1 完全不同的半胱氨酸密码子使用模式 TGC - TGT - TGTTGC - TGT - TGC - TGC - TGT。因为在进化树中 Lt15.1 处于除Vi15.1 和 Vt15.1 所在主要分支之外的另一主要分支，它可能具有与 Vi15.1 和 Vt15.1 不同的空间结构和生物学功能。

最近，本实验室刘丽硕士在中国南海食虫性唐草芋螺中分离纯化到另一个 V -芋螺毒素 ca15a[230]。她的部分序列为 CRVENKCOHTVCCDRSNCSC LIRGNPKMY - (O, 4 - trans-hydroxyproline)。由于仅有非常有限的天然样品，该肽的 N 端测序无法达到其 C 末端，因此只能通过 cDNA 克隆来得到完整的序列信息。尽管得到的由 cDNA 编码的部分序列与由 Edman 降解得到的蛋白序列不完全匹配(表 3 - 6)，我们可以看到 ca15a 具有和 vi15a 一样的半胱氨酸骨架，因此，ca15a 也应该被归入 V -芋螺毒素。

到目前为止，被发现和鉴定的最多的含 8 个半胱氨酸的芋螺毒素是来自 I -超家族的成员，它们具有保守的半胱氨酸骨架(C - C - CC - CC - C - C)，但在信号肽序列、成熟肽序列、长度、翻译后修饰和生物学功能上均表现出显著的多样性，使得对它们的分类更为复杂。目前将 I -芋螺毒素分为含有 3 个 group 的两个不同的超家族(I_1 和 I_2)[131]。不像 I -超家族芋螺毒素广泛的分布在很多芋螺物种中那样，目前已知的 V -芋螺毒素仅为分离自和(或)克隆自中国南海 4 种食虫芋螺的 4 个成员，除开保守的 8 个半胱氨酸排列方式，它们的序列呈现出高度多样性。根据它们的信号肽序列，成熟肽的长度和 C 末端的酰胺化加工处理，基本上可将这 4 个肽分为两个不同的基因超家族 V_1 和 V_2。与 I -芋螺毒素相似，V -芋螺毒素也可以被分成 3 组，主要根据它们的半胱氨酸残基模式(表 3 - 6)。基因超家族 V_1 包含 group A 而 group B 和 group C 则属于基因超家族 V_2。Group A ($CX_2CX_{4-5}CCX_{2-3}CX_1CX_{4-5}CX_1C$)包含两个肽 Vi15.1/vi15a 和 Vt15.1，它们的成熟肽 C 末端均有酰胺化修饰并各长 27 和 28 个氨基酸。而属于 group B ($CX_5CX_4CCX_4CX_1CX_{12}CX_1C$) 的 34 肽 ca15a 和属于 group C ($CX_6CX_5CCX_4CX_1CX_5CX_5C$) 的 37 肽 Lt15.1 的 C 末端则具有自由的羧基(表 3 - 6)。但 ca15a 所属的基因超家族需要通过对其前体的 cDNA 克隆来确定。

尽管半胱氨酸骨架 15 定义 V -芋螺毒素，在 funnel web 蜘蛛 *Agelenopsis aperta* 的毒液中发现的蜘蛛毒素 ω - agatoxin IVB 也具有相同的半胱氨酸模式[231]。因此，V -芋螺毒素可能具有与在该蜘蛛毒素中发现的一样的二硫键连接方式(Ⅰ-Ⅳ，Ⅱ-Ⅴ，Ⅲ-Ⅷ，和 Ⅵ-Ⅶ)[143,231,233]。

随着袁多多等对中国南海食虫性唐草芋螺中 ca16a 的发现[191]，在含 8 个半胱氨酸的芋螺毒素中已发现 5 种不同的半胱氨酸模式(表 3－7),但仅有 I－芋螺毒素 r11a 的二连键连接方式被确定[134],对这些毒素的二硫键模式到底有多不同的研究将非常有意思。对这些含 8 个半胱氨酸的芋螺毒素和来自其他有毒物种的毒素的结构研究提示不能单从它们的半胱氨酸排列方式来预测它们的二硫键配对方式(表 3－7)。溶液结构显示 r11a 形成一个由 3 对二硫键(C5－C19, C12－C22, C18－C27)稳定的 ICK－fold motif,另外的 1 对二硫键(Cys21－Cys38)则连接该 ICK 模体和肽的 C 末端。迄今为止,ICK 模体已在多种短肽中被发现,其中包括植物蛋白酶抑制剂,动物肽类神经毒素和纤维素结合结构域[75,82,237]。该模体将由 3 对二硫键(Ⅰ－Ⅳ, Ⅱ－Ⅴ, Ⅲ－Ⅵ)交联形成的三股反平行的 β 片层作为其特征性结构。然而,由于不同的 loop 序列和长度,将产生高度多样化的结构和生物学活性[228]。另外两个蜘蛛毒素 robustoxin 和 versutoxin 虽然不具有 I－芋螺毒素中特征性的半胱氨酸骨架 11[235],却有着和 r11a 相同的二硫键连接方式(Ⅰ－Ⅳ, Ⅱ－Ⅵ, Ⅲ－Ⅶ, and Ⅴ－Ⅷ),它们也采用 ICK 模体并也由第四对二硫键连接肽的 C 末端[235,238]。然而,一种不同的蜘蛛毒素 J－atracotoxin,它具有和 I－芋螺毒素相同的半胱氨酸骨架,半胱氨酸残基间的 spacing 模式也和 r11a 相似,它的二硫键连接方式(Ⅰ－Ⅵ, Ⅱ－Ⅶ, Ⅲ－Ⅳ, and Ⅴ－Ⅷ)却和 r11a 不同。J－atracotoxin 中两个邻接的半胱氨酸形成的二硫桥(CysⅢ－CysⅣ)对它的杀虫活性非常重要[234]。J－atracotoxins 中两对相邻的两个半胱氨酸间的脯氨酸残基[234](而非 r11a 中的天冬酰胺[131,133])或其他保守的非半胱氨酸残基也许作为对具有相同半胱氨酸骨架的多肽的折叠决定因素,起着重要的作用。因此,不同的半胱氨酸模式可能产生同样的二硫键连接方式,而表观上保守的半胱氨酸骨架不一定具有同样的二硫键连接。目前,具有半胱氨酸骨架 15 的芋螺肽的二硫键配对方式还未确定。

对 r11a 和它的 D－型异构体的 NMR 研究表明,I－芋螺毒素也许和具有半胱氨酸骨架 6(C－C－CC－C－C)的 O－超家族芋螺毒素[82,115,200]和一些蜘蛛肽[228,239]一样采用 ICK 模体作为它们的基础结构框架。芋螺毒素和蜘蛛毒素也许均来源于一类具有“ICK 模体 ＋ 第 4 对二硫键”特征性的二硫键连接方式的肽。因此,尽管 V－芋螺毒素和 I－芋螺毒素在前体序列上没有相似性,它们可能也具有相同的“胱氨酸结模体 ＋ 1”结构,而这种结构可以反映一种长时间的进化多样性[131]。另外,对 vi15a 的结构确定将会非常有趣,因为它仅含 27 个残基,是迄今为止所发现的最短的含有 8 个半胱氨酸的芋螺毒素,由于分子中的 4 对二硫键,vi15a 的结构应该会相当紧凑。

表 3-7　比较不同的含 8 个半胱氨酸毒素中半胱氨酸骨架和二硫键连接方式

Origin	Toxin	Sequence	Length	Cys framework	Ref.
Cone snail	vi15a	DCTTCAGEECCGRCTCPWGDNCSCIEW*	27	C-C-CC-C-C-C-C	[193]
	del3a	DCOTRCOTTCANGWECCKGYOCVNKACSGCTH*	32	C-C-C-CC-C-C-C	[192]
	GlaTxX	SCDSγFSSγFCγRPγγSCSCSTHTCCHWARRDQCMKPQRCISAQKGN*	47	C-C-C-C-CC-C-C	[9]
	ca16a	CGGTGDSCNEOAGELCCRRLKCVNSRCCPTTDGC	34	C-C-CC-C-CC-C	[191]
	r11a	GOSFCKADEKOCEYHADCCNCCLSGICAOSTNWILPGCSTSSF*F*KI	46	C - C - C C-C C - C - C	[134]
Spider	ω-Aga-IVB	EDNCIAEDYGKCTWGGTKCCRGRPCRCSMIGTN CECTPRLIMEGLSFA	48	C - C - C C - C-C - C-C	[232]
	J-ACTX-Hv1c	AICTGADRPCAACCPCCPGTSCKAESNGVSYCRKDEP	37	C - C - C C-C C - C - C	[234]
	robustoxin	CAKKRNWCGKNEDCCCPMKCIYAWYNQQGSCQTTITGLFKKC	42	C - C - C C C - C - C - C	[235]
Scorpion	BmK M1	VRDAYIAKPHNCVYECARNEYCNDLCTKNGAKSGY CQWVGKYGNG CWCIELPDNVPIRVPGKCH	64	C - C - C - C - C - C-C - C	[236]

For post-translational modifications: O, 4-trans-hydroxyproline; *F*, D-phenylalanine; S, D-serine; γ, γ-carboxyglutamate; *, C-terminal amidation, *W*, 6-bromotryptophan, and *K*, 5-hydroxylysine.

加强芋螺毒液肽分子多样性的一个特征是高度的翻译后修饰[15]，如色氨酸的溴化和D型异构化，谷氨酸的γ-羧化，脯氨酸的羟化和C末端的酰胺化[19,20,240,241]。翻译后修饰可能已进化为对目标氨基酸的高度特异性。已存在的酶，其中一些或全部可能分布在一系列生物系统中，它们存在芋螺毒液管中并通过识别信号来修饰芋螺肽。

由谷氨酸残基(Glu)的γ-羧化成为γ-羧谷氨酸残基(Gla)首先是在凝血因子蛋白[242,243]N-端含Gla结构域中发现的。这种修饰作用被长期认为局限于高等脊椎动物，在芋螺肽系统中一系列基因产物中Gla的发现完全出乎人们意料[20]。在conantokin-G中的Gla残基对钙离子的结合提供了形成对其与NMDA受体相互作用重要的α-螺旋构象的结构骨架[95,138,244,245]。在Glacontryphan-M中的两个Gla残基赋予了它钙离子结合特性从而特异性拮抗L型钙离子通道[100]。另外，将Gla残基替换成Glu将造成生活学活性的丧失。用二维NMR波谱技术鉴定该肽在有和无钙离子的条件下的溶液结构发现对钙离子的结合将诱导产生与钙通道相互作用必需的微妙构象变化[246]。

到目前为止，从多种芋螺的毒液中发现了多种含Gla的芋螺毒素[131,168,227,247,248]。Gla残基可能产生能帮助芋螺肽折叠的分子内相互作用[44]。两条紧密相关的毒液肽GlaTxⅩ和GlaMrⅡ含5个γ-羧谷氨酸残基并均具有以特定方式排列(C-C-C-C-CC-C-C)的8个半胱氨酸模式(表3-6)。I_2-芋螺毒素κ-BtⅩ同样含8个半胱氨酸残基但具有与GlaMrⅡ和GlaTxⅩ不同的骨架模式[133]，κ-BtⅩ含3个Gla残基[89]。一系列数据显示γ-羧化作用的识别信号序列存在与这些作为底物的芋螺毒素前体的前导肽区或C末端的“postpeptide”中[9,174]。γ-谷氨酰羧化酶可通过这些识别信号作用于特定的芋螺肽前体然后修饰成熟肽区中的特定氨基酸。对芋螺肽中谷氨酸的γ-羧化修饰作用的特定研究归纳在表3-8中。对这些含Gla的芋螺毒素前体的系统分析清楚揭示出一个共同的序列模式：2个碱性残基后紧接1至5个中性氨基酸，然后又1个碱性残基。这些氨基酸残基一般位于前体成熟肽区附近的前导肽后半部分或者“postpeptide”的前半部分，但在Tx9.1中这些氨基酸残基位于前导肽的前半部分。因为V-芋螺毒素Vt15.1和Lt15.1的前体肽的前导肽中也含有这个保守的模体，它们成熟肽中的谷氨酸残基可能也会经历翻译后的γ-羧化修饰作用。而vi15a和ca15a可能由于在其前导肽中这段假定的识别信号区的突变或成熟肽区中假定将被修饰的氨基酸的突变，在它们的成熟肽中没有发现这种翻译后修饰。

表 3-8 含羧谷氨酸残基的芋螺毒素前体比较

Conotoxin	Pro or post peptide	Position	Mature peptide	Ref.
	GKDRLTQMKRILKQRGNK	−20/−1		[249]
	AR	−20/−1		[100]
	NAVPRDDNPGRARRKRMKVL	−28/−1		[250]
Conantokin-G	STSGRREFRGRNAAAKASDLVSL	−28/−1	GEγγLQgNQγLIRγKSN*	[251]
Contryphan-M	TDKKR	−28/−1	NγSγCPWHPWC*	[160, 161]
Vc1.1	RTKTDDDVPLSSLRDNLKRTIRTRLNIR	−28/−1	GCCSDORCNYDHPγICG*	[160, 161]
ε-TxⅨ	QLKTKDDMPLASFHANVKRTLQILRDKR	−26/−1	γCCγDGXCCTAAO	[229]
GlaMrⅢ	QLKTKDDMPLASSHANVKRTLQILRNKR	−26/−1	FCCRTQγVCCγAIKN*	[252]
GlaMrⅣ	QNQEQRQQAKINFLSKRKPSAERWRR	−26/−1	CCITFγSCCγFDL	[253]
PnⅦA	MFQEKSRKAEINFSETRKLARNKQKR	−27/−1	DCTSWFGRCTVNSγCCSNSCDQTYCγLYAFOS	[253]
TxⅦA	LVERAGENHSKENINFLLKRKRAADR	−27/−1	CGGYSTYCγVDSγCCSDNCVRSYCTLF*	[253]
TxⅥ-1	LFQEKRPMKKIDFLSKGKTD	−27/−1	GMWGγCKDGLTTCLAOSγCCSγDCγGSCTMW	[253]
TxⅥ-2A	AEKQQKR	−20/−1	SCSDDWQYCγSOTDCCSWDCDVVCS*	[190]
TxⅥ-2B	LFQEKRTMKKIDFLSKGKAD	+1/+10	NCSDDWQYCγSOSDCCSWDCDVVCS*	[9]
TxⅥ-3	AEKQRKR	+1/+13	LCODYTγOCSHAHγCCSWNCYNGHCTG	[9]

续　表

Conotoxin	Pro or post peptide	Position	Mature peptide	Ref.
Tx9.1	VLQEKRPKEKIKLLSKRKTD	+1/+13	GCNNSCQγHSDCγSHCICTFRGCGAVN*	[89]
GlaTxⅩ	AEKQQKR	−26/−1	SCDSγFSSγFCγRPγγSCSCSTHTCCHWARRDQCMK PQRCISAQKGN*	[193]
GlaTxⅪ	DNRRNLQSKWKPV	−27/−1	CIPγGSSCSSSGSCCHKSCCRWTCNQPCLIP*	[125, 193]
κ-BtⅩ	SLYMSRR		CRAγGTYCγNDSQCCLNγCCWGGCGHOCRHP*	
Vt15.1	GRRRLIHMQK		ACHTCDDGTECCDSRCSCPWNTCTCIPW*	
Lt15.1	GKRAKLLEFFRQ		ECTTKHRRCEKDEECCPNLECKCLTSPDCQSGYKCKP	
	R			
	GKRSKLQEFFRQ			
	R			
	QAIQGDRDLIAKLFKRYQEHGLSVKR			
	SDGENPVKGRVKHYAAKRFSALFRGPR			

最为微妙的修饰可能是从标准的 L 型氨基酸差向异构化为其 D 型异构体。与 γ-羧化作用相似，这种翻译后差向异构化作用的发生也出乎意料的广泛分布。D 型氨基酸已在非常多样化的动物门（包括脊索动物、节肢动物和软体动物）的基因产物中被发现。在脊椎动物中，该翻译后修饰已在两栖动物和哺乳动物系统中被发现[141,146,149,254,256]。来自芋螺的 contryphan 是高度特异的含 D 型氨基酸的 8 肽，它们有着高度保守的序列模体故能可靠的预测出这种差向异构化作用的发生。对 3 个 I-超家族肽 r11a～r11c 中功能性重要的 D 型氨基酸残基的发现和该基因超家族的序列多样性提供了一种可以进一步探索该差向异构化作用必需的序列背景的骨架。被修饰残基侧链的化学性质和其邻近的具体序列都不是对该差向异构化作用关键性的决定因素，但对被修饰成 D 型氨基酸却有着倾向的位置，N 端第 2 个氨基酸或 C 端倒数第 3 个氨基酸。被翻译后修饰的一个 D 型氨基酸的功能上的重要性在 r11a 中被报道。r11a 含 46 个残基，在其 C 末端倒数第 3 位（第 44 位）上是一个 D 型 Phe[150]。天然的含 D 型氨基酸的肽和合成的含 D 型 Phe44 的肽能同等强度的引发轴突中重复的动作电位。然而，合成的含 L 型 Phe44 的肽虽具有与天然含 D 型 Phe44 的肽相同的二硫键连接方式和相似的溶液结构，前者在体外无活性，在体内的活性降低了 10～20 倍[150]。含 48 个残基的多肽 ω-agatoxin IVB 具有与 V-芋螺毒素相同的 8 个半胱氨酸排列方式，其靠近 C 末端的 D 型 Ser46 对抑制 P 型钙通道至关重要，而含 L 型 Ser46 的对映体的活性则下降约 90 倍[143,231,233]。因为这种翻译后差向异构化作用，用例如 Edman 测序或质谱等标准蛋白质组学方法难以检测，我们很期待检测哪些 V-芋螺毒素中含有 D 型氨基酸。

芋螺展示高度复杂的基于肽的神经药理学。其毒液中大部分的生物活性成分为富含半胱氨酸的小肽（芋螺毒素），它们可强效的作用于特定分子形式的电压门控或配体门控离子通道。I_1-芋螺毒素 r11a 和一些来自 funnel web 蜘蛛的毒素 robustoxin and versutoxin 具有相同的二硫键模式和结构，它们作用于钠离子通道。r11a 是 $Na_V1.6$ 钠离子通道的激动剂，将钙通道激活的电压依赖性向更为超极化电势的方向移动。与 δ-芋螺肽 PⅥA 和 SⅥE[257] 相似，r11a 对所测的钾通道 K_V1 家族一些成员没有效应[134]。对 r11a 靠近 C 末端单个氨基酸的差向异构化作用在功能上的重要性进行了观察。作为一种兴奋型毒素，含 D 型 Phe44 的天然 r11a 在体内外的活性比含 L 型 Phe44 的类似体要高得多[150]。含 D 型 Phe44 的天然 r11a 在最后 1 对二硫键（Cys21 -

Cy38)以外的C端区域结构高度无序。当与受体形成复合体时，r11a中的C端尾巴可能会转换成一种更为有序的构象。在此构象下的Phe44从L型到D型的转变可能对r11a的亲和力和(或)活性具有重要作用。因此，r11a中结构更为有序的ICK模体区域可能在天然r11a和r11a[L-Phe44]中具有同样的作用：介导该肽结合到靶受体上的合适位置，从而允许C端尾巴与相邻残基相互作用。

由于序列上的高度多样性，很难仅从这些含8个半胱氨酸的毒素序列中推测它们潜在的分子靶标。尽管vi15a和其他V-芋螺毒素的分子靶标需要使用合适的电生理学研究手段来确定，它们与其他含4对二硫键芋螺毒素和蜘蛛毒素的结构相似性，如ω-agatoxin IVB具有相似的“ICK模体核心 + 无结构尾”组合[143,231,235,238,258]并抑制P型钙通道，提示电压门控的钠、钾和钙通道将为V-芋螺毒素可能的分子靶标。中山大学的蒋秀华硕士发现，在大肠埃希菌中重组表达的V-芋螺毒素lt15a在小鼠上具有强烈镇痛活性，对淡水鱼背鳍下注射可引起短暂的瘫痪[259]。使用膜片钳技术中的全细胞记录模式在室温条件下对lt15a对大鼠背根神经节神经元离子电流所产生效应进行研究。重组rlt15a可降低钠离子内向电流的峰值和翻转电位，但不改变钠通道的电流—电压关系。因此，重组lt15a对钠电流的抑制为我们提供了对全新V-芋螺毒素功能鉴定的初始数据。然而，由于I-芋螺毒素r11a可促进通道的激活[134]，而另外的I-超家族芋螺毒素κ-BtX和ViTx则能以不同的特异性对钾通道有不同的效应[89,90]，即使vi15a和其他V-超家族芋螺毒素具有相同的半胱氨酸数和半胱氨酸骨架，它们可能具有完全不同的靶标和活性，对这些的阐明将引起后续研究者的浓厚兴趣。

3.3.4 处女芋螺毒液其他成分的分离纯化和性质鉴定

处女芋螺的毒液管经过1.1%乙酸抽提后，冻干后得到黄白色粗毒蛋白，用0.1% TFA + 10%乙腈溶解，离心后取上清，用Amersham Pharmacia Superdex™ Peptide HR 10/30分离。在分子筛的约1/3体积(8 ml)处开始出峰，主要得到8个峰(图3-16)：P1～P8。SDS-PAGE电泳结果表明，P1和P2为大蛋白，P7和P8中主要为无机小分子。本部分工作主要集中在P3～P6中芋螺毒素的分离纯化。P3～P6的反相HPLC纯化图分别见图3-17～图3-20，质谱鉴定各组分分子量及DTT还原后由分子量差异推测的半胱氨酸个数结果见表3-9。

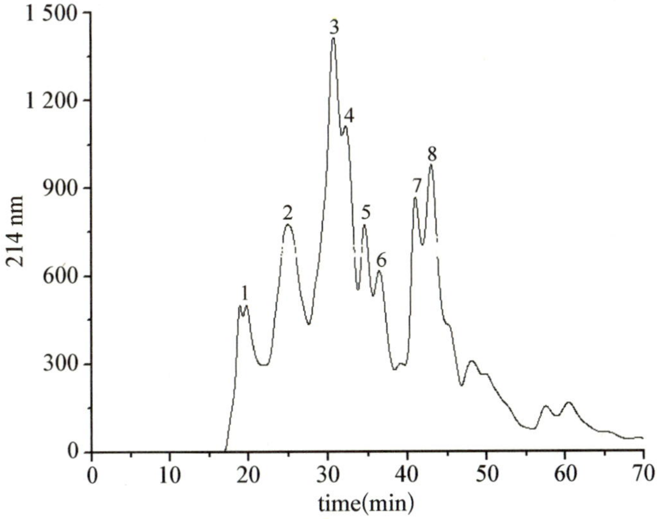

图 3-16　处女芋螺粗毒提取物的分子筛分离(Vi10)

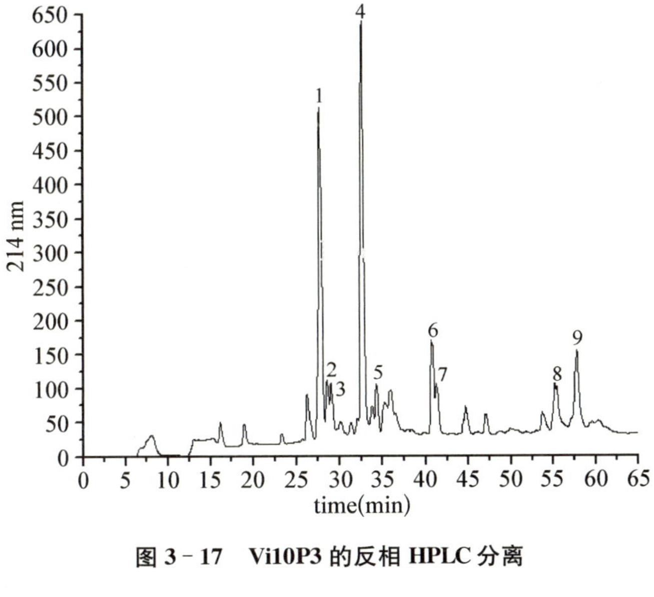

图 3-17　Vi10P3 的反相 HPLC 分离

处女芋螺的毒液管经过 1.1%乙酸抽提后，冻干后得到黄白色粗毒蛋白，用 0.1% TFA + 10%乙腈溶解，离心后的沉淀再用 0.1% TFA + 40%乙腈溶解，用 Amersham Pharmacia Superdex™ Peptide HR 10/30 分离，主要得到 6 个峰(图 3-21)：Vi40P1～Vi40P6。SDS-PAGE 电泳结果表明，Vi40P1～

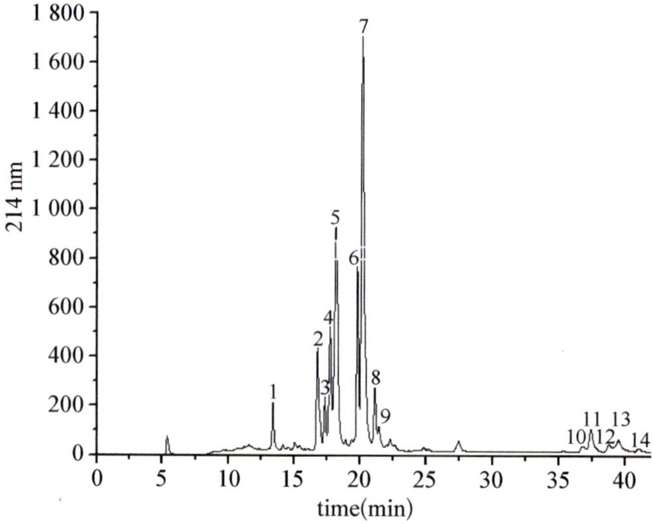

图 3-18　Vi10P4 的反相 HPLC 分离

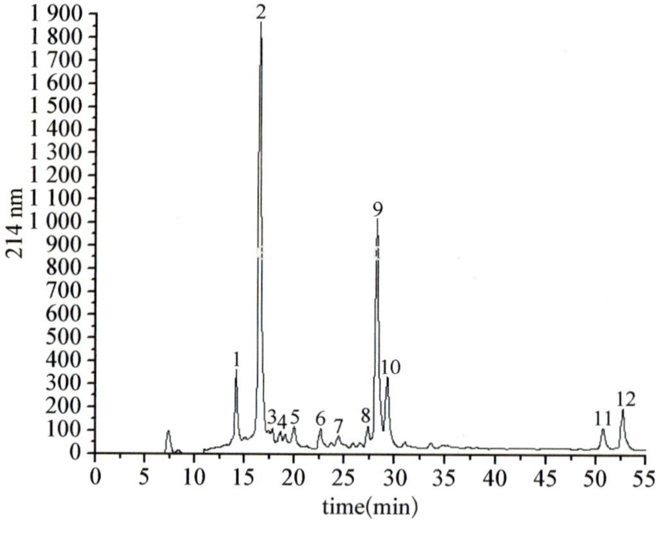

图 3-19　Vi10P5 的反相 HPLC 分离

Vi40P3 为大蛋白，Vi40P4～Vi40P6 则主要为芋螺毒素组分。本部分进一步对 Vi40P4～Vi40P6 进行了反相 HPLC 纯化(图 3-22～图 3-24)，质谱鉴定各组分分子量及 DTT 还原后由分子量差异推测的半胱氨酸个数结果见表 3-10。

表 3 - 9　质谱测定的洗脱峰 Vi10P3～Vi10P6 分子量及半胱氨酸个数

Sample	Molecular mass (Da)	Cys number
Vi10P3		
1	3 511.0,3 111.0	
2	3 100.0,4 134.0	
3	1 156.7,1 548.1	
4	3 116.0	6
5	3 100.0	
6	3 967.0,3 965.2	
7	3 951.2	
8	3 615.0,3 633.0,3 589.0	
9	3 728.0,3 917.0	
Vi10P4		
1	1 617.5	4
2	3 087.9	6
3	3 185.0 1 664.0 2 124.0	6 — —
4	3 110.0 3 098.0	6 6
5	3 095.0 3 133.0 3 548.0	6 — —
6	1 768.3	4
7	3 115.5	6
8	3 100.0	6
9	3 083.4	6
10	1 642.7	
11	3 574.0,3 614.0,3 617.0	
12		
13	3 727.0	
14	3 761.0	
Vi10P5		
1	1 617.6 1 210.7 1 655.5 2 736.5	4 — — —
2	1 617.6 1 655.7 2 156.7 2 229.4	4 — — —
3	1 773.6,1 811.9	
4	1 639.7,1 601.6,1 677.7	
5	1 755.9	4
6	3 088.1,3 127.3	
7	2 067.2	
8	1 668.2,1 705.6	
9	1 768.7	4
10	1 768.7 3 116.2	4 6
11	3 574.0 3 612.0	8 —
12	1 292.8 1 315.0 1 346.8	4 — —
Vi10P6		
1	1 617.6 1 211.7	4 —
2	1 617.6 1 210.8	4 —
3	1 617.7 2 514.1	4 —

续 表

Sample	Molecular mass (Da)	Cys number	Sample	Molecular mass (Da)	Cys number
4	1 601. 6,1 773. 6		10	3 116. 4	6
5	1 755. 6,1 601. 7,1 741. 0		11	2 591. 9	
6	742. 4		12	2 592. 7	
7	1 667. 7		13	1 328. 8	
8	1 768. 7	4	14	1 358. 8	
9	1 667. 7				

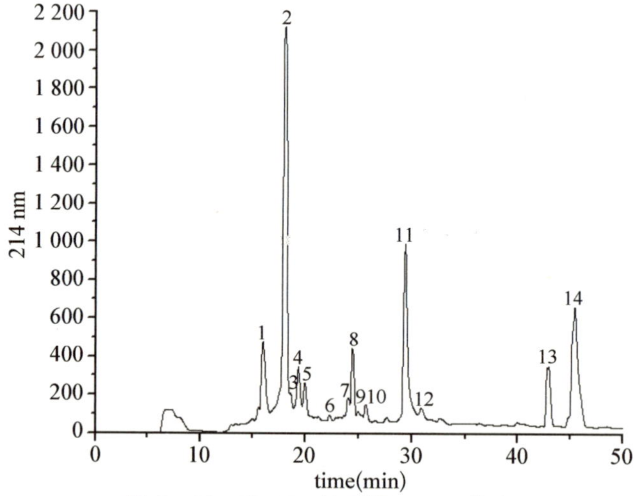

图 3 - 20 Vi10P6 的反相 HPLC 分离

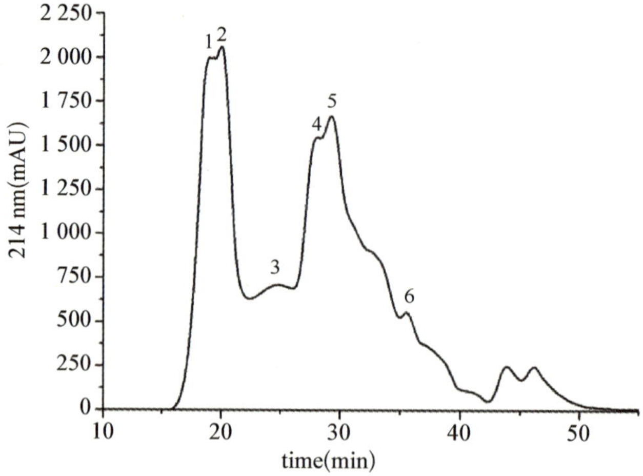

图 3 - 21 处女芋螺粗毒提取物的分子筛分离(Vi40)

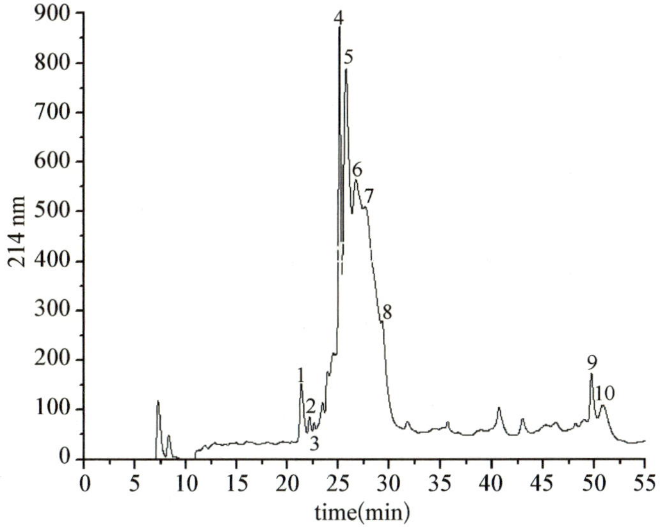

图 3－22　Vi40P4 的反相 HPLC 分离

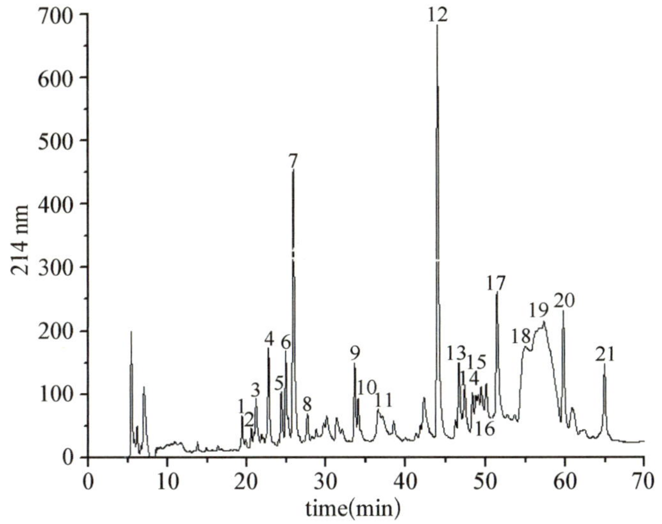

图 3－23　Vi40P5 的反相 HPLC 分离

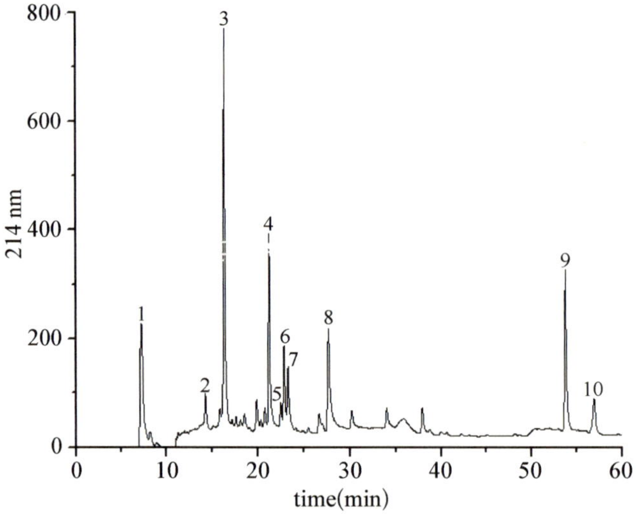

图 3-24 Vi40P6 的反相 HPLC 分离

表 3-10 质谱测定的洗脱峰 Vi40P4～Vi40P6 分子量及半胱氨酸个数

Sample	Molecular mass (Da)	Cys number	Sample	Molecular mass (Da)	Cys number
Vi40P4			3	3 111.0，3 108.8	
1	2 974.7，2 973.6，3 258.0		4	3 586.0，3 547.0，3 571.0	
2			5	1 768.3	4
3			6	1 768.3	4
4	3 727.0，3 917.0		7	3 115.8	6
5	668.2,1 397.8		8	3 137.7，3 153.6，3 099.3	
6	668.0，766.4，1 397.5，1 630.4，1 631.0		9	3 965.0	
			10	3 950.0，3 988.5	
7	766.4，1 397.6，1 630.3		11	3 949.3	
8	766.6，1 117.4		12	2 936.0	8
9			13	3 615.0	
10	3 761.0		14	3 572.0，3 614.0	
Vi40P5			15	1 358.5 1 412.4	4 4
1	3 109.8，3 125.5，3 087.1				
2	3 184.2		16		

续　表

Sample	Molecular mass (Da)	Cys number	Sample	Molecular mass (Da)	Cys number
17			3	1 617.4	
18	860.3，1 397.3，1 630.2		4	1 178.2	
19	512.5，511.1		5	885.1	
20	3 507.9，3 671.0，3 532.4		6	1 768.3	4
21			7	3 115.6	6
Vi40P6			8	1 005.2	
1			9	805.2	
2			10		

3.3.5　信号芋螺毒液成分的分离纯化和分子量鉴定

信号芋螺的毒液管经过 1.1% 乙酸和 0.1% TFA + 40%乙腈抽提后，冻干后得到黄白色粗毒蛋白，用 0.1% TFA + 40% 乙腈溶解，离心后取上清，用 Amersham Pharmacia Superdex™ Peptide HR 10/30 分离。在分子筛的约 1/3 体积(8 ml)处开始出峰，主要得到 8 个峰(图 3 - 25)：P1～P8。SDS - PAGE 电泳结果表明，P1 和 P2 为大蛋白，P6～P8 中主要为无机小分子。本部分工作主要集中在 P3 和 P4 中芋螺毒素的分离纯化。P3 + P4 的反相 HPLC 纯化图见图 3 - 26，质谱鉴定各组分分子量结果见表 3 - 11。

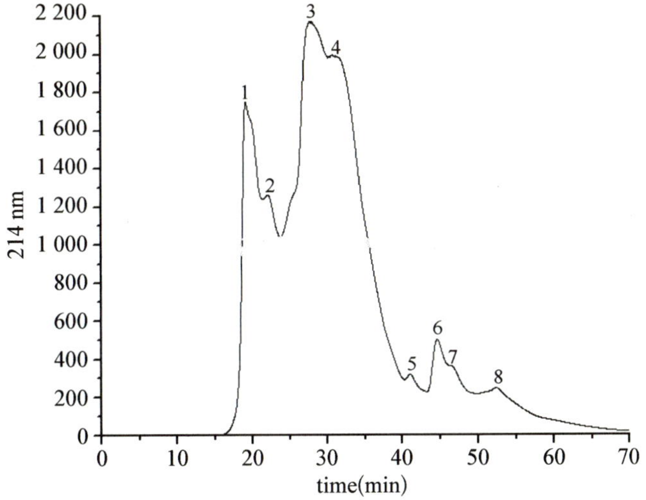

图 3 - 25　信号芋螺粗毒提取物的分子筛分离

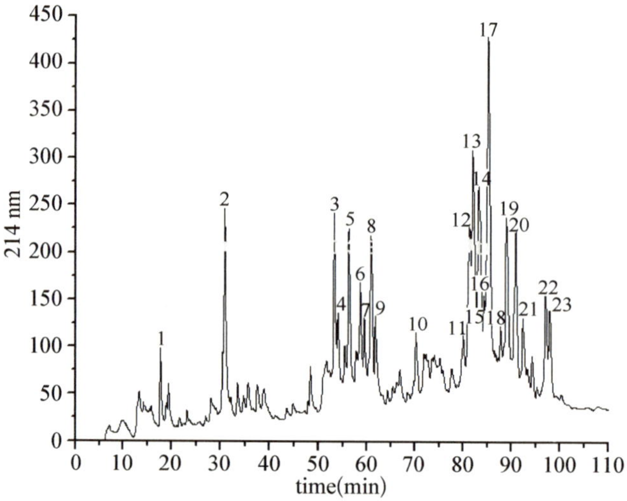

图 3-26 LT40P3 + LT40P4 的反相 HPLC 分离

表 3-11 质谱测定的 LT40P3 + LT40P4 洗脱峰分子量

Sample	Molecular mass (Da)	Sample	Molecular mass (Da)
1	1 902.6	13	8 029.0
2	1 902.3	14	8 095.0
3	1 612.6	15	8 052.0，8 093.0
4	1 429.8，1 431.2	16	8 077.0，8 128.0，9 245.0
5	542.9	17	8 249.0，8 034.0，8 037.0
6	523.1	18	—
7	3 010.0	19	8 287.0，8 305.0
8	12 900.0，12 909.0	20	8 273.0，8 110.0
9	3 141.0	21	8 067.0，8 071.0
10	6 896.0	22	8 270.0，8 686.0
11	8 146.0,8 134.0,8 180.0	23	—
12	8 060.0,8 087.0,8 132.0		

目前研究较多的芋螺毒素分子量大多不超过 4 kDa。芋螺毒液中 4 kDa 以上蛋白含量非常丰富，而对这个组分研究较少。近年来一些研究者从这些大分子量组分中分离出新型毒素。如从菖蒲芋螺中分离的乙酰胆碱受体阻断

剂VxⅫA是 11 kDa 的二聚体，其单体为含 47～50 个氨基酸残基的多肽[42]。另外从幻芋螺中纯化出具有磷脂酶活性的 conodipine[107]。因此，除了小分子毒素，芋螺中还含有丰富的大分子量蛋白亟待开发。本实验室的刘丽硕士通过蛋白测序发现，唐草芋螺中含有一系列富含半胱氨酸的多肽，包括研究较少的 S-超家族芋螺毒素和含有 4 对二硫键的 V-超家族成员[230]。通过 RACE 的方法得到了 S-超家族芋螺毒素 ca8a 和 ca8b 的 cDNA 序列，其信号肽和已发现的芋螺毒素基因超家族的信号肽完全不同。对分子量 8 kDa～9 kDa 的组分也进行了蛋白测序和基因克隆，发现一个含 87 个氨基酸残基的蛋白，含有 5 对二硫键。通过 RACE 克隆出其 cDNA 序列，发现其也具有全新的信号肽。

在本节研究中，我们从信号芋螺毒液中也发现了许多分子量在 8 kDa～9 kDa的组分，另外还发现了分子量为 6 896.0 Da、12 900.0 Da 和 12 909.0 Da 的组分。由于目前对信号芋螺中的毒素研究仅在 cDNA 文库水平，近来也对 T-超家族芋螺毒素和 O-超家族芋螺毒素成员进行了功能研究，我们对信号芋螺毒液成分的分离纯化和分子量鉴定，将为今后的结构和功能研究奠定一定基础。

3.3.6　花玛瑙芋螺毒液成分的分离纯化和分子量鉴定

花玛瑙芋螺的毒液管经过 1.1% 乙酸和 0.1% TFA + 40% 乙腈抽提后，冻干后得到黄白色粗毒蛋白，用 0.1% TFA + 40% 乙腈溶解，离心后取上清，用 Amersham Pharmacia Superdex™ Peptide HR 10/30 分离。在分子筛的约 1/3 体积(8 ml)处开始出峰，主要得到 8 个峰(图 3-27)：P1～P8。SDS-PAGE 电泳结果表明，P1 和 P2 为大蛋白，P6～P8 中主要为无机小分子。本部分工作主要集中在 P4 和 P5 中芋螺毒素的分离纯化。P4 + P5 的反相 HPLC 纯化图见图 3-28，质谱鉴定各组分分子量结果见表 3-12。

目前对花玛瑙芋螺的研究仅限于 A-芋螺毒素基因超家族中的 α-家族和 αA-家族成员，没有对其 O-超家族和 M-超家族成员的报道。我们对花玛瑙芋螺毒液成分的分离纯化和分子量鉴定，为今后的结构和功能研究奠定了一定基础。

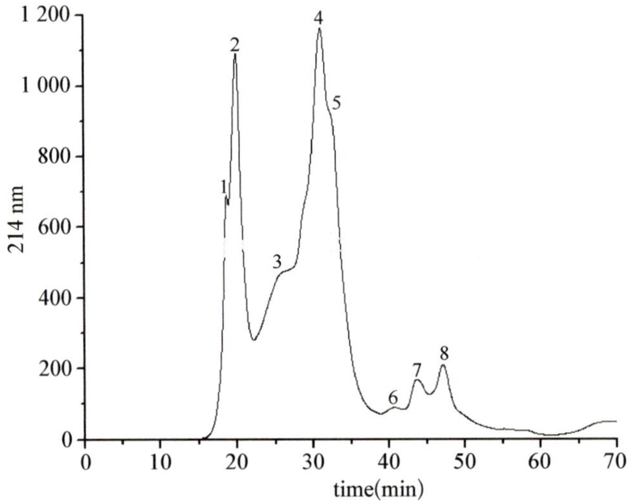

图 3-27　花玛瑙芋螺粗毒提取物的分子筛分离

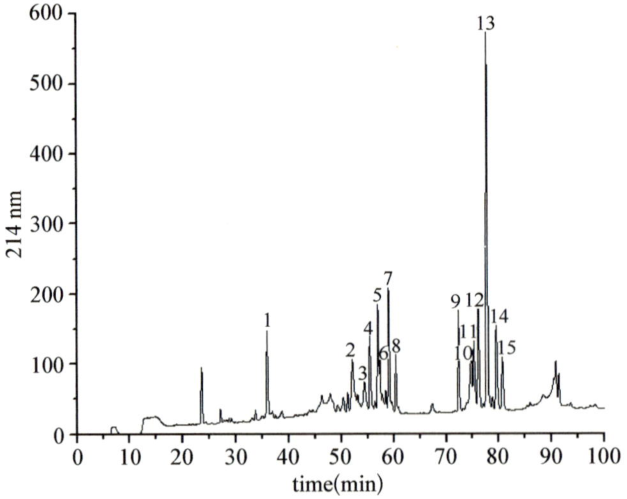

图 3-28　AC40P4 ＋ AC40P5 的反相 HPLC 分离

表 3-12　质谱测定的 AC40P4 + AC40P5 洗脱峰分子量

Sample	Molecular mass (Da)	Sample	Molecular mass (Da)
1	1 614.658，1 653.655	9	3 361.309
2	1 422.662	10	3 232.437
3	1 535.744，1 991.969	11	3 441.361，3 438.359
4	1 714.828，1 742.819	12	3 425.498
5	1 698.823，1 730.796	13	3 508.537
6	2 075.982，2 136.036，2 003.949	14	3 585.412，3 607.318，3 623.290
7	1 999.908，2 071.933	15	3 572.394，3 594.329，3 610.304
8	1 959.920，1 983.924，1 991.916		

第4章

中国南海新型芋螺毒素的溶液结构和功能研究

4.1 概　　述

有毒海洋软体动物芋螺利用独特的神经化学策略进行猎食、防御和威慑竞争者[4]。这一大类猎食性螺的主要猎物为鱼、其他软体动物和海洋性蠕虫。芋螺的毒液主要含不同的具生物活性和高度修饰的肽类混合物，这些肽都比较小，作用效果强并能选择性作用于不同的受体亚型[4]。这类肽大部分为富含半胱氨酸的神经毒素，被称为芋螺毒素，它们可以选择性地抑制或激活配体门控型或电压门控型离子通道。芋螺毒素的高度选择性使研究者们对其产生了浓厚兴趣，这些分子既可以被用作药理学工具药也可被用于设计新的治疗性药物[168,260]。

超过100条芋螺毒素的一级结构已经被确定并按照其前体中信号肽的氨基酸序列被分为不同的基因超家族[168]。一般而言，每个超家族的成员具有特征性的半胱氨酸残基排列方式。每个基因超家族含有一个或多个药理学家族，例如，A-超家族含有α-芋螺毒素，αA-芋螺毒素和κA-芋螺毒素；O-超家族含有ω-芋螺毒素，κ-芋螺毒素，δ-芋螺毒素，μO-芋螺毒素和γ-芋螺毒素；M-超家族含有μ-芋螺毒素，ψ-芋螺毒素和κM-芋螺毒素[4]。大多数芋螺毒素家族具有相应的离子通道家族靶标（例如ω-芋螺毒素作用于钙通道，α-芋螺毒素作用于烟碱受体），而不同的家族可能作用同一离子通道靶标上不同的配体结合位点。α-芋螺毒素家族中的各个肽成员各自选择性的作用于同一离子通道家族中不同的分子形式。在单一超家族中产生功能不同家族的这种多样化被推测为芋螺采用的生存策略之一，至少在一定程度上决定了它们在自然界的成功[168,261]。

烟碱型乙酰胆碱受体（nAChRs）介导了在神经肌接头和（或）神经元之间突触连接处以及突出外位置上的突触传递[262]。它们和甘氨酸受体以及GABA-

A 受体均属于配体门控离子通道超家族并在从线虫到哺乳类的所有动物门中被发现[25]。由于猎食性动物分泌的许多毒素作用于烟碱型乙酰胆碱受体，它们的重要功能于是在一系列防御机制和捕食策略中被反映出来[262]。不同的 nAChR 亚基可能以不同方式组合成受体。nAChRs 与学习、镇痛、烟碱成瘾和例如帕金森氏综合征和阿尔茨海默综合征等神经性疾病有关[25]。肌肉型 nAChRs 是含有 4 种不同亚基的五聚体，α，β，γ（或 ε），和 δ。神经元型 nAChRs 与肌肉型 nAChRs 同源并在药理学上可分为两种不同类型：一类可以高亲和力的与 α-金环蛇毒素（α-bungarotoxin）结合并仅含 α7 亚基，而另一类则以高亲和力和激动剂结合并由 α 亚基（α2～α6）和 β（β2～β4）亚基共同组成[263]。nAChRs 的组合多样性提供了发展选择性 nAChRs 激动剂和针对神经性疾病特异性诊疗调控剂的机会。然而，要发展选择性药物其前提是发现和在药理学上鉴定多种受体亚型并确定它们精确的亚基组成和生理功能。因为目前多数已有的配体较难区分这些受体中仅具微妙差异的分子形式，进一步开发更多用于 nAChRs 研究的亚型特异性的烟碱型激动剂和拮抗剂已是势在必行。

到目前为止，在已发现的芋螺肽中有一大部分可以改变多种 nAChRs 的功能。在芋螺毒液中出现了一些不同的烟碱型配体。以前已鉴定的芋螺毒素中的 nAChR 拮抗剂是 A-、C-、D-、J-、L-、M-和 S-芋螺毒素超家族成员[40,43]。它们是纯化、区分亚型和组织性标记 nAChRs 的有效工具。

α-芋螺毒素是一系列结构和功能相关的小肽，长度在 11 到 16 个氨基酸之间，是 nAChRs 的竞争性拮抗剂[25]。目前已将这类肽按成熟肽中第 2 个和第 3 个半胱氨酸之间的残基数和第 3 个和第 4 个半胱氨酸间的间隔分为 4 组[263]，它们对不同的 nAChRs 具有不同程度的拮抗效应。除开来自食鱼性芋螺物种 *C. ermineus*的 α4/7-EⅠ[263,264]，来自食虫性芋螺物种 *C. spurius* 的 α4/7-SrⅠA 和 α4/7-SrⅠB[265]外，α4/7 亚家族、α4/3 和 α4/4 亚家族均作用于神经元型 nAChRs。α4/7 亚家族的该特性与多数阻断神经肌接头处的 α1β1γδ 亚型的 α3/5 亚家族[263]不同。曾有研究者指出，特异性作用于 nAChR 的神经元亚型的 α-芋螺毒素为电中性或带负电荷，而作用于肌肉型受体的 α-芋螺毒素则带净正电荷[186]。更为出人意料的发现是 α4/7-SrⅠA 和 α4/7-SrⅠB 甚至具有对 nAChR 具有激动活性[265]，这与所有以前研究的 α4/7-芋螺毒素均不同。除开可被用作结构研究的探针外，α-芋螺毒素也具有诊疗潜力。例如，α4/7-芋螺毒素 Vc1.1 是第一个被开发为治疗神经性疼痛的 α-芋螺毒素，它可以促进受损伤神经元的恢复[168,179]。

在本章研究中，我们对 7 条中国南海新型芋螺毒素进行了固相化学全合成，体外氧化折叠和功能研究包括活体动物毒性实验和电生理实验。这 7 条新型芋螺毒素的相关信息见表 4-1，其中有 6 条为 α-芋螺毒素，它们的毒素多肽序列由编码其前体肽的 cDNA 推得。另一条 pu14a 为 framework 14 芋螺毒素，但其前体肽 N 端的信号肽序列与 α-芋螺毒素及整个 A-超家族成员的信号肽序列完全相同，根据第 2 章中对它的相似分析，pu14a 也被归入 A-芋螺毒素基因超家族并推测它的分子靶标和可能和 α-芋螺毒素一样，为 nAChRs 的拮抗剂。我们对 pu14a 进行了溶液结构的解析，这部分实验工作由中国人民大学化学系黄飞娟硕士完成。故本章研究的这 7 条中国南海新型芋螺毒素均为 A-超家族成员。对它们详细的功能分析为今后进一步的构效关系研究奠定了基础并能有效辅助基于结构的高效、高选择性药物分子设计研究。

表 4-1　本章研究的 7 条中国南海新型芋螺毒素

Peptide	Sequence	Disulfide connectivity
α-conotoxin		
α4/4-Qc1.2	ZCCANPPCKHVNCR	1-3, 2-4
α4/6-ViIA-a	DCCSNPOCAHNNODC	1-4, 2-3
α4/6-ViIA-b	DCCSNPOCAHNNODC	1-3, 2-4
α4/7-Lp1.1	GCCARAACAGIHQELC*	1-3, 2-4
α4/7-Lp1.4	GCCSHPACSGNHQELCD*	1-3, 2-4
α4/7-Mr1.1	GCCSHPACSVNNPDIC*	1-3, 2-4
framework 14 conotoxin		
pu14a	DCPPHPVPGMHKCVCLKTC	1-3, 2-4

Z, pyroglutamic acid; O, 4-trans-hydroxyproline; *, amidated C-terminus.

4.2 材料和方法

4.2.1 线形肽的固相化学全合成和体外氧化折叠

α4/4-Qc1.2、α4/7-Lp1.1、α4/7-Lp1.4、α4/7-Mr1.1 和 framework 14 芋螺毒素 pu14a 的线性肽固相化学全合成由吉尔生化(上海)有限公司完成。对

于 α4/4 - Qc1. 2、α4/7 - Mr1. 1、α4/7 - Lp1. 1 和 α4/7 - Lp1. 4，按照二硫键1 - 3，2 - 4 的连接方式，用多肽合成仪合成第 1、3 位 Cys - Acm 保护，2、4 位Cys - SH 游离的线性肽。对于 α4/7 - Lp1. 4，还合成了不加保护基的 4 个 Cys - SH 游离的线性肽。对于 framework 14 芋螺毒素 pu14a，合成了不加保护基的 4 个 Cys - SH 游离的线性肽。

合成好的 α4/4 - Qc1. 2、α4/7 - Lp1. 1、α4/7 - Lp1. 4（加保护基）和 α4/7 - Mr1. 1 线性肽经初步纯化后冻干备用，经过第一步空气氧化先将第 1 对游离的 Cys - SH 氧化生成二硫键，脱盐后冻干，然后进行第二步碘氧化脱掉另一对 Cys 的 Acm 保护，同时形成第 2 对二硫键，加入饱和抗坏血酸将过量的碘还原从而终止氧化反应[266]。氧化好的含 2 对二硫键的多肽再次经 HPLC 脱盐纯化后冻干，得到纯品。α4/4 - Qc1. 2，α4/7 - Mr1. 1，α4/7 - Lp1. 1 和 α4/7 - Lp1. 4 线性肽的体外氧化折叠由华东理工大学陈伟华硕士完成。

除了上述对 α -芋螺毒素加保护基的两步氧化法，对 α4/7 - Lp1. 4 还尝试了更为简便的不加保护基的一步氧化法。按照文献[267]推荐配制氧化体系：50 mM Tris - HCl (pH 8. 0)，0. 5 mM 氧化型谷胱甘肽，1 mM 还原型谷胱甘肽，线性肽浓度 20—200 μM。室温下磁力搅拌空气氧化 2 小时后用 50%TFA 酸化终止氧化。经过脱盐、纯化和冻干后得到氧化好的含 2 对二硫键的多肽，4℃保存以用于生理活性研究。

α4/6 - ViⅠA - a 和 α4/6 - ViⅠA - b 线性肽的固相化学全合成由本实验室汪燕芳老师完成，它们的体外氧化折叠由本实验室王志强博士完成，具体方法见本书第 3 章中相应内容。

Framework 14 芋螺毒素 pu14a 的体外氧化折叠采用空气氧化法，氧化体系为：50 mM NH_4HCO_3(pH 7. 85)，线性肽浓度 20～200 μM。4℃磁力搅拌 72 小时后用 50%TFA 酸化终止氧化。经过脱盐、纯化和冻干后得到氧化好的含两对二硫键的多肽，4℃保存以用于生理活性研究。

4. 2. 2　活体动物毒性实验

使用 29 - gauge 胰岛素注射器进行淡水金鱼(*Gambusia affinis*)脊背肌肉注射。将冻干后的已经氧化好的 Lp1. 1 溶于 20 μl 的 PBS 缓冲液中，配成不同浓度。被注射的金鱼放置在水缸中进行观察。被注射金鱼的瘫痪态由其不能在大容器中微弱涡旋水流中正常游动所推断。对照组金鱼注射 20 μl 的 PBS 缓冲液。

4.2.3 电生理

小鼠肌肉型和大鼠神经元型 nAChR 表达克隆被用于制备用作非洲爪蟾卵母细胞显微注射的加帽 RNA(cRNA)。按照生产商的操作说明,使用 T7 或 SP6 启动子的 mMESSAGE mMACHINE (ABI, Foster City, USA) 体外 RNA 转录试剂盒制备 cRNA 并用氯化锂沉淀回收。卵母细胞从非洲爪蟾(*Xenopus laevies*)中获得,并在 2 mg/ml 胶原酶 I 溶液中室温解离 30 min 后在 1 mg/ml 胶原酶 I 溶液中室温解离。在获得爪蟾卵母细胞后的 1～2 天将 50 nL cRNA 注射进已经除去滤泡膜的卵母细胞[268]。对于骨骼肌型 nAChRs 的表达,每个卵母细胞注射的每种亚基为 1 ng,对于神经元型 nAChRs 的表达,每个卵母细胞注射的每种亚基一般为 5 ng。卵母细胞置于 ND96 溶液(96.0 mM NaCl, 2.0 mM KCl, 1.8 mM $CaCl_2$, 1.0 mM $MgCl_2$, 5 mM HEPES, pH 7.5)中于 15℃孵育。ND96 溶液中添加 1 mM 葡萄糖六磷酸,50 mg/L gentamycin 和 5 mM pyruvic acid 以增加卵母细胞的存活率[269,270](最长可存活至注射后的 7 天)。卵母细胞的电生理记录在注射后 1～6 天进行。

对爪蟾卵母细胞 nAChR 电流的双电极电压钳记录在 OC－725C 型放大器(Warner Instruments, Hamden, USA)上进行。卵母细胞置于配备有电压钳(OC－725)的体积为 300 μl 的记录槽 (Warner RC－3Z) 中,电极阻抗在 0.05 到 0.2 MΩ 间,电极内充有 3 M KCl 溶液。将卵母细胞的膜电位钳制在 －60 mV,使用 Warner BPS－8 控制仪控制,使 OR2 溶液以 5 ml/min 持续重力灌流记录槽[271]。在所有记录中的 OR2 溶液中添加 1 μM 阿托品用以阻断内源性蕈毒性乙酰胆碱受体,但 α7 nAChR 除外,因为阿托品也可以抑制 α7 nAChR[272]。作为激动剂的乙酰胆碱溶液以 2 min 的间隔重力灌流卵母细胞,每次维持 5 秒,以获得基线电流数据。对于肌肉型受体,乙酰胆碱的剂量为 10 μM,而对于神经元型受体,乙酰胆碱的剂量为 100 μM。所有的数据记录均在室温条件下完成。为检测合成肽对某一特定受体亚型的作用效果,将已知浓度的芋螺毒素加入到置有卵母细胞的静态浴槽中孵育 10 min,使其与受体达到平衡。重新重力灌流乙酰胆碱,分别计算毒素孵育前后的峰电流值以确定芋螺毒素抑制能力的大小,并记录卵母细胞从毒素处理中恢复的电流数据。数据分别在 500 Hz 和 200 Hz 取样和筛滤。所有数据(每种受体亚型重复 3～5 次)被汇总后以算术平均值±标准差来表示。

4.3　结果和讨论

4.3.1　α4/4-芋螺毒素 Qc1.2 的功能研究

4.3.1.1　Qc1.2 的化学合成

本实验室在以前的研究中利用α-芋螺毒素基因结构中的高度保守特征，如信号肽序列，位于毒素序列之前的内含子和3′非翻译区来设计对α-芋螺毒素编码基因 PCR 扩增的寡核苷酸引物对[127]。对来自芋螺物种 *C. quercinus*(图 4-1)的 cDNA 克隆推导的核苷酸序列进行分析发现了一条全新α4/4-芋螺毒素 Qc1.2(根据芋螺肽的传统命名法[263]命名)。与其他已知α-芋螺毒素一样，Qc1.2 从它含 62 个氨基酸的前体被蛋白酶切割，形成位于前体肽 C 末端的含 14 个氨基酸的成熟肽(图 4-2)。

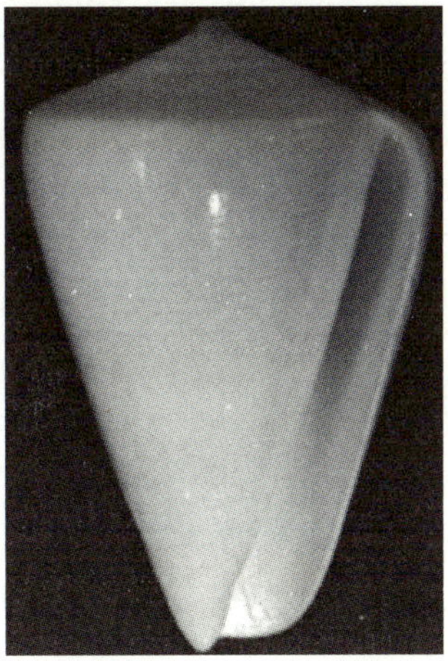

图 4-1　斛芋螺

Qc1.2 是从食虫性芋螺物种中发现的第一个α4/4-芋螺毒素，为进一步研究它的功能特性，对 Qc1.2 进行了固相化学合成。我们推测这条 14 肽 N 端的谷氨酸残基将被翻译后修饰为焦谷氨酸，因为目前为止在芋螺肽末端所有的谷氨酸均被蛋白水解为焦谷氨酸，例如α4/4-PIB[273]、μ-SmⅢA、SⅢA 和 PⅢA[53]。我们推测 Qc1.2 中的二硫键连接方式(Cys2-Cys8，Cys3-Cys13)和所有以前鉴定的天然α-芋螺毒素一样。我们对不同对半胱氨酸进行分步保护以指导该球形构型中的二硫键形成。

氧化折叠后的毒素在 HPLC 上用半制备柱纯化，产生具有同样分子量的两

```
  1 atg ggc atg cgg atg atg ttc act gtg ttt ctg ttg gtt gcc ttg gca acc act gtc gct    60
  1 M   G   M   R   M   M   F   T   V   F   L   L   V   A   L   A   T   T   V   A      20

 61 tcc ttc act tta gat cgt gca tct aat ggc agg aat gct gca gcc gac gac aaa ccg tct   120
 21 S   F   T   L   D   R   A   S   N   G   R   N   A   A   A   D   D   K   P   S      40

121 gac tgg atc gct ctg gcc atc aag caa tgc tgc gcc aat cct ccc tgt aaa cat gta aat   180
 41 D   W   I   A   L   A   I   K   Q   C   C   A   N   P   P   C   K   H   V   N      60

181 tgt cgt tga aga cac tga tgc tcc agg acc ctc tga acc acg ac                        224
 61 C   R   *
```

图 4-2　Qc1.2 的 cDNA 序列和推测的翻译产物

个洗脱峰(图 4-3)。即使通过优化氧化条件也不能去除次峰。有趣的是,对主峰和次峰分别重新上样仍然各自得到同样比率的两个峰,提示它们分别代表不同的溶液构象并能互相转化。

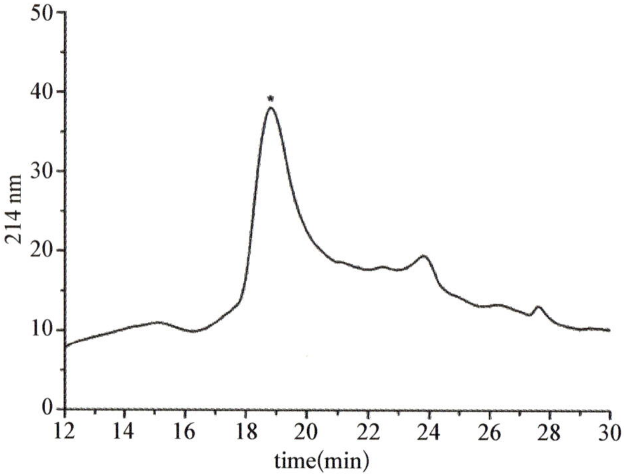

图 4-3　Qc 1.2 氧化折叠的 HPLC 分析

4.3.1.2　Qc 1.2 对卵母细胞表达的 nAChRs 亚型的作用效果

我们检测了 Qc 1.2 对爪蟾卵母细胞中表达的小鼠骨骼肌 nAChR 和多种大鼠神经元型 nAChR 亚基组合由 ACh 引发电流的作用效果(图 4-4)。出乎意料的是,带两个净正电荷的 Qc1.2 能微弱并可逆地抑制重组 α3β2 和 α3β4 亚型,因为以前的研究结果指出特异性作用于神经元型 nAChRs 亚型的 α-芋螺毒素呈电中性或带负电荷,而作用于肌肉型受体的 α-芋螺毒素则带净正电荷[186]。10 μM Qc1.2 可阻断大约 63%的 α3β2 nAChR 中由 ACh 引发的内向电流。但与 α4/7-芋螺毒素 Lp1.1[266]相比,Qc1.2 与受体解离的速率相对较慢。10 μM Qc1.2 可阻断大约 37%的 α3β4 nAChR 中由 ACh 引发的内向电流并具有与 α3β2 nAChR 相似的解离速率(图 4-5)。1 μM Qc1.2 对小鼠胚胎型骨骼肌(α1β1γδ),大鼠神经元型 α7 和 α6α3β2 nAChR 亚型几乎没有作用。10 μM 该配体对其他测试的神经元型受体亚型也没有抑制(图 4-4)。该浓度反应分析提示 α3 nAChR 亚基对 Qc1.2 的作用效果具有重要影响。

4.3.1.3　讨论

目前对新型芋螺毒素序列的发现很大程度上依赖于基于 PCR 的研究策略,

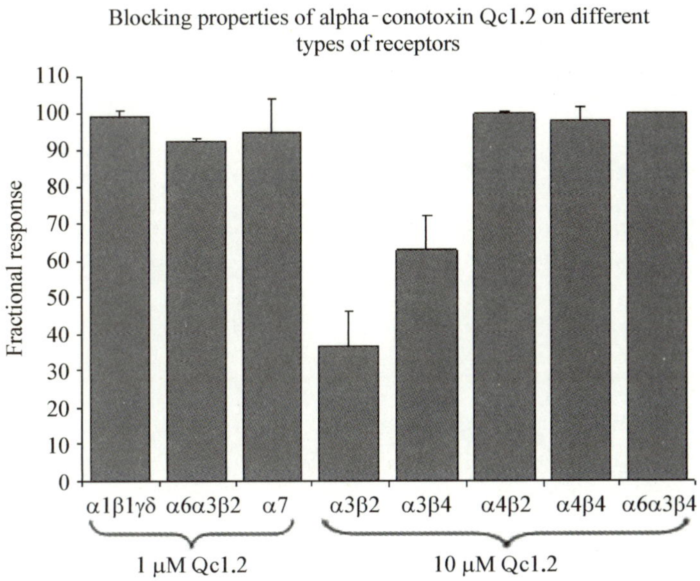

图 4－4　α4/4－芋螺毒素 Qc1.2 对小鼠和大鼠不同 nAChR 亚型的阻断特性

包括对毒液管 cDNA 和其他芋螺组织基因组 DNA 的扩增。与传统的对毒液成分的分级分离和基于功能的检测手段相比，分子生物学方法的优势不仅在于可节约所需的组织材料，还可以检测到低水平表达的芋螺肽[25]。本节研究我们对通过分子克隆得到的第 1 个来自食虫性芋螺物种的 α4/4－芋螺毒素 Qc1.2 进行了化学合成和功能研究。

尽管具有 2 对二硫键的 α－芋螺毒素被认为具有刚性的结构，折叠后的毒素 Qc1.2 在溶液中以 2 种可以互相转变的构象存在，其成因可能是 Qc1.2 第 1 个 loop 中连续的两个脯氨酸残基的顺反异构。以前的研究结果表明，一些 α3/5－芋螺毒素氧化后在 HPLC 上也表现为不对称的洗脱峰，并在水相条件下具有 2 种构象[128,274,276]，这两种构象在它们的第 2 个半胱氨酸 loop 和肽的末端区域存在不同[276]。尽管脯氨酸顺反异构速率和平衡很大程度上依赖于与周围残基的相互作用和多肽的整体构象[277,281]，我们可依据以前对 4－trans-hydroxyproline (Hyp) 残基顺反异构对结构影响的研究[86,282]，推测第 1 个洗脱峰可能具有反式构型。然而，由于缺乏对脯氨酸和(或)NOE 强度的 $C\gamma$ 和 $C\beta$ 转变等详细信息，很难确定哪种构象的毒素具有更高的 nAChRs 抑制活性。因此，我们仅对合成的 Qc1.2 的主要洗脱峰进行了下游的功能实验。

赋予芋螺毒素多样性的特征之一是它们的多种翻译后修饰[263]。合成的

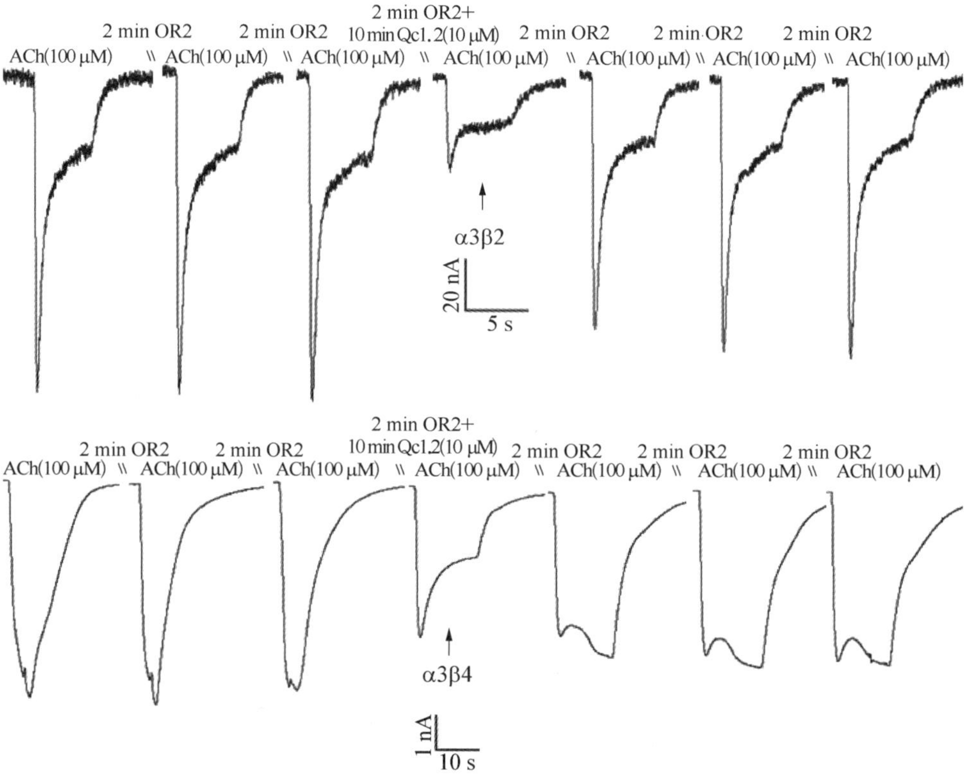

图 4-5　10 μM Qc1.2 对大鼠 α3β2 和 α3β4 nAChR 的抑制

Qc1.2 中的二硫键连接在交替的半胱氨酸残基间(1-3,2-4),因为所有天然 α-芋螺毒素都具有该"球形"分子形式。然而,α4/6-芋螺毒素 AuⅠB 的非天然"带型"二硫键异构体却比其天然异构体具有更高的生物学活性[188]。因此,我们也建议对具有 1-4,2-3 二硫键连接的 α4/4-Qc1.2 的选择性和特异性进行鉴定,从而研究改变天然的二硫键配对对毒素的影响。

和大多数 α-芋螺毒素在其一级结构中第 1 个半胱氨酸之前为甘氨酸不一样,我们推测 Qc1.2 的第 1 个残基将被翻译后修饰为焦谷氨酸。尽管有证据显示 μ-芋螺毒素 SⅢA N 端的焦谷氨酸能帮助毒素的体外折叠,该修饰对毒素活性的重要性仍有待研究。

对前体肽的蛋白酶切割产生成熟肽也包括如在 I_2-芋螺毒素 κ-BtX[89] 中 C 端"尾"的羧肽酶切割。蝎毒中 C 末端的碱性氨基酸常被外肽酶切去。因为 α4/3-芋螺毒素 RgⅠA 成熟肽保留了 C 末端 Arg 残基,故推测 α-Qc1.2 的成熟肽同样保留其 C 末端的碱性 Arg。然而,比较我们在本书第 3 章中从中国南海处女芋螺中分离得到的新型 α4/6 -芋螺毒素 ViⅠA 的 cDNA 和蛋白序列发现，其 C 末端的 Arg 残基被切去，这使得对成熟肽 C 末端蛋白酶切割修饰的预测变得困难。尽管 C 末端的酰胺化是大多数 α -芋螺毒素的特征性翻译后修饰，Qc1.2 的 C 末端和 GⅠD、ImⅡ、RgⅠA 以及 SⅡ(表 4－2)一样具有自由的羧基。

在大多数 α -芋螺毒素的第一个 loop 中具有高度保守的 Pro 残基，该残基在进化上被选择为未羟基化形式，然而，近来发现了一些在该位置为 Hyp 的作用于神经元型受体的 α -芋螺毒素[263,286]。一些含有 Hyp 的芋螺毒素也具有其天然的含有不羟化脯氨酸的变体，如从芋螺物种 *C. regius* 中分离的两个相同肽 RgⅠB 和 RgⅠC，其分别含有 Hyp 和 Pro[286]。我们对 α－ViⅠA 的研究提示 prolyl－4 -羟基化酶具有精细的调控机制，可在 2 个相邻 Pro 残基中选择性修饰靶氨基酸，且 Hyp 和 Pro 残基可以共存于同一毒素分子中。尽管不具有充分的确定性，Qc1.2 中的 Pro7 可能由于同源位置效应也被羟基化修饰。因为 α -芋螺毒素 GⅠ和 ImⅠ中保守的 Pro 残基的羟基化反而影响其对靶受体的抑制活性[300]，在我们的合成肽 Qc1.2 中 Hyp 的缺少(如果有的话)可能不会影响它的抑制活性。

其他翻译后修饰如赖氨酸羟基化，缬氨酸的羟基化和 L→D 差向立体异构化已在其他家族的芋螺毒素中被报道[133,137,192]。因为这些修饰还未在 α -芋螺毒素中被发现，Qc1.2 的成熟肽不太可能具有这些类型的翻译后修饰。然而，对于芋螺肽生物合成过程中翻译后修饰的插入的机制需要被进一步阐明，并提出对这些翻译后修饰合适的预测标准。

目前仅有 4 条具有特殊 4/4 二硫键骨架的 α -芋螺毒素被发现(表 4－2)。除 Qc1.2 之外，其他 3 个成员均来自食鱼性芋螺物种，其中 2 个已被鉴定[29,273]。α4/4－Qc1.2 的功能研究显示它和 α4/4－BuⅠA 一样，是神经元型 α3β2 和 α3β4 nAChRs 的抑制剂。由于两者在受体识别模式上的相似性，Qc1.2 也可能具有 BuⅠA 高分辨率三维结构中的“pseudo ω－shaped”分子拓扑学和“two-turn helix motif”[301]，其中第 2 个螺旋转角部分可能对其与 nAChR α3 亚基的结合非常关键。然而，与 BuⅠA 的强拮抗活性不同，Qc1.2 对 α3β2 和 α3β4 亚型仅具有微弱的抑制活性。该毒素分子可能在斛芋螺(*C. quercinus*)毒管中具有低表达水平，从而不能被充分合成并不能通过单独结合来达到对受体功能的高效阻断。与此相反的是，Qc1.2 可能通过与其他功能相关的芋螺肽协同作用来阻断神经传递，从而进行猎食、防御天敌和威慑竞争者。

尽管爪蟾卵母细胞表达系统是研究 nAChRs 的理想工具，在卵母细胞中表

表 4-2　食鱼性、食其它软体动物性和食虫性芋螺物种中已鉴定的 α-芋螺毒素的分子靶标

Peptide	Sequence	Species	Prey	Selectivity	Ref.
3/5 subfamily of α-conotoxins					
Cn Ⅰ A	GRCCHPACGKYYSC*	*C. consors*	p	α1β1γδ»α7	[274]
G Ⅰ	ECCNPACGRHYSC*	*C. geographus*	p	α1β1εδ	[175]
G Ⅰ A	ECCNPACGRHYSCGK*	*C. geographus*	p	α1β1γδ	[175]
G Ⅱ	ECCNPACGKHFSC*	*C. geographus*	p	α1β1γδ	[175]
M Ⅰ	GRCCHPACGKNYSC*	*C. magus*	p	α1β1γδ	[283]
S Ⅰ	ICCNPACGPKYSC*	*C. striatus*	p	α1β1γδ	[284]
4/3 subfamily of α-conotoxins					
Im Ⅰ	GCCSDPRCAWRC*	*C. imperialis*	v	α7	[285]
Im Ⅱ A	YCCHRGPCMVWC*	*C. imperialis*	v	N/A	Genbank Q9U619
Im Ⅱ	ACCSDRRCRWRC	*C. imperialis*	v	α7	[28]
Reg1b	GCCSDORCKHQC*	*C. regius*	v	N/A	[286]
Reg1c	GCCSDPRCKHQC*	*C. regius*	v	N/A	[286]
Rg Ⅰ A	GCCSDPRCRYRCR	*C. regius*	v	α9α10	[287]
4/4 subfamily of α-conotoxins					
Bu Ⅰ A	GCCSTPPCAVLYC*	*C. bullatus*	p	α6/α3 β4/β2	[29]

续　表

Peptide	Sequence	Species	Prey	Selectivity	Ref.
PⅠB	ZSOGCCWNPACVKNRC*	*C. purpurascens*	p	α1β1δ (γ/ε)	[273]
S1.1	GCCRNPACESHRC*	*C. striatus*	p	N/A	[126]
Qc1.2	ZCCANPPCKHVNCR	*C. quercinus*	v	α3β2，α3β4	This work
4/5 subfamily of α-conotoxins					
Ca1.1	QNCCSIPSCWEKYKCS	*C. caracteristicus*	v	N/A	[126]
4/6 subfamily of α-conotoxins					
AuⅠB	GCCSYPPCFATNPDC*	*C. aulicus*	m	α3β4	[288]
4/7 subfamily of α-conotoxins					
AnⅠA	CCSHPACAANNQDYC*	*C. anemone*	v	α3β2，α7	
AnⅠB	GGCCSHPACAANNQDYC*	*C. anemone*	v	α3β2，α7	[289]
AnⅠC	GGCCSHPACFASNPDYC*	*C. anemone*	v	α3β2，α7	
AuⅠA	GCCSYPPCFATNSDYC*	*C. aulicus*	m	α3β4	[288]
AuⅠC	GCCSYPPCFATNSGYC*	*C. aulicus*	m	α3β4	
EⅠ	RDOCCYHPTCNMSNPQIC*	*C. ermineus*	p	α1β1γδ，α3β4，α4β2	[27]
EpⅠ	GCCSDPRCNMNNPDYC*	*C. episcopatus*	m	α3β2/α3β4，α7	[290]
GⅠC	GCCSHPACAGNNQHIC*	*C. geographus*	P	hα3β2	[291]

续 表

Peptide	Sequence	Species	Prey	Selectivity	Ref.
GⅠD	IRDγ**CC**SNPA**C**RVNNOHV**C**	*C. geographus*	p	α3β2	[30]
MⅡ	G**CC**SNPV**C**HLEHSNL**C***	*C. magus*	p	α3β2, α6/α3β2β3	[283]
OmⅠA	G**CC**SHPA**C**NVNNPHI**C**G*	*C. omaria*	m	α3β2, α7	[292, 293]
PeⅠA	G**CC**SHPA**C**SVNHPEL**C***	*C. pergrandis*	unknown	α9α10	[294]
PⅠA	RDP**CC**SNPV**C**TVHNPQI**C***	*C. purpurascens*	p	α6/α3β2, α6/α3β2β3	[295]
PnⅠA	G**CC**SLPP**C**AANNPDY**C***	*C. pennaceus*	m	α3β2	[296, 297]
[A10L]PnⅠA	G**CC**SLPP**C**ALNNPDY**C***	*C. pennaceus*	m	α7	[297, 298]
PnⅠB	G**CC**SLPP**C**ALSNPDY**C***	*C. pennaceus*	m	α7, α3β4	[297, 299]
SrⅠA	RT**CC**SROT**C**RMγYPγL**C**G*	*C. spurius*	v	α4β2, α1β1γδ	
SrⅠB	RT**CC**SROT**C**RMEYPγL**C**G*	*C. spurius*	v	α4β2, α1β1γδ	[265]
[γ15E]SrⅠB	RT**CC**SROT**C**RMEYPEL**C**G*	*C. spurius*	v	α4β2, α1β1γδ	
Vc1.1	G**CC**SDPR**C**NYDHPEI**C***	*C. victoriae*	m	α3α7β4/α3α5β4	[179]

Conserved cysteine residues are highlighted in bold-face. For post-translational modifications: γ, γ - carboxyglutamate; Z, pyroglutamic acid; O, hydroxyproline; *, amidated C - terminus; Y, sulfotyrosine. N/A, not available.

达的 nAChRs 的功能特性和在哺乳动物细胞系中表达的受体有所不同[302]，两者的功能特性与天然受体都有所不同[303]。在天然组织中可能存在比异源表达系统中通常研究的简单组合对更为复杂的亚基组合和调控 nAChR 特性的元件[25]。因此，Qc1.2 可能对神经元来源细胞中的 nAChR 亚型具有不同的拮抗效应，例如小牛肾上腺嗜铬细胞，培养或急性分离的神经元，神经肌终板和交感以及副交感神经节中的神经元。

因为 Qc1.2 的功能检测发现它对大鼠 α3β2 和 α3β4 nAChRs 具有抑制活性，这些受体可能代表斛芋螺在猎食蠕虫和防御一系列无脊椎动物和脊椎动物天敌时的作用靶点。然而，因为一个毒素对于一类特定的猎食或防御靶标更为有效[25]，Qc1.2 的亲和力以及受体亚型选择性可能在不同物种间存在差别，例如软体动物，*Torpedo*，鸟类或人类的 nAChRs。

综上，我们对 α4/4 -芋螺毒素 Qc1.2 的物化性质进行了鉴定并对其做了初步的功能研究，Qc1.2 是哺乳动物神经元型 α3β2 和 α3β4 nAChR 亚型的选择性拮抗剂，但该毒素分子仅具有低抑制强度。该毒素分子具有独特的一级结构和翻译后修饰。由于它的第一个半胱氨酸 loop 中两个相邻 Pro 残基的顺反异构，在溶液中存在两种可以互相转化的构象。Qc1.2 是斛芋螺中第一个被研究的生物活性肽组分，这为今后从该栖息于中国南海特殊芋螺物种中寻找更多新型 nAChRs 配体提供了可能性。我们的研究为今后对 Qc1.2 的构效研究和作用机制的深入探索提供了基础。

4.3.2　α4/6 -芋螺毒素 ViⅠA - a 和 ViⅠA - b 的功能研究

我们在本书第 3 章中从中国南海处女芋螺中分离得到新型 α4/6 -芋螺毒素 ViⅠA，对比数据库中编码 ViⅠA 的部分 cDNA 序列和蛋白序列发现其 C 末端的 Arg 残基被切去(图 4-6)。我们对 ViⅠA 的研究提示 prolyl-4 -羟基化酶具有精细的调控机制，可在两个相邻 Pro 残基中选择性修饰靶氨基酸，且 Hyp 和 Pro 残基可以共存于同一毒素分子中。ViⅠA - a 和 ViⅠA - b 是存在于天然状态下的两种二硫键异构体，推测均具有抑制烟碱型乙酰胆碱受体的活性。因此我们测定了两

```
 1 tct tat ggc agg tat gcc tca ccc gtc gac aga gcg tct gcc ctg atc gct cag gcc atc   60
 1 S   Y   G   R   Y   A   S   P   V   D   R   A   S   A   L   I   A   Q   A   I    20

61 ctt cga gat tgc tgc tcc aat cct cct tgt gcc cat aat aat cca gac tgt cgt taa aga  120
21 L   R   D   C   C   S   N   P   P   C   A   H   N   N   P   D   C   R   *
```

vi1a: DCCSNPOCAHNNODC (O, 4-trans-hydroxyproline)

图 4-6　ViⅠA 的部分 cDNA 序列和推测的翻译产物

者对不同烟碱型乙酰胆碱受体亚型的选择性和抑制活性。遗憾的是，ViⅠA－a和ViⅠA－b对这几种受体亚型的选择性和抑制活性都不是很强(图4－7)。

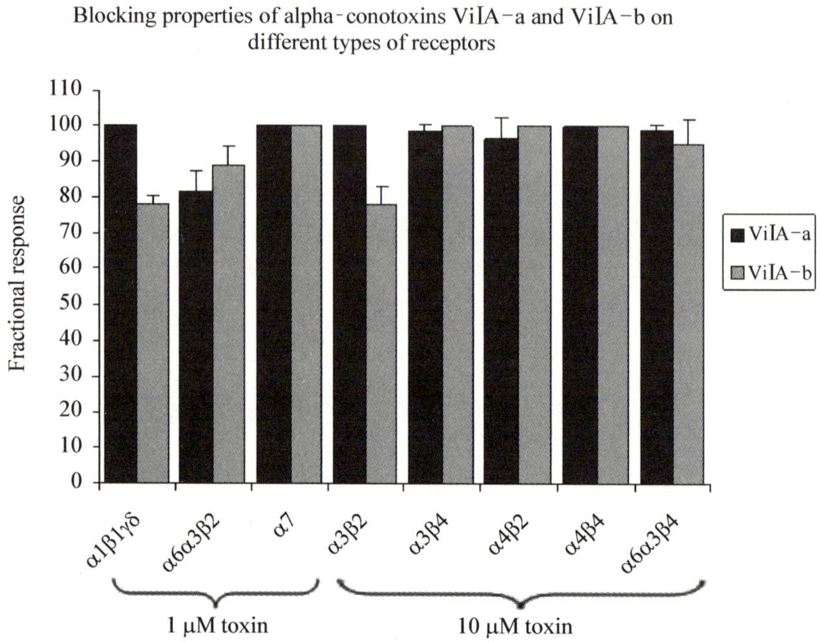

图4－7　α4/6－芋螺毒素ViⅠA－a和ViⅠA－b对小鼠和大鼠不同nAChR亚型的阻断特性

4.3.3　α4/7－芋螺毒素Lp1.1和Lp1.4的功能研究

4.3.3.1　Lp1.1新颖独特的一级结构

每个芋螺毒素超家族信号肽和非翻译区的保守性常被用于在不知道成熟肽序列时从毒管cDNA中克隆新型芋螺毒素。近年的一些研究显示通过基因组DNA克隆较之cDNA克隆为获取毒素更好的方法，因为芋螺不可能同时表达转录组中的所有芋螺毒素[127]。本实验室在以前的研究中使用了2种克隆策略从食虫性豹芋螺(*C. leopardus*，图4－8)中发现了两条高度同源的α－芋螺毒素并以经典芋螺肽命名法命名为Lp1.1和Lp1.4[6,7,127]。两者前体的cDNA序列和理论翻译产物见图4－9。

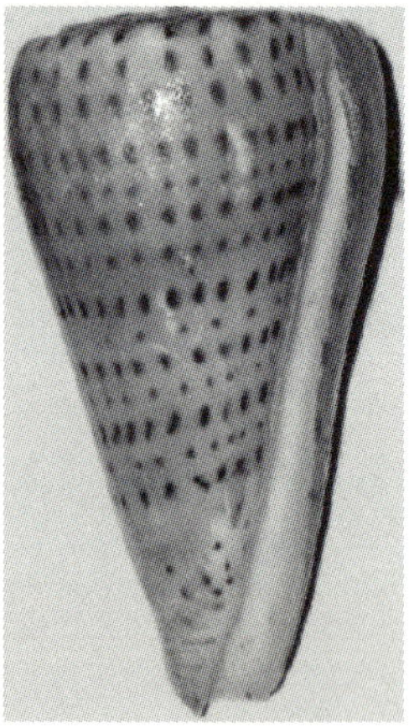

图4－8　豹芋螺

Lp1.1和Lp1.4的成熟肽区由蛋白酶切割位点VR

```
  1 ATG GGC ATG CGG ATG ATG TTC ATC ATG TTT ATG TTG GTT GTC TTG GCA ACC ACT GTC GAT   60
  1 M   G   M   R   M   M   F   I   M   F   M   L   V   V   L   A   T   T   V   D     20

 61 ACC TTC ACT TCA GAT CAT GCA CTT GAT GCC ATG AAT GCT GCA GCC AGC AAC AAA GCG TCT  120
 21 T   F   T   S   D   H   A   L   D   A   M   N   A   A   A   S   N   K   A   S     40

121 CGC CTG ATC GCC CTG GCC GTC AGG GGA TGC TGT GCC CGT GCT GCC TGT GCC GGG ATT CAT  180
 41 R   L   I   A   L   A   V   R   G   C   C   A   R   A   A   C   A   G   I   H     60

181 CAA GAA CTT TGT GGA GGA CGA CGC TGA tgc tcc agg acc ctc tga acc acg ac           233
 61 Q   E   L   C   G   G   R   R   *
```

(A)

```
  1 ATG GGC ATG CGG ATG ATG TCC ATC ATG TTT ATG TTG GTT GTC TTG GCA ACG ACT GTC GTT   60
  1 M   G   M   R   M   M   S   I   M   F   M   L   V   V   L   A   T   T   V   V     20
 61 TCC TTC ACT TCA GAT CGT GCA CTT GAT GCC ATG AAT GCT GCA GCC AGC AAG AAA GCG TCT  120
 21 S   F   T   S   D   R   A   L   D   A   M   N   A   A   A   S   K   K   A   S     40
121 CGC CTG ATC GCT CTG GCC GTC AGG GGA TGC TGT TCC CAT CCT GCC TGT AGT GGA AAT CAT  180
 41 R   L   I   A   L   A   V   R   G   C   C   S   H   P   A   C   S   G   N   H     60
181 CAA GAA CTT TGT GAT GGA AGA CGC TGA TGA tcc agg acc ctc tga acc acg ac           233
 61 Q   E   L   C   D   G   R   R   *   *
```

(B)

图 4-9　Lp1.1 (A) 和 Lp1.4 (B) 的 cDNA 序列和推测的翻译产物

与 pro 区分隔开来。Lp1.1 和 Lp1.4 分别含有 16 个和 17 个氨基酸，其半胱氨酸骨架和半胱氨酸残基间的间距提示它们属于 α4/7 亚家族。通过分析它们的 cDNA 序列，根据一些从编码芋螺毒素的 cDNA 的核苷酸序列推断成熟肽序列的原则[304]，Lp1.1 C 末端的 CGGRR 将被翻译后修饰为 C－NH_2，Lp1.4 C 末端的 CDGRR 将被翻译后修饰为 CD－NH_2。Lp1.1 和 Lp1.4 的二硫键连接方式被推测为 Cys2－Cys8 和 Cys3－Cys16，与保守的 α－芋螺毒素框架一致，4 个半胱氨酸以它们的天然构象形成二硫桥，使得整个分子呈球形的双环构型，侧链则从刚性骨架向外扩展[26]。所有已知的作用于神经元型 nAChRs 的 α4/7－芋螺毒素在其 loop1 中的第一位为保守的 Ser，在同一 loop 中还有保守的 Pro 残基。然而，Lp1.1 中却没有这些保守的 Ser 和 Pro 残基。该毒素具有非常独特的一级结构：在其第 1 个 loop 中含有 3 个 Ala 残基，而在多数 α－芋螺毒素中第 5 位上酸性或疏水性残基在 Lp1.1 中则被碱性的 Arg 所代替。Lp1.4 的 loop1 中保留了保守的 Ser 和 Pro，它与 Lp1.1 只有 5 个氨基酸的差别(图 4－10)，

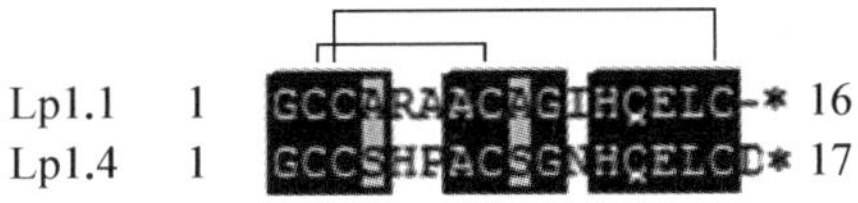

图 4－10　α4/7－芋螺毒素 Lp1.1 和 Lp1.4 的比较

因此对两者的功能对比研究将有助于我们理解 Lp1.1 独特新颖的一级结构对毒素功能的影响。

4.3.3.2 Lp1.1 和 Lp1.4 的体外氧化

Lp1.1 成功的用固相化学合成组装并在生理 pH 值水相缓冲液中通过两步法氧化折叠形成二硫键。合成的 Lp1.1 具有 1－3,2－4 的半胱氨酸配对方式和酰胺化了的 C 末端。对合成产物的 HPLC 分析得到一个主峰,显示合成的 Lp1.1 具有至少 95%的纯度(图 4－11A)。质谱鉴定合成的 Lp1.1 的平均

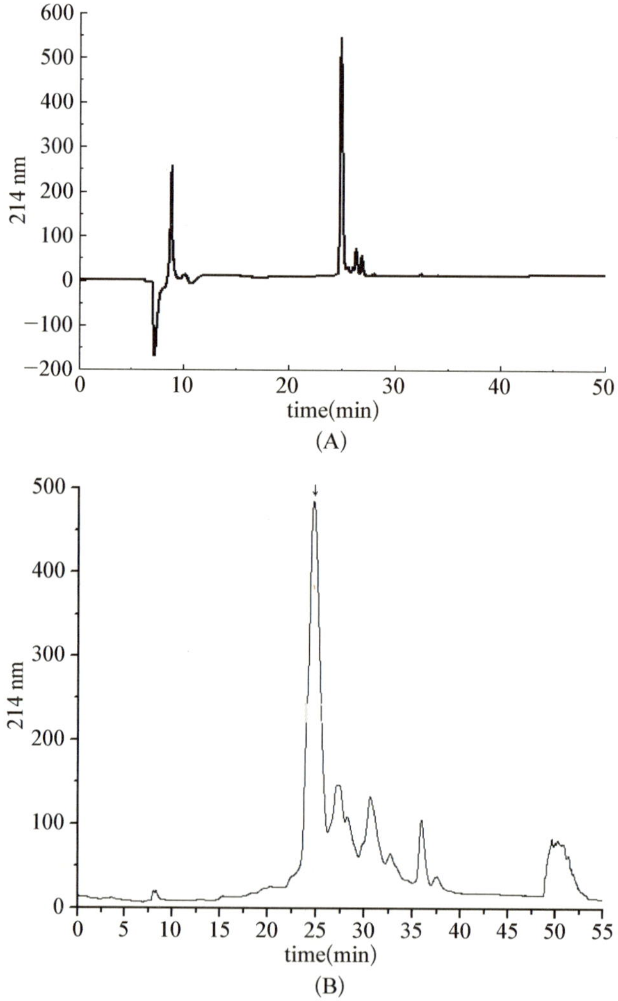

图4－11　合成的 Lp1.1 (A) 和 Lp1.4 (B) 的 HPLC 纯化

分子量为 1 600.8 Da，与计算所得含酰胺化的序列的分子量 1 600.88 Da 一致。

为了探索更为简便的氧化方法，我们进行了 Lp1.4 一步氧化法的尝试，线性 Lp1.4 在生理 pH 值水相溶液中自发氧化以促进二硫键的形成，氧化产物在 HPLC 上表现为一单峰(图 4-11B)。为了验证该氧化方法得到的多肽是否和两步氧化法得到的一样具有正确的二硫键配对方式，我们进行了进一步的质谱鉴定和共洗脱实验。将两种方法氧化得到的 Lp1.4 分别进行 HPLC 纯化，并分别进行质谱鉴定，分子量均为 1 755.9 Da，与理论计算值 1 755.3 Da 一致。再将二者取大致相同的蛋白量在 HPLC 上以相同条件进行共洗脱，得到单一蛋白峰。以上实验结果证明一步氧化产物也具有单一的(而不是混合的)1-3，2-4 二硫键配对方式，即 Lp1.4 毒素蛋白的正确构象。

加保护基的两步氧化法是一种比较经典、较为常用的多肽氧化方法，它能够保证毒素多肽完全按照我们预先设计的配对方式形成二硫键，但缺点是步骤较繁琐，且第二步碘氧化会产生少量副产物。一步氧化法虽然简便，但是氧化效果因多肽序列的不同而有较大差异，有时会生成具有 1-4，2-3 二硫键配对方式的非天然构象。一般来说，较亲水的肽氧化产率相对较高。对于较疏水或者较难形成正确二硫键配对的肽可加入适量乙醇以促进毒素多肽折叠形成正确的二硫键配对从而提高氧化产率。文献报道利用此法氧化 α-ImI 可达到 70%以上的产率[267]。

4.3.3.3　Lp1.1 和 Lp1.4 的生理效应和抑制活性

活体动物毒性实验和电生理记录被用于在整体动物水平和分子水平上确定具有独特序列的 Lp1.1 的功能特性。对淡水金鱼进行脊背肌肉注射，5 μg Lp1.1 可引起被注射金鱼的不协调游动。注射 10 μg 合成肽时观察到类似症状。注射 20 μg Lp1.1 可引起实验金鱼的抽搐和瘫痪(表 4-3)。

表 4-3　来自豹芋螺的 Lp1.1 的生物学活性

Normal saline solution (20 μl) (*n*=3)	Normal activity
Lp1.1 (5 μg/20 μl) (*n*=3)	Fast breathing, unbalanced body, sporadic rolling swimming
Lp1.1 (10 μg/20 μl) (*n*=3)	Fast breathing, moderate body shaking behavior
Lp1.1 (20 μg/20 μl) (*n*=3)	Fast breathing, seizure and paralysis

同时，我们检测了 Lp1.1 和 Lp1.4 对在爪蟾卵母细胞中表达的小鼠和大鼠 nAChR 亚型由 ACh 引发电流的作用效果(图 4-12)。在使用高浓度毒素(μM)时采集的数据表现为受体依赖性和毒素依赖性的部分阻断，Lp1.1 主要作用于 α3β2 亚型而 Lp1.4 则主要作用于 α1β1γδ 亚型。因为曾有研究者指出特异性作用于 nAChR 的神经元亚型的 α-芋螺毒素为电中性或带负电荷，而作用于肌肉型受体的 α-芋螺毒素则带净正电荷[186]，带负电荷的 Lp1.4 出乎意料的作用与肌肉型和神经元型的 nAChRs，它代表了保守的 α4/7-芋螺毒素类型骨架中的新型活性模式。

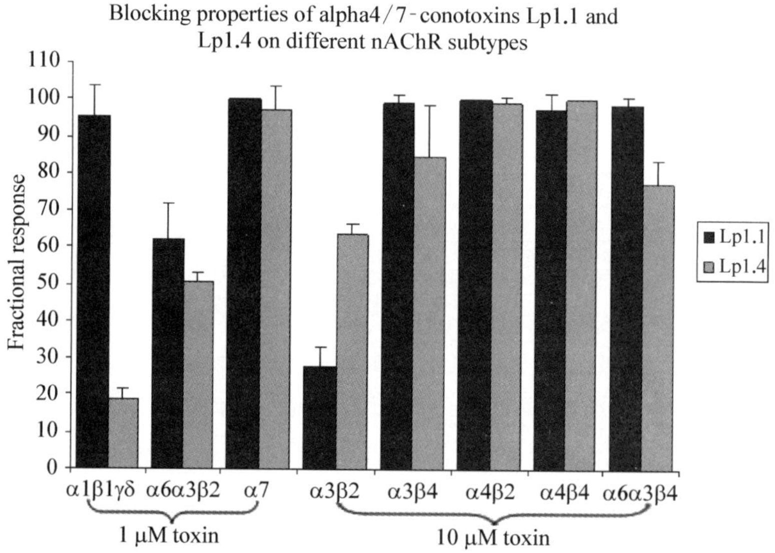

图 4-12　α4/7-芋螺毒素 Lp1.1 和 Lp1.4 对小鼠和大鼠不同 nAChR 亚型的阻断特性

Lp1.1 和 Lp1.4 分别作用于表达 α3β2 亚型和 α1β1γδ 亚型卵母细胞的典型实验见图 4-13。第 1 个由 100 μM ACh 引发的对照 α3β2 nAChR 内向阳离子电流在 10 分钟 10 μM Lp1.1 孵育之后幅度降低了大约 72%，2 min OR2 溶液冲洗之后得到的由 ACh 引发的电流几乎完全恢复到初始值。1 μM 的 Lp1.1 可阻断大约 38%的重组 α6α3β2 由 100 μM ACh 引发的电流(图 4-12)，毒素与该受体具有与 α3β2 nAChR 相似的解离率。10 μM 的 Lp1.1 对所测的其他受体亚型没有任何抑制。Lp1.4 能可逆性的抑制大约 81%的 α1β1γδ 亚型中由 10 μM ACh 引发的电流，但其与受体的解离速率较慢。α1β1γδ 亚型具有非常快的失活动力学和长久持续的脱敏态。另外，10 μM 的 Lp1.4 也可分别抑制 37%的 α3β2

和 49%的 α6α3β2。10 μM 的 Lp1.4 对所测的其他神经元型受体没有任何抑制，包括位于中枢神经系统的 α4β2 nAChR 和位于外周神经系统的 α3β4。该浓度反应分析提示 Lp1.4 具有广泛的活性谱，因其能抑制肌肉型和神经元型受体。然而，这也意味着它作为对天然受体药理学鉴定工具的实用性降低。

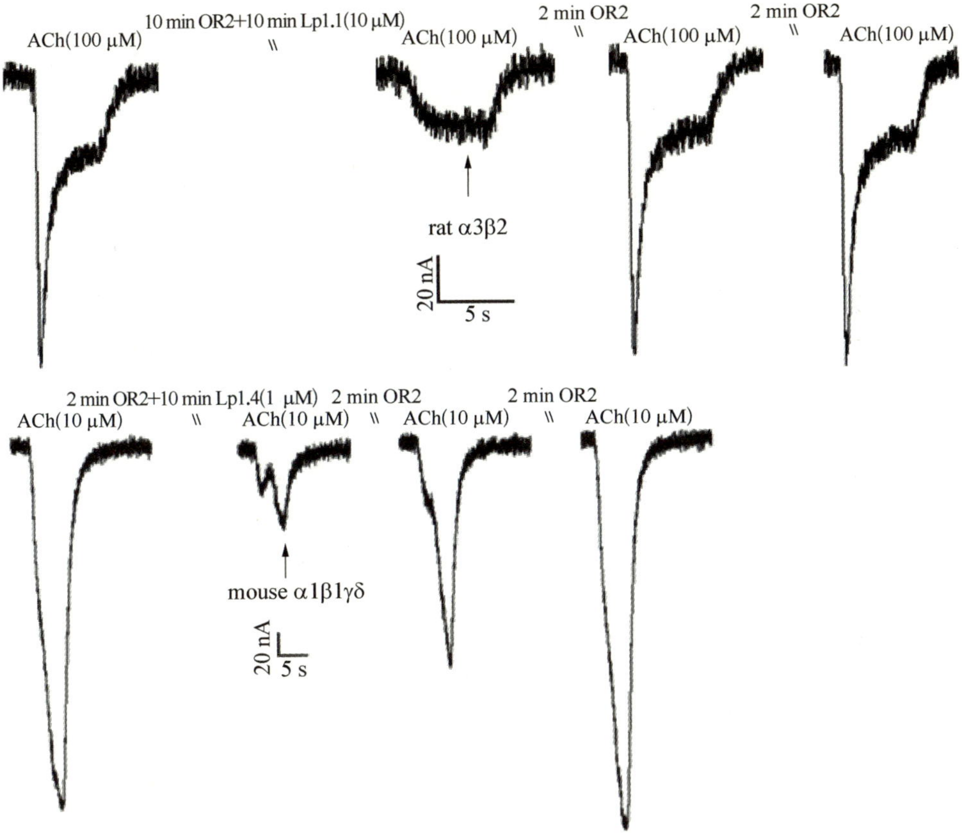

图 4-13　Lp1.1 (10 μM) 和 Lp1.4 (1 μM) 分别对大鼠 α3β2 和小鼠 α1β1γδ nAChR 的抑制

4.3.3.4　讨论

由于它们的行动较慢和猎物种类的多样性（5 个不同动物门），芋螺产生出能以高亲和力作用于同一膜受体或离子通道不同亚型的超多样化的毒素成分。最近报道了对豹芋螺中芋螺毒素转录子的研究，该芋螺物种专门以半索海生动物纲为食。豹芋螺中芋螺毒素的表达水平和多样性都远低于其他芋螺物种。尽管在具有广泛食性的芋螺物种中存在多样化的毒液，食性向专一性猎物的转移与芋螺毒液中表达成分的数目的降低密切相关[261]。

许多cDNA克隆研究显示每个芋螺毒素具有其对应的基因，而这些基因编码具有相似结构的前体肽。这提示在同一基因家族的全基因复制继以成熟肽的超变异形成了基因水平上非常多样化的毒素[127]。对于具有不同间距模式的α-芋螺毒素，有研究者提出，α4/7-亚家族是不同亚家族α-芋螺毒素共同的祖先因为α4/7-亚家族分布在所有芋螺物种中，其他亚家族均从α4/7-亚家族演化而来[126]。基因序列提示由于一个或多个密码子的缺失形成了具有不同loop间距的α-芋螺毒素，但这种密码子的缺失机制仍有待澄清[126]。在Lp1.1和Lp1.4中，后面的3个半胱氨酸残基具有高度位置特异性的TGT密码子保守性，而第1个半胱氨酸的密码子则为TGC(图4-9)而不是TGT，这与以前的报道一致[126]。

来自海洋性螺类的α-芋螺毒素是烟碱型乙酰胆碱受体选择性和高效竞争性拮抗剂。本节中我们对克隆自中国南海食虫性豹芋螺的两条全新毒素Lp1.1和Lp1.4进行了全合成，氧化折叠和活性研究。由直接的cDNA核苷酸测序结果推得Lp1.1和Lp1.4分别含16个和17个氨基酸残基并具有典型的4/7型骨架，Lp1.1具有独特新颖的一级结构。因此，我们通过双电极电压钳技术检测它们在异源表达多种小鼠和大鼠nAChRs的爪蟾卵母细胞中的靶标特异性，并将它们的抑制活性与其他α4/7-芋螺毒素相比较。

Lp1.4被有效地折叠成所有α-芋螺毒素采用的球形异构体。共洗脱实验被用于确定由不同肽合成和二硫键形成策略制备的合成Lp1.4的一致性。因为直接氧化折叠可得到高产量的正确折叠的Lp1.4，相比两步氧化法，直接氧化可能对于仅含两对二硫键的α-芋螺毒素的折叠更为有益。但是，折叠效率可能因各线性肽序列的不同而有差别。

合成的具有球形构象二硫键异构体的Lp1.1(10 μM和1 μM)和Lp1.4(1 μM)仅以低亲和力分别对α3β2和α6α3β2亚型，α1β1γδ和α6α3β2亚型具有阻断效应。与Lp1.1和Lp1.4的弱阻断效应不同，经典的α4/7-芋螺毒素即使在比Lp1.1和Lp1.4测活浓度低几个数量级的情况下，仍显示对神经元型nAChRs的显著抑制。Lp1.1和Lp1.4的低亲和力抑制提示它们可能通过一种组合神经药理学策略与其他功能相关性肽联用来进行捕食。Lp1.1和Lp1.4可能通过阻止通道的构象变化而非阻断该通道对鼠类神经元型nAChRs进行选择性拮抗。它们的亲和力和对受体亚型的选择性可能在不同物种的nAChRs间有很大差异，如软体动物，*Torpedo*，鸟类或人类的nAChRs。Lp1.1在天然组织中

也可能具有不同的 IC_{50} 值，如小牛肾上腺嗜铬细胞，培养的 *Aplysia* 神经元和大鼠副交感神经节分离神经元。Lp1.1 和 Lp1.4 的 loop2 中第 2 位上非极性的甘氨酸残基可能参与了与神经元型 nAChR 亚型的结合，因为所有已知的 α4/7 型芋螺毒素在该位置上均具有非极性残基。Lp1.1 和 Lp1.4 在 loop2 的第 7 位上为疏水性脂肪族亮氨酸残基。在毒素 MII，PeIA，GIC，Vc1.1，PIA 和 GID(表 4-2)中该位置上同样为脂肪族残基(亮氨酸，异亮氨酸或缬氨酸)，它们可以不同的亲和力作用多种神经元亚型。因此，loop2 中第 7 位上的疏水性脂肪族残基促进这些肽与 nAChRs 的结合和(或)活性。除开检测芋螺毒素在根据毒素序列和同领域中现有药理学知识确定的已知分子靶标的预测亚型上的活性外，测试毒素在其他靶标亚型甚至是不相关靶标上的活性同样也很重要。今后更详细的实验将阐明该有趣观点。

在海洋性芋螺中富含半胱氨酸的小肽含有多种翻译后修饰。尽管经典报道的 α-芋螺毒素含有除形成二硫键和 C 末端酰胺化之外相对较少的修饰[263]，Lp1.1 的天然形式可能含有其他翻译后修饰，而这些修饰不能仅从对其基因和推导的氨基酸序列的观察中预测出来。和大多数 α-芋螺毒素具有 C 末端酰胺化的半胱氨酸残基不同，Lp1.4 的 C 末端为酰胺化的酸性 Asp 残基。Lp1.1 和 Lp1.4 中的 Glu14 可能与在芋螺物种 *C. spurius* 的毒液中发现的 α4/7-SrIA 和 α4/7-SrIB[265]一样发生翻译后的 γ-羧化作用，因为在已鉴定的 α4/7-芋螺毒素的序列比对中它们具有同样保守的位置。然而，因为[γ15E]SrIB 的活性与 2 个天然化合物相比没有显著性差异[265]，且 α4/7-Vc1.1 中 Glu14 到羧谷氨酸的突变对其活性几乎没有影响[179,305]，我们推测这里的残基修饰更多的是一种保守性的残基改变并可能不会引起生物学活性的变化。Lp1.1 和 Lp1.4 中可能存在的该修饰可能对其生理效应和对神经元型受体的作用并不关键。

脯氨酸的羟基化目前已在一些特异作用于肌肉型和神经元型 nAChRs 的 α-芋螺毒素中被发现，例如，α4/4-PIB[273] 和 α4/7-EI[27] 的 N 端“尾”中的 Hyp3 残基；GID 第 2 个 loop 中的 Hyp16 残基[30]。α4/7-芋螺毒素 SrIA 和 SrIB[265]，vc1a[305] 和 α4/3-Reg1b[286] 中第 1 个 loop 中高度保守的脯氨酸残基也被羟基化。近来对 α-芋螺毒素中羟脯氨酸对于毒素生物学活性的影响进行了研究。对 α4/3-ImI 和 α3/5-GI，该保守脯氨酸残基的羟基化削弱了它们对靶受体的活性[300]。将 α4/7-PnIB 的 Pro6 改变为 Hyp 将引起毒素对 α7 nAChR 亚型活性的急剧下降[306]。然而，将 α4/7-Vc1.1 的 Pro6 改变为 Hyp 不会影响毒素对 α9α10 nAChR 亚型的活性，但其对含 α3 亚基 nAChR 亚型的活性则完全丧失[305,307]。因此，我们很难推测将 α4/7 - Lp1.4 的 Pro6 修饰为 Hyp 对其活性可能造成的影响。另外，我们缺少 Lp1.4 和乙酰胆碱结合蛋白（AChBP）复合物的晶体结构来显示该残基是否更接近于溶剂相从而对毒素与受体的相互作用不太重要。故我们在合成的 Lp1.4 中将高度保守的 Pro6 作为未羟化形式合成。

绝大多数 α - 芋螺毒素在其第 1 个 loop 中具有高度保守的 Pro 残基，尽管最近已在一些成员中发现该位置上为羟基化脯氨酸[300]。分离自芋螺毒液的 α - 芋螺毒素倾向于折叠成具有特定二硫键配对模式（C1 - C3，C2 - C4）的球形构象，而具有 α - 芋螺毒素保守的半胱氨酸骨架的 χ - 芋螺毒素（也称为 λ - 芋螺毒素或 T - 2 芋螺毒素）则具有另外的二硫键配对（C1 - C4，C2 - C3）从而具有带形构象[186]。在这两个家族中，二硫键配对和折叠对它们的生物学活性都很重要。现有的研究结果强烈提示，在 α - 芋螺毒素和 χ - 芋螺毒素中第 1 个 loop 中保守的脯氨酸和保守的 C 末端酰胺是它们折叠模式和构象变化的关键性结构决定因素[186]。C 末端的脱酰胺化和替换第 1 个 loop 中的脯氨酸将改变折叠模式，使 α - 芋螺毒素的球形形式转变为 χ - 芋螺毒素的带形形式。而替换 CMrVIA 芋螺毒素第 1 个 loop 中的 Lys6 为 proline，并加入酰胺化的 C 末端将改变 CMrVIA 芋螺毒素倾向性，从它天然的带形构象变为球形构象。因为 ImI 类似体与 *Aplysia* and *Bulinus* ACh 结合蛋白的结合实验提示这些残基替换和它们相应的构象变化极大影响了 ImI 的结合亲和力[186]，我们推测 Lp1.1 在其第 1 个 loop 中缺少保守的 Pro 可能也使得它的折叠倾向性从球形向带形转变并进一步影响其构象和对靶受体的结合。因为对 M - 超家族[87,88]和 framework 14 芋螺毒素[308]的研究结果显示，一种特定的半胱氨酸残基排列方式可能具有不同的二硫桥连接方式，应对天然形式的 Lp1.1 中二硫键配对模式进行确定。因为 Lp1.1 和大多数 α4/7 - 芋螺毒素一样，保留了对含 α3β2 亚基组合的 nAChRs 的抑制效应，区分 nAChR 亚型的决定因素可能存在 loop2 中，这个 loop 具有更高的序列异质性。保守的 proline 对于 α - 芋螺毒素而言可能仅作为折叠模式和构象变化的关键结构决定因素。

在所有以前研究的 α4/7 - 芋螺毒素中，仅有 3 个成员可以同时抑制肌肉型和神经元型受体（表 4 - 2），EI 强烈抑制肌肉型 α1β1γδ 亚型和神经元型 α4β2 和 α3β4 亚型，而 10 μM 的 SrIA and SrIB 可以微弱抑制 α4β2 和 α1β1γδ 受体[265]。更出人意料的是这 3 个肽在比 10 μM 低几个数量级的浓度条件下与受体短暂结合（2～15 s）时对 α4β2 和 α1β1γδ nAChRs 具有显著的激动效应[265]。这些数据显示毒素与受体的相互作用具有极其复杂的依赖于毒素类型和浓度的调控机制。因为高毒素浓度的 Lp1.4 同样为对肌肉型和神经元型 nAChRs 的弱抑制剂，它可能和 EI，SrIA 和 SrIB 一样具有对 nAChRs 高亲和力的激动效应。另外，豹芋螺毒液管中相对较小的转录组可能进一步造成了各个芋螺毒素功能上的简并性，这使得一个毒素分子具有对其药理学靶标广泛的活性谱。因此，Lp1.4 可以同时作用于肌肉型和神经元型 nAChRs，从而大大提高了成功猎食的可能性。

以前的研究普遍认为，蛇毒中的 α-神经毒素富含二硫键核心为其 flexible loops 提供了一个相对稳定的结构基础，使其与靶受体呈多点结合[309]。尽管比蛇毒中的神经毒素小得多，α-芋螺毒素具有类似相应的二硫键骨架和由其他残基形成的超变异伸展结构[310]。已知神经元型 α-芋螺毒素（包括 α4/3-，α4/4-，α4/6-和 α4/7-亚家族）的高级结构在 helix 区域几乎完全一致[129]，其第一个 loop 中通常为 Ser-Xaa-Pro-Xaa，其中 Pro 极其保守，是 helix 的起始位置，促进二级结构的形成，而在 α4/3-ImI 和 α4/7-EpI 中的 Asp5 及 α4/7-MII 中的 Asn 也可以稳定 helix[129]。Lp1.1 loop1 中由于缺失了保守的 Pro，不能确定其是否仍能形成相同的二级结构且高级结构中是否还具有同样的 helix 区域。后续的对 Lp1.1 的 NMR 研究，能帮助我们阐明其空间结构和基于其独特选择性的动力学特征。另外，对[A6P]Lp1.1 的结构和功能研究将进一步加深对 α-芋螺毒素第 1 个 loop 中保守的 Pro 的功能重要性的理解。

综上，我们合成了 2 条 α4/7-芋螺毒素 Lp1.1 和 Lp1.4，并进行了体外氧化和功能研究，它们分别是大鼠 α3β2 nAChR 和小鼠 α1β1γδ nAChR 的选择性拮抗剂。Lp1.1 在淡水金鱼脊背肌肉注射模型中具有强烈的生物学活性。对 Lp1.1 和 Lp1.4 的这些初步功能数据将帮助后续的构效关系研究，通过一系列实验手段来阐明这些分子的分子机制，包括肽和受体的突变，分子建模和肽工程[311,313]。

4.3.4　α4/7-芋螺毒素 Mr1.1 的功能研究

4.3.4.1　Mr1.1 的化学合成和体外氧化

本实验室在以前的研究中利用克隆策略从食其他软体动物性芋螺物种大理石芋螺（*C. marmoreus*，图 4-14）中发现了一条新型 α4/7-芋螺毒素 Mr1.1。Mr1.1 前体的 cDNA 序列和理论翻译产物见图 4-15。对具有典型 4/7 型骨架的 α-芋螺毒素前体肽的比较（图 4-16）和进化树分析（图 4-17）揭示了这些高度多样化的基

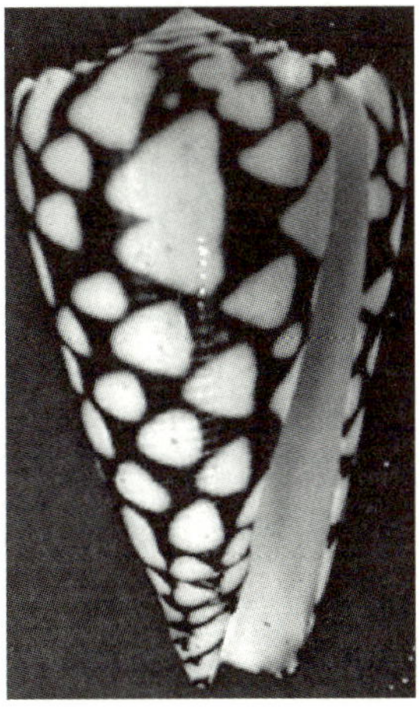

图 4-14　大理石芋螺

```
1   ATG GGC ATG CGG ATG ATG TTC ACC GTG TTT CTG TTG GTT GTC TTG GCA ACC ACT GTC GTT  60
1   M   G   M   R   M   M   F   T   V   F   L   L   V   V   L   A   T   T   V   V    20
61  TCC TTC ACT TCA GAT CGT GCA TCT GAT GGC AGG AAA GCC GCA GCC AAG GAC AAA GCG TCT 120
21  S   F   T   S   D   R   A   S   D   G   R   K   A   A   A   K   D   K   A   S    40
121 GAC CTG GTC GCT CTG ACC GTC AAG GGA TGC TGT TCT CAT CCT GCC TGT AGC GTG AAT AAT 180
41  D   L   V   A   L   T   V   K   G   C   C   S   H   P   A   C   S   V   N   N    60
181 CCA GAC ATT TGT GGT TGA AGA CGC TGA TGC TCC AGG ACC CTC TGA ACC ACG AC          233
61  P   D   I   C   G   *
```

图 4-15　Mr1.1 的 cDNA 序列和推测翻译产物

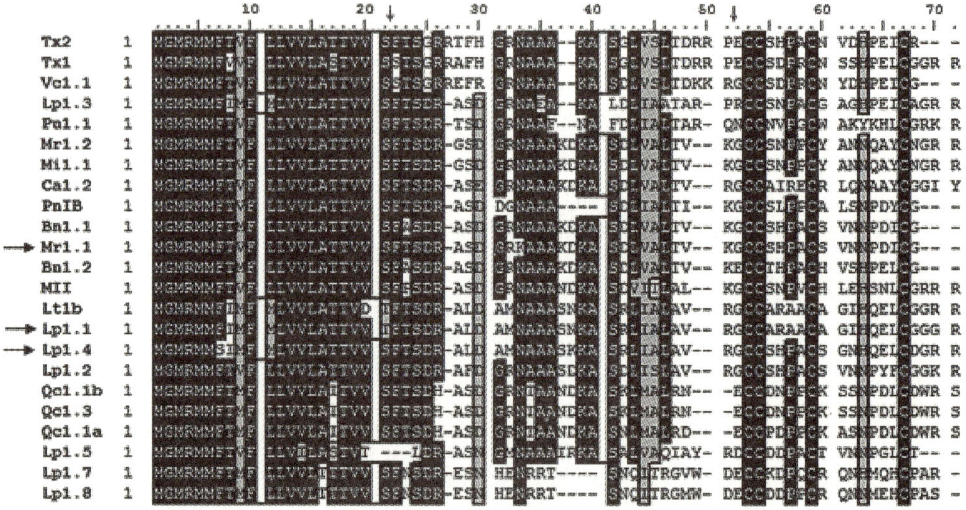

图 4-16　α-芋螺毒素 4/7 亚家族的前体肽比较

因产物的定义性特征和它们在同一物种和不同物种水平上的进化关系。

Mr1.1 的成熟肽区由蛋白酶切割位点 VK 与其 pro 区分离开来。因为以前研究结果表明以-XG、-XGR、-XGK 和-XGRR 等作为 C 末端序列的芋螺毒素常在它们的天然形式中通常被加工为-X-NH_2[16]，故 Mr1.1 的成熟肽含 16 个氨基酸且其 C 末端酰胺化。因为到目前为止所有已鉴定的天然 α-芋螺毒素均倾向于采用球形二硫键连接方式，我们推测 Mr1.1 也具有这种 C1-C3，C2-C4 的半胱氨酸配对模式。Mr1.1 的成熟肽序列与 α4/7-PeIA 序列较为近似，故推测其作用受体为大鼠 α7 和 α9α10 等。

通过两步法合成和氧化由 S-trityl/S-Acm 保护其两对半胱氨酸的 α4/7-芋螺毒素 Mr1.1。折叠好的 Mr1.1 具有高于 95%的纯度(图 4-18)，用 ESI-MS 检测其平均分子量为 1 614.7 Da。

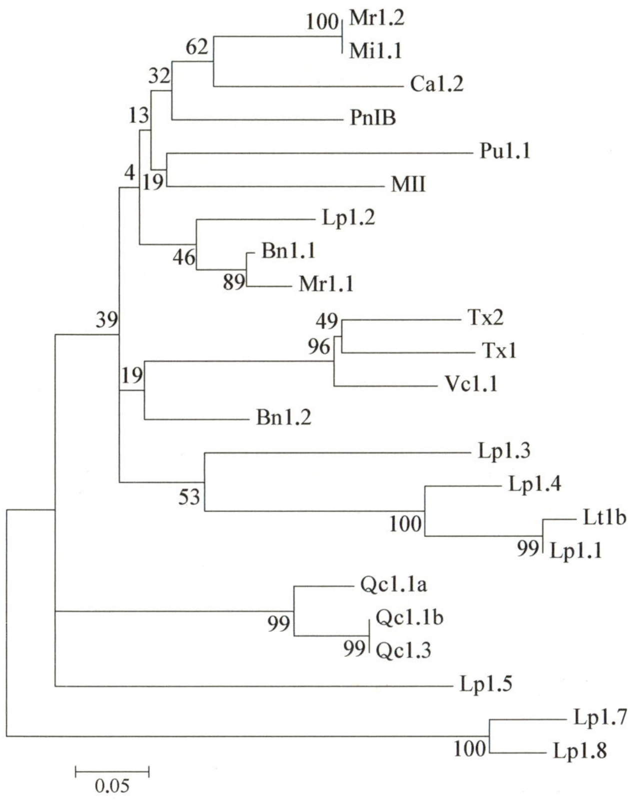

图 4－17　α4/7－芋螺毒素前体的进化树分析

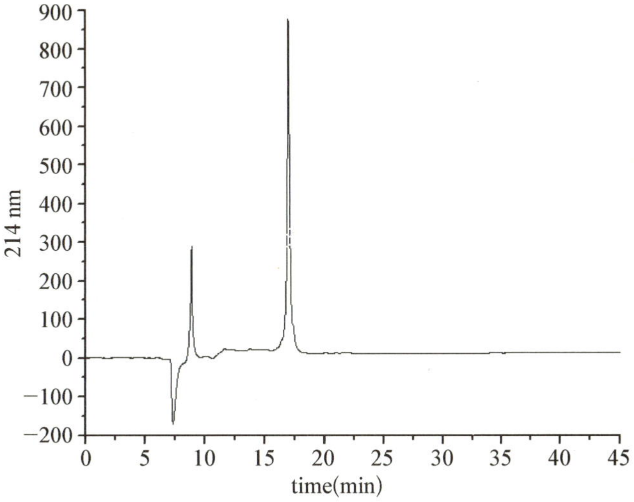

图 4－18　分步保护半胱氨酸残基氧化折叠 α4/7－芋螺毒素 Mr1. 1

4.3.4.2 Mr1.1的抑制活性

我们检测了 α4/7 -芋螺毒素 Mr1. 1 对非洲爪蟾卵母细胞中表达的多种 nAChR 亚基组合由 ACh 激活的膜电流的抑制效果(包括抑制的选择性和强度)。在高毒素浓度(μM)下采集的数据显示 Mr1. 1 对不同类型受体产生不同程度的阻断(图 4－19),Mr1. 1 的分子靶标为 α7 亚型。

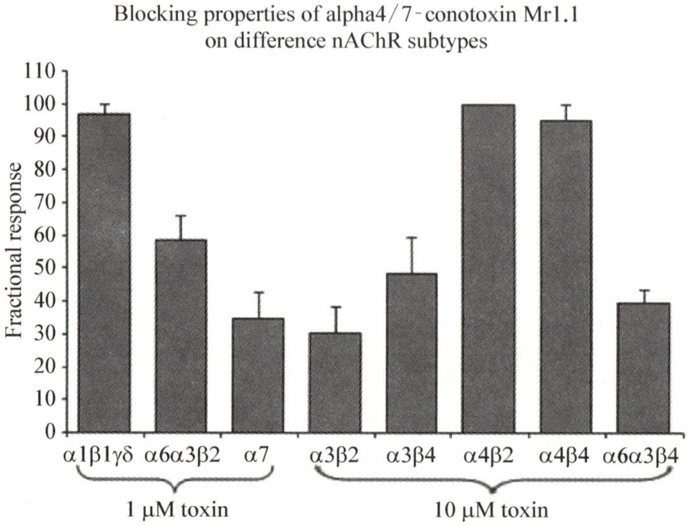

图 4－19 α4/7 -芋螺毒素 Mr1. 1 对小鼠和大鼠不同 nAChR 亚型的阻断特性

1 μM Mr1. 1 对表达 α7 的卵母细胞的典型实验结果见图 4－20。α7 nAChR 中第 1 个由 100 μM ACh 引发的对照电流在 10 min Mr1. 1 处理之后降低了大约 65%。经过 2 min 的 OR2 溶液冲洗,再次由 ACh 引发的内向电流已达到完全恢复。α7 受体具有非常快速的失活动力学和长久持续的脱敏态。另外,10 μM Mr1. 1 还可分别阻断大约 70%和 61%的 α3β2 和 α6α3β4 受体亚型中被引发的电流。10 μM 该配体对其他测试的神经元型受体亚型没有任何抑制,包括中枢神经系统中的 α4β2 nAChR 和外周神经系统中的 α3β4 nAChR。该浓度反应分析提示 Mr1. 1 具有广泛的活性作用谱,它可以作用于同源五聚体和异源五聚体的 nAChRs。然而,这也意味着它作为对天然受体药理学鉴定工具的实用性降低。

4.3.4.3 讨论

目前已通过不同策略发现 α4/7 -芋螺毒素:首次被报道的 α4/7 -芋螺毒素 PnⅠA 和 PnⅠB 是通过检测毒液成分中能引起软体动物瘫痪症状的活体动物

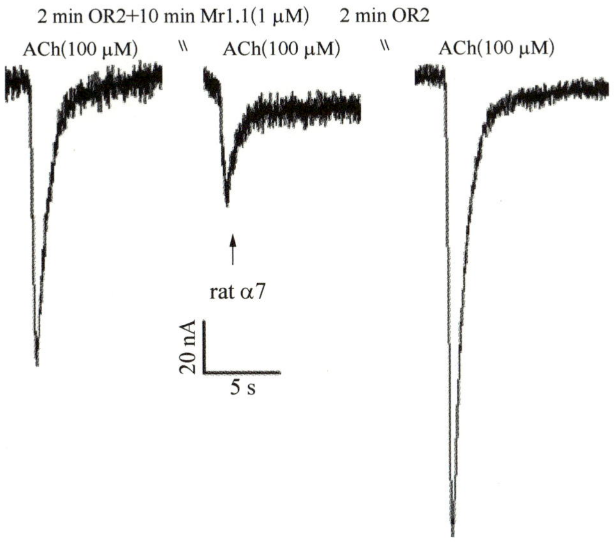

图 4-20　1μM Mr1.1 对大鼠 α7 nAChR 的抑制

毒性实验发现的[314]；EpⅠ是通过 HPLC 与 MS 联用分析被发现[290]；MⅡ是使用在卵母细胞中表达的大鼠 nAChRs 对毒液进行活性指导的分离纯化被发现[283]；而 AnⅠB 则是通过 LC/MS 联用分析法结合活性指导的分级分离被发现[289]。为能直接发现针对 nAChR 亚基界面的选择性配体，本实验室在以前的研究中通过对大理石芋螺的基因组 DNA 和 cDNA 中 α-conotoxin 基因进行 PCR 扩增，发现了一条具 α4/7-芋螺毒素结构的新型肽 Mr1.1[127]。这种克隆的方法使我们得以检测具低表达水平的芋螺毒素并仅需少量毒液管组织作为实验材料。

赋予芋螺毒素多样性的特征之一是它们具有广泛的翻译后修饰。根据对已鉴定 α4/7-芋螺毒素序列比对中的保守位置，Mr1.1 第 2 个 loop 中的 Pro13 可能被翻译后修饰成 4-trans-hydroxyproline (Hyp)（表 4-4）。脯氨酸的羟基化目前已在一些特异作用于肌肉型和神经元型 nAChRs 的 α-芋螺毒素中被发现，例如，α4/4-PⅠB[273]和 α4/7-EⅠ[27]的 N 端“尾”中的 Hyp3 残基；GID 第 2 个 loop 中的 Hyp16 残基[30]。α4/7-芋螺毒素 SrⅠA 和 SrⅠB[265]，vc1a[305]和 α4/3-Reg1b[286]中第 1 个 loop 中高度保守的脯氨酸残基也被羟基化。近来对 α-芋螺毒素中羟脯氨酸对于毒素生物学活性的影响进行了研究。对 α4/3-ImⅠ和α3/5-GⅠ，该保守脯氨酸残基的羟基化削弱了它们对靶受体的活性[300]。将α4/7-PnⅠB的 Pro6 改变为 Hyp 将引起毒素对 α7 nAChR 亚型活性的急剧

表 4-4 食鱼性、食其他软体动物性和食虫性芋螺物种中已鉴定的 α4/7-芋螺毒素特性

Peptide	Sequence	Species/Prey	Selectivity on recombinant nAChRs	Selectivity in native tissues and suggested native AChRs targeted	Ref.
AnⅠA	CCSHPACAANNQD YC[a]		α3β2，α7	N/A	
AnⅠB	GGCCSHPACAANNQD YC[a]	*C. anemone*/v	α3β2，α7	N/A	[289]
AnⅠC	GGCCSHPACFASNPD YC[a]		α3β2，α7	N/A	
AuⅠA	GCCSYPPCFATNSDYC[a]		α3β4	α3β4[b]	
AuⅠC	GCCSYPPCFATNSGYC[a]	*C. aulicus*/m	α3β4	α3β4[b]	[288，315]
EⅠ	RDOCCYHPTCNMSNPQIC[a]	*C. ermineus*/p	α1β1γδ，α3β4，α4β2	α1β1γδ	[27，265]
EpⅠ	GCCSDPRCNMNNPDYC[a]	*C. episcopatus*/m	α7	α3β2/α3β4	[290，316]
GⅠC	GCCSHPACAGNNQHIC[a]		hα3β2	N/A	[291]
GⅠD	IRDγCCSNPACRVNNOHVC	*C. geographus*/p	α3β2	N/A	[30]
MⅡ	GCCSNPVCHLEHSNLC[a]	*C. magus*/p	α6/α3β2β3	α3β2	[317]
OmⅠA	GCCSHPACNVNNPHICG[a]	*C. omaria*/m	α3β2，α7	N/A	[293]
PeⅠA	GCCSHPACSVNHPELC[a]	*C. pergrandis*/unknown	α9α10	N/A	[294]
PⅠA	RDPCCSNPVCTVHNPQIC[a]	*C. purpurascens*/p	α6/α3β2，α6/α3β2β3	N/A	[295]
PnⅠA	GCCSLPPCAANNPDYC[a]		α3β2	α7[b]	[297，298]

续　表

Peptide	Sequence	Species/Prey	Selectivity on recombinant nAChRs	Selectivity in native tissues and suggested native AChRs targeted	Ref.
[A10L]PnⅠA	G**CC**SLPP**C**ALNNPDY**C**[a]	*C. pennaceus*/m	α7	α7[b]	[297, 298]
PnⅠB	G**CC**SLPP**C**ALSNPDY**C**[a]		α7	α3β4	[32, 297]
SrⅠA	RT**CC**SROT**C**RMγYPγL**C**G[a]		α4β2, α1β1γδ	N/A	
SrⅠB	RT**CC**SROT**C**RMEYPγL**C**G[a]	*C. spurius*/v	α4β2, α1β1γδ	N/A	[265]
[γ15E]SrⅠB	RT**CC**SROT**C**RMEYPEL**C**G[a]		α4β2, α1β1γδ	N/A	
Vc1. 1	G**CC**SDPR**C**NYDHPEI**C**[a]	*C. victoriae*/m	α9α10	α3β4[b]	[179, 305]
vc1a	G**CC**SDOR**C**NYDHPγI**C**[a]		α9α10	N/A	[305]
Lp1. 1	G**CC**ARAA**C**AGIHQEL**C**[a]	*C. leopardus*/v	α3β2, α6α3β2	N/A	[266]
Lp1. 4	G**CC**SHPA**C**SGNHQEL**C**D[a]	*C. leopardus*/v	α1β1γδ, α6α3β2	N/A	This work
Mr1. 1	G**CC**SHPA**C**SVNNPDI**C**[a]	*C. marmoreus*/m	α7	N/A	This work

Conserved cysteine residues are highlighted in bold-face. For post-translational modifications: [a], amidated C－terminus; γ, γ－carboxyglutamate; O, hydroxyproline; Y, sulfated tyrosine. N/A, not available. [b], ＋ additional component.

下降[306]。然而，将 α4/7 - Vc1.1 的 Pro6 改变为 Hyp 不会影响毒素对 α9α10 nAChR 亚型的活性，但其对含 α3 亚基 nAChR 亚型的活性则完全丧失[305,307]。因此，我们很难推测将 α4/7 - Mr1.1 的 Pro6 修饰为 Hyp 对其活性可能造成的影响。另外，我们缺少 Mr1.1 和乙酰胆碱结合蛋白(AChBP)复合物的晶体结构来显示该残基是否更接近于溶剂相从而对毒素与受体的相互作用不太重要。故我们在合成的 Mr1.1 中将高度保守的 Pro6 作为未羟化形式合成。

Mr1.1 是本章研究的 7 个芋螺毒素中唯一来自食其他软体动物性芋螺物种且属于 α4/7 型的芋螺毒素。由于近来报道的 α4/7 - Vc1.1(ACV1)也是来自食其他软体动物性芋螺物种的 α4/7 型芋螺毒素，具有比吗啡和 Ziconotide 更强的药效和更长持续时间的镇痛效果，因此推测 Mr1.1 可能也具有一定镇痛活性。本实验室以前的研究结果表明合成的 Mr1.1 在大鼠外周炎症痛系统中确实能高效抑制体内的疼痛传递[318]，提示它有望被开发为治疗炎症痛的诊疗试剂。本节研究进一步通过电生理实验技术，确定 Mr1.1 在体外非洲爪蟾卵母细胞表达鼠类 nAChR 测试中可抑制神经元型大鼠 α7 受体所产生的内向电流。近年来对 α4/7 - Vc1.1 和 α4/3 - RgIA 的研究结果推测，它们的急性镇痛效应来源于对 α9α10 nAChR 的拮抗作用[179,287]。然而，Vc1.1 对应的具翻译后修饰的天然肽 vc1a 虽具有对 α9α10 nAChR 中由 ACh 引发电流的同等抑制强度，但在大鼠神经性疼痛模型中不具有体内镇痛活性。因此，α9α10 nAChR 不太可能为 α - conotoxins 的镇痛靶点[305]。在神经元突触处，nAChRs 与 N 型钙离子通道在电学上偶联，N 型钙离子通道参与痛觉传输途径并能被在大鼠和人体中具有镇痛活性的 ω -芋螺毒素 MⅦA 和 CⅥD 特异性结合[68, 319]。对这类与 N 型钙离子通道电学上偶联的 nAChRs 的抑制能减弱这类 N 型钙离子通道的激活和感觉神经通路中的神经传递，从而达到镇痛效果[179]。这些数据显示 nAChRs 的激动剂和拮抗剂都具有镇痛效应。Mr1.1 可作为用于探索烟碱能痛觉神经传递机制的有效工具，并作为选择性痛觉阻断剂的研发模板。

因为 Mr1.1 和 Lp1.4 具有相同的 loop1 序列，赋予它们各自对于 α7 和 α1β1γδ 特异性受体识别模式的应该是位于它们 loop2 中 C 末端 β - turn 结构中的侧链修饰。由于所有已知的 α4/7 -芋螺毒素在 loop2 的第 2 位上均为非极性残基，Mr1.1 中该位置上非极性的缬氨酸残基可能参与了其与神经元型 nAChR 亚型的结合。Mr1.1 的低亲和力抑制提示它可能和毒液中其他功能相关性芋螺肽协同作用，运用这种组合式神经药理学策略进行猎食。

爪蟾卵母细胞表达系统是研究 nAChRs 的理想选择，异源表达的受体可能在结构上有别于它们的天然形式，而在神经元中则可能存在更为复杂的 nAChR 亚型组合。因此，Mr1.1 在其他表达系统和组织制备中可能具有不同的受体识别模式，例如小牛肾上腺嗜铬细胞，大鼠海马神经元和 striatal 切片，以及分离的大鼠心肌内神经节神经元等。另外，由于作用于神经元型 α7 受体的 α4/3 -ImⅠ也可作用于蛙类坐骨神经-腓肠肌组织标本[285]并对 chick 中的肌肉型 nAChR 也具有亲和力[320]，在 Mr1.1 中也可能会观察到类似的由于物种差异造成的选择性和特异性的不一致。

综上，我们对 α4/7 -芋螺毒素 Mr1.1 进行了功能研究，Mr1.1 是一种作用于不同 nAChR 亚型的新型拮抗剂。我们的初步研究数据能帮助我们进一步了解毒素与受体间的相互作用的分子机制。

4.3.5　framework 14 芋螺毒素 pu14a 的固相化学合成、体外氧化折叠、溶液结构和功能研究

4.3.5.1　pu14a 的化学合成和体外氧化

作为鉴定采自中国南海的食虫性芋螺物种芝麻芋螺毒液组分的连续工作的一部分，我们通过 cDNA 克隆和测序发现了一条全新芋螺毒素，被命名为 pu14a。推测 pu14a 的成熟肽含 19 个氨基酸残基和 2 对二硫键，其 intercysteine spacing pattern 为 C(X10)C(X1)C(X3)C。而 pu14a 的含 69 个氨基酸的前体肽却意外的具有和 α -芋螺毒素相同的信号肽序列，这揭示了新一层面上的芋螺毒素多样化性和芋螺前体肽可能存在的重组进化机制。

pu14a 具有非常独特的一级结构，其第 1 个 loop 非常长且富含脯氨酸。为进一步鉴定其结构和功能，我们化学合成了该肽并在体外进行了氧化折叠(图 4 - 21)。

4.3.5.2　pu14a 的功能研究

尾静脉注射合成的 pu14a 可引起小鼠产生睡眠表型，脊背肌肉注射可致死淡水金鱼(表 4 - 5)。1 μM pu14a 可抑制小鼠急性分离颈上交感神经节神经元上大约 45%由 ACh 引发的内向电流，且对电压门控型钾通道无影响(数据未显示)。在非洲爪蟾卵母细胞异源表达系统中，pu14a 可同时抑制大鼠神经元型含 α3β2 亚型的 nAChRs 和小鼠神经肌接头 α1β1γδ nAChR 亚型(图 4 - 22)。它可分别阻断重组 α3β2 和 α6α3β2 nAChRs 中 51%和 55%由 ACh 引发的电流，且该毒素能与受体快速解离。pu14a 可阻断 α1β1γδ nAChR 亚型约 82%由 ACh 引发的电流并具有相似的解离速率(图 4 - 23)。

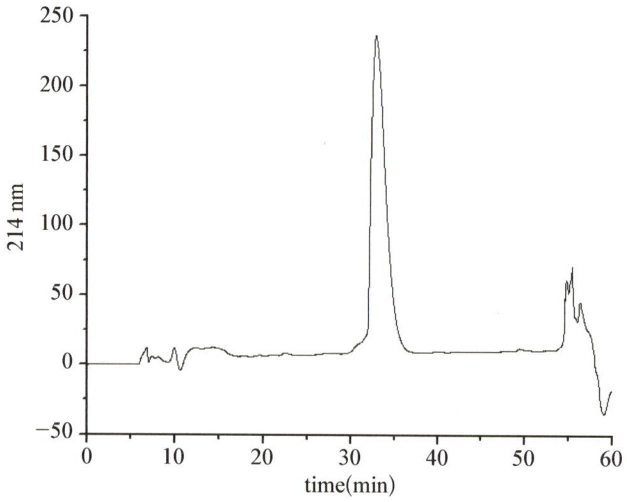

图 4－21　pu14a 氧化终产物的 HPLC 纯化

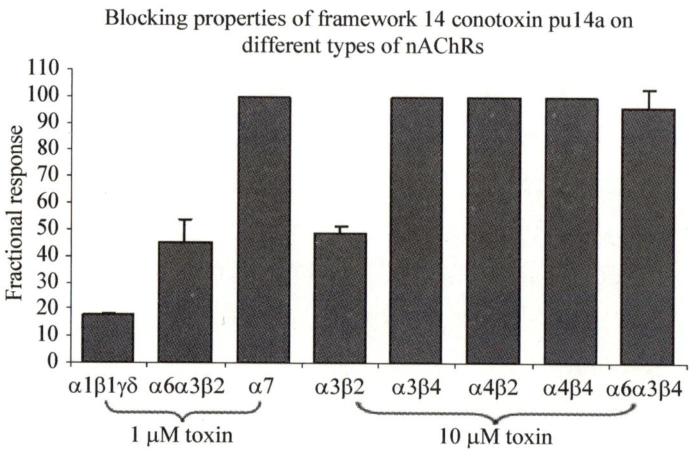

图 4－22　framework 14 芋螺毒素 pu14a 对小鼠和大鼠不同 nAChR 亚型的阻断特性

表 4－5　来自芝麻芋螺的 pu14a 的生物学活性

	Freshwater goldfish of i. m. injection	Kunming male mice of i. v. injection
Normal saline solution (20 μl) (n=3)	Normal activity	Normal activity
pu14a (10 μg/20 μl) (n=3)	Quiet, no swimming, death	Sleeping

续　表

	Freshwater goldfish of i. m. injection	Kunming male mice of i. v. injection
pu14a (15 μg/20 μl) (n=3)	Fast breathing, seizure, death	Sleeping
pu14a (20 μg/20 μl) (n=3)	Unbalanced body, paralysis, death	Sleeping

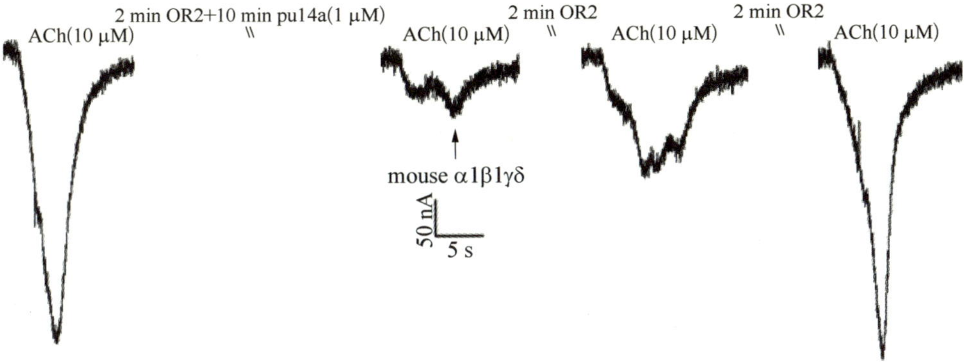

图 4-23　1 μM pu14a 对小鼠 α1β1γδ nAChR 的抑制

4.3.5.3　pu14a 的二硫键定位

我们通过化学合成和空气氧化得到含有 2 对二硫键的 19 肽 pu14a，并对折叠产物进行了二硫键定位研究，具体如下：

1. 部分还原

Buffer：0.1 M 柠檬酸，pH=3，TCEP 终浓度为 20 mM，pu14a 终浓度＜10^{-5} M，室温反应 4～6 min，HPLC 纯化并收集部分还原反应中间体。

2. 部分还原中间体的烷基化修饰

先采用 NEM 烷基化修饰方案：反应体系为 0.1% TFA，其中 NEM 的终浓度为 20 mM，pu14a 终浓度为 10^{-5} M，避光反应 2 h。

打开另一对二硫键，采用碘乙酰胺烷基化修饰方案：反应体系为：250 mM Tris-HCl (pH = 8.0)，2 mM EDTA (pH = 8.6)，4 mM DTT 和 500 mM 碘乙酰胺，室温避光反应 30 min。

3. 对上述样品的 Trypsin 酶解

样品用 50 mM Tris-HCl (pH = 8.0)，1 mM $CaCl_2$ 配成 1 μg/μl，将

Trypsin 配成 10 ng/μl，按样品与 Trypsin 100∶1 的摩尔比配置反应体系，37℃酶解过夜。

4. 酶解片段用质谱鉴定

通过二硫键定位实验，我们最终确定 framework 14 芋螺毒素 pu14a 中 2 对二硫键具有和天然“球形”构象的 α-芋螺毒素一样的配对方式，即 C1 - C3 和 C2 - C4（图 4 - 24）。

pu14a DCPPHPVPGMHKCVCLKTC

图 4 - 24 Framework 14 conotoxin pu14a 的二硫键连接方式

4.3.5.4 pu14a 的溶液结构

电生理实验结果证明，framework 14 芋螺毒素 pu14a 和 α-芋螺毒素一样，是 nAChRs 的拮抗剂。我们通过 NMR 方法测定 pu14a 的溶液结构，并将其与具有相同分子靶标的 α-芋螺毒素的溶液结构进行比较，这对于研究 nAChRs 拮抗剂的构效关系具有极其重要的意义。

称取 1 mg pu14a 溶于 500 μl H_2O/D_2O（90%∶10%，v/v）中，10% D_2O 用于锁场。用微量的 TFA 调节其 pH 值为 3.0，用精密 pH 计测得样品溶液的 pH 值为 3.0。以 DSS 为内标，在水中测完所需谱图外，冷冻干燥回收样品。将冻干后样品重新溶于 99.96% D_2O 中采集 H - D 交换谱，并测定重水中的二维图谱。所有 NMR 实验均在 Bruker 600 MHz 核磁共振仪上完成，2D TOCSY，2D DQF - COSY 和 2D NOESY 均采用相敏模式。实验中心频率放在水峰上，F1 维和 F2 维均采用正交检测方式(Quadrature Detection)，水峰抑制采用预饱和方式（Presaturation）。数据处理采用 TopSpin。

谱图归属包括对自选体系的识别和序列专一性归属。298k 以下的 DQF - COSY 和 TOCSY 被用来指认各残基不同的自旋系统。NOESY 谱对于确定蛋白的溶液结构非常重要，这是因为其能提供蛋白质子间 NOE 信息，NOE 信号的强度可转化为距离约束。质子之间存在 NOE 交叉峰表明在蛋白的二级结构和三级结构中组成蛋白的氨基酸残基内或残基间某些质子之间距离足够近（小于或等于 5Å）。利用 NOESY 谱并参照 Wuthrich 等建立的标准方法对各残基的质子进行了序列专一性归属[321]。

约束条件包括质子间距离约束文件，二面角约束文件和二硫键约束。最终的约束包括 178 个二面角约束和 29 个 2 对二硫键的约束。由于重氢交换实验未发现明显慢交换的酰胺质子，处事结构也未报出可能的氢键，所以计算中未加入氢键约束。结构计算在 CYANA 软件中进行。

最终计算结果从 100 个算出的结构中按照目标函数值挑选 20 个，作为 pu14a 的溶液构象集。此 20 个结构收敛较好，与平均结构的主链重原子（N，CR 和 C）的均方根偏差（RMSD 值）为 0.77 ± 0.26 Å，与所有重原子的 RMSD 值为 1.11 ± 0.24 Å。得到的三维结构均与 NMR 实验数据吻合较好，其中距离违约不超过 0.2 Å，二面角违约不大于 2 度。PROCHECK_NMR 软件用于结构的分析。MOLMOL[322] 软件用于三维结构的显示。按照惯例，对目标函数最小的这 20 个 CYANA 结构，用 AMBER 9[323,324] 进行有约束的能量最小化精修[129,325]。

最后计算出的 pu14a 溶液结构基于 CYANA 计算的结果，也非常好的说明了结构特征及其构效关系。图 4 - 25 显示了结构计算的结果，framework 14 芋螺毒素 pu14a 由一段 α -螺旋以及两个转角结构通过 2 对二硫键连接在一起形

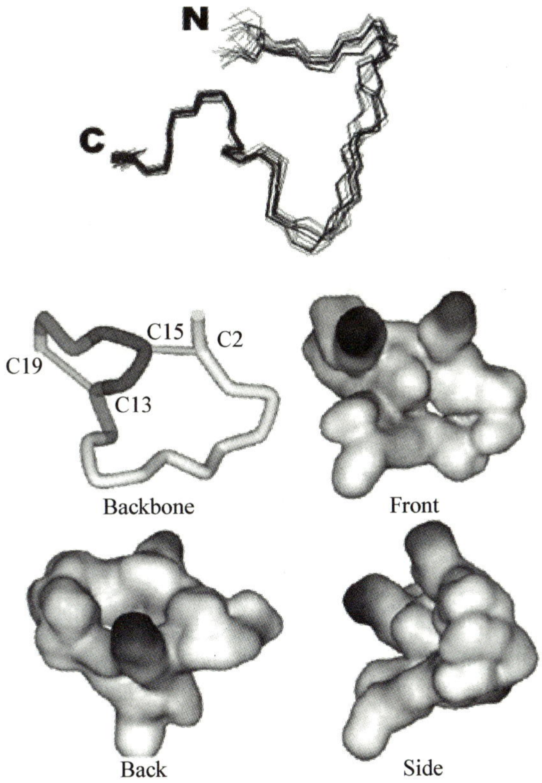

图 4 - 25　pu14a 的三级结构

成不规则的"v"结构。其中二级结构单元的区域都被约束得很好。图 4-25 展示了 framework 14 芋螺毒素 pu14a 的骨架以及表面结构的前、后、侧视图。其颜色表示表面的亲疏水性以及电荷的分布。由图显然可见，Cys2-Cys15 和 Cys13-Cys19 这 2 对二硫键将 framework 14 芋螺毒素 pu14a 的骨架结构加以固定，使其形成 2 个大的 loop，其中 loop1 (P3-K12) 和 loop2 (V14-T18)的长度比为 10/5。此外在 framework 14 芋螺毒素 pu14a 的表面结构上我们还能清楚地看到一个明显的"核"(见图 4-25 前视图和后视图)。它所包含的这个疏水中心与其他所发现的 nAChRs 结构非常相似，并且残基的极性侧链也是朝向外部的。

4.3.5.5 讨论

乙酰胆碱(ACh)受体按药理学可分为 N(nicotine)型和 M(muscarinic)型，属于配体门控离子通道的 N 型乙酰胆碱受体(nAChRs)，又可分为肌肉型和神经元型两种。肌肉型的 nAChRs 由 2 个 α1 亚基，1 个 β1 亚基，1 个 δ 亚基和 1 个 γ/ε 亚基组成的异源五聚体，神经元型 nAChRs 又可分为 2 种，一种是异源五聚体，由 2 个 α 亚基和 3 个 β 亚基组成，如大鼠神经元型 α3β2 亚型，另一种则是同源五聚体，如大鼠神经元型 α7 亚型。

具有新型半胱氨酸骨架 14 的芋螺毒素 pu14a，其二硫键配对方式为 C1-C3，C2-C4。我们对经固相化学合成和体外氧化折叠的 19 肽 pu14a 的生物学活性、分子靶标和溶液结构进行了测定。

活体动物毒性实验发现，尾静脉注射 framework 14 芋螺毒素 pu14a 对昆明系小白鼠具有明显的"诱睡"效果，而脊背肌肉注射 framework 14 芋螺毒素 pu14a 则对淡水金鱼具有致死效应。电生理实验结果证实，framework 14 芋螺毒素 pu14a 与 α-芋螺毒素一样，均为 nAChRs 的拮抗剂。肌肉型 nAChRs 是由 2 个 α1 亚基，1 个 β1 亚基，1 个 δ 亚基和 1 个 γ/ε 亚基组成的异源五聚体，framework 14 芋螺毒素 pu14a 的分子靶标为胚胎型 α1β1γδ nAChR 亚型。此外，pu14a 还能可逆性抑制在爪蟾卵母细胞中表达的大鼠神经元型 α3β2 和 α6α3β2 nAChR 亚型由 ACh 引发的电流。

作用于 nAChRs 的芋螺毒素(CTXs)主要有 α-CTXs，αA-CTXs 和 ψ-CTXs。迄今已报道的 α-CTXs 有 20 余种，除 α-SⅡ 含 3 对二硫键外，其余均含两对二硫键并呈交叉分布(C1-C3，C2-C4)，中间形成 2 个 loop (loop1 和 loop2)。保守的二硫键骨架和 loop 长度是 α-CTXs 的主要特征，据此又可将 α-CTXs进一步分为 α3/5，α4/3，α4/4，α4/6 和 α4/7 等多个亚家族[26]，不同的结构使得这些亚家族的毒素对 nAChRs 的选择性不同(表 4 - 2)。Loop1/loop2 中氨基酸残基数目比为 3/5 的 α - CTXs (α - EⅠ除外,其 loop1/loop2 中氨基酸残基数目比为 4/7[27]),能专一性结合肌肉型 nAChRs 的 α/δ 和 α/γ 亚基[27,30],而 loop1/loop2 中氨基酸残基数目比为 4/3 或 4/7 的 α - CTXs 则专一性结合神经元型 nAChRs 的 α3β2,α3β4 和 α7 等亚型[28]。大部分 α - CTXs 在溶液中的肽骨架构象近似"ω"形,此"ω"端分别代表 C 端和 N 端,开口大小表示 C 端和 N 端的接近程度,只是 3/5 型 α - CTXs 开口较小,紧缩成三角状,而 4/7 型 α - CTXs 开口稍大。

显然 framework 14 芋螺毒素 pu14a 的肽骨架与之前发现的 α - CTXs 不同。它具有两个大的 loop,loop1(P3 - K12)和 loop2 (V14 - T18)的长度比为 10/5(图 4 - 26)。这是由其独特的半胱氨酸骨架 14 所造成的,pu14a 与 α - CTXs 保守的二硫键骨架及 loop 区均有极大的差异,预示作用于 nAChRs 的芋螺毒素中可能存在一个不同于传统"ω"构型的新药效团。

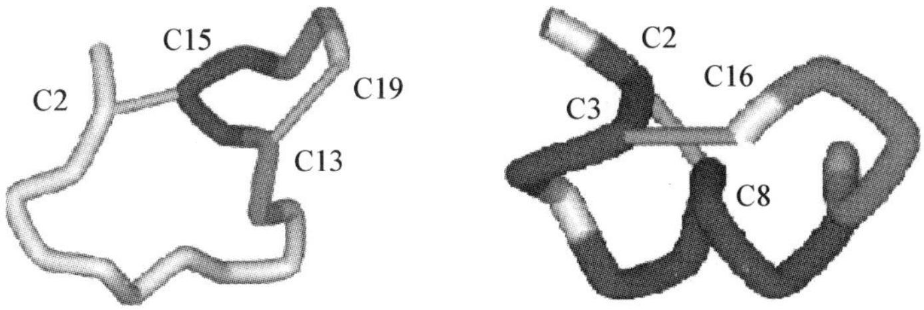

图 4 - 26　pu14a 和 α - PnⅠA (PDB code 2BR8) 的肽骨架折叠

Framework 14 特征性的半胱氨酸残基排列方式(C - C - C - C)是在来自食鱼性地纹芋螺的"scratcher"肽 Con14 中首次发现的,近来该半胱氨酸骨架也已在来自食虫性物种肽中被发现。尽管它们具有相同的半胱氨酸骨架,这些肽有 6 种不同的 intercysteine spacing pattern 和 2 种二硫键连接方式,其中一些成员还可进一步被归入不同的基因超家族(表 4 - 6)。通过对食虫性芋螺 *Conus planorbis* 毒液的功能导向分级分离发现的全新芋螺毒素 pl14a 同时具有对乙酰胆碱受体和电压门控钾通道亚型的强活性[39]。pl14a 含 25 个氨基酸残基、酰胺化的 C 末端、延长的 N 端"尾"(6 个残基)和 2 对二硫键(1 - 3, 2 - 4 连接方式)。该肽被化学合成,其三级结构含有 1 个 α -螺旋和 2 个 3_{10}-螺旋(图 4 - 27)。分析编码 pl14a 前体肽的 cDNA 克隆发现它具有全新的信号肽序列,提示 pl14a 属于新的基因超家族——J -芋螺毒素超家族[39]。同时还发现了 J -超家族另外 5

表 4-6 具有 framework 14 的芋螺毒素

Superfamily	Peptide	Species	Signal sequence	Mature toxin	Disulfide connectivity	Selectivity
A	pu14a	*C. pulicarius*	MG-MRMMFAVFLLVVLATTVVS	DCPPHPVPG-MHKCVCLKT--C	1-3, 2-4	α1β1γδ, α6α3β2, α3β2
I	lt14b[132]	*C. litteratus*	MK-LVLAILVLMLTTSLTCG-	SLCHP-PCTG-LSMCHGGM---C	—	—
J	pl14a[39]		MPSVRSVTCCCLLWMMFSVQLVTP-	FPRPRICNLACRAG-IGHKYPFCH--CR*	1-3, 2-4	α1β1εδ, α3β4, Kv1.6 channel
	pl14.1[39]	*C. planorbis*		GPGSAICNMACRLG-QGHMYPFCN--CN*	—	—
	pl14.2[39]			GPGSAICNMACRLE-HGHLYPFCH--CR*		
	pl14.3[39]			GPGSAICNMACRLE-HGHLYPFCN--CD*		
	fe14.1[39]			SPGSTICKMACRTG-NGHKYPFCN--CR*		
	fe14.2[39]	*C. ferrugineus*		SSGSTVCKMMCRLG-YGHLYPSCG--CR*		
L	lt14a[40]	*C. litteratus*	MK-LSVMFIVFLMLTMPMTCA-	MCPP-LCK---PSCTN-----C*	1-3, 2-4	Muscle and neuronal nAChRs
others	vil14a[38]	*C. villepinii*	—	GGLGRCIYNCMNSGGGLSFIQCKTMCY	1-4, 2-3	K^+ channel blocker
	flf14a[38]			WDVNDCIHFCLIGVVERSYTECHTMCT	1-4, 2-3	—
	flf14b[38]	*C. floridanus floridensis*		WDVNDCIHFCLIGVVGRSYTECHTMCT	1-4, 2-3	
	flf14c[38]			WDAYDCIQFCMRPEMRHTYAQCLSICT	1-4, 2-3	
	as14a[308]			GGVGRCIYNCMNSGGGLNFIQCKTMCY		—
	as14b[308]	*C. austini*		RWDVDQCIYYCLNGVVGYSYTECQTMCT	—	
	Con14[326]	*C. geographus*		KFLSGGFKγIVCHRYCAKG---IAKECN--CPD		—

For post-translational modifications: γ, gcarboxyglutamate; *, amidated C-terminus. Residues potentially involved in functional Lys/Tyr dyads in vil14a and as14a are in bold type and underlined.

个成员。颅腔注射 pl14a 可引起小鼠兴奋症状，包括颤抖、快速转圈、滚筒和 seizure。在卵母细胞异源表达系统中，pl14a 可同时抑制钾通道亚型（Kv1.6，IC_{50} = 1.59 μM）和神经元型（IC_{50} = 8.7 μM for α3β4）及神经肌接头（IC_{50} = 0.54 μM for α1β1εδ）nAChR 亚型。pl14a 的中央 loop 区和一些 α-芋螺毒素的第 2 个 loop 具有明显的序列和结构的相似性。pl14a 是目前发现的第 1 个可同时影响电压门控和配体门控离子通道活性的芋螺毒素。

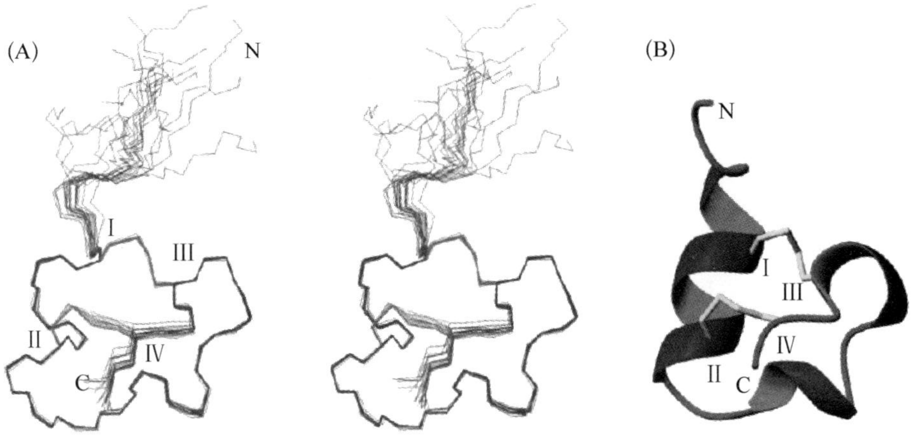

图 4-27　pl14a 的三级结构[39]

近来有研究者从 2 种西大西洋食虫性芋螺物种 *C. floridanusfloridensis*（flf14a-c）和 *C. villepinii*（vil14a）的毒液中分离到 4 个具 framework 14 结构的肽[38]。这些肽的一级结构由 Edman 降解测序确定，它们的胱氨酸配对由 CNBr 和 chymotrypsin 的部分水解（非还原，非烷基化条件下）以及酶解肽片段的 MALDITOF MS 分析确定。天然分离的这 4 个芋螺毒素的圆二色谱和 nanoNMR 波谱技术揭示它们的二级结构中富含螺旋。室温下进行的序列特异性 nanoNMR 分析显示它们具有“helix-loop-helix”（Cs α/α）的三级结构（图 4-28），这与同样具有 Cs α/α 结构的蝎毒 κ-hefutoxin 和 κ-KTx1.3 以及具有由 2 对二硫桥交联的 2 个 α-螺旋组成的稳定三级折叠的 Om-toxins 相似。这些芋螺毒素中的 vil14a 具有钾通道阻断剂保守的结构特征 Lys/Tyr dyad（距离大约为 6Å）。该骨架在蝎和芋螺中的存在提示了一种在明显无关的猎食性动物的毒液中通用的分子印迹，也揭示了它们共同的祖先遗传起源。

与 J-超家族 framework 14 芋螺毒素 pl14a 相似，A-超家族 framework 14 芋螺毒素 pu14a 可同时抑制神经元型和神经肌接头的 nAChR 亚型，但不同于

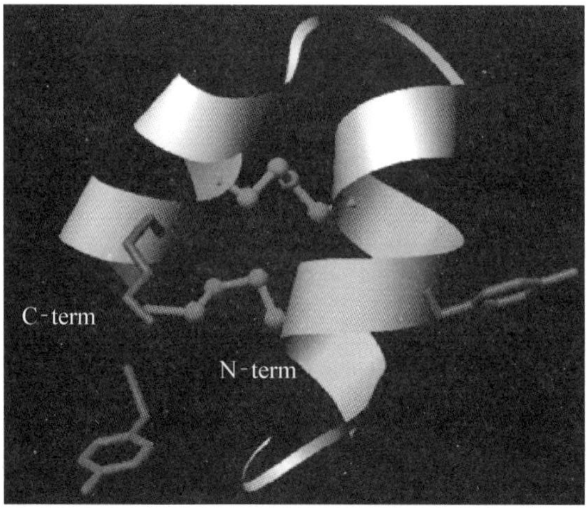

图 4－28　vil14a 最低能量结构模型[38]

pl14a 和 framework 14 芋螺毒素 vil14a，pu14a 对急性分离的小鼠颈上交感神经接神经元上电压门控型钾通道无影响。通过 NMR 确定 pu14a 的三级溶液结构含有 1 个 α－螺旋和两个转角。pu14a 的极性侧链从分子核心发散开来，其表面的疏水 patch 与其他 nAChRs 拮抗剂相近。分子中的 2 对二硫键（C2－C15 和 C13－C19）稳定了 pu14a 的骨架，并形成了 2 个 loop，loop1（P3－K12）和 loop2（V14－T18），它们的长度比为 10∶5。

pu14a 的溶液结构与 α－芋螺毒素，framework 14 芋螺毒素 pl14a 和 vil14a 具有明显差异。和具有"ω"形骨架结构的 α－芋螺毒素不同，pu14a 因为具有较长的 loop1，故其分子表现为"v"形骨架结构。pu14a 的这些结构特征可能与其独特的受体识别模式相关。因此，pu14a 代表 A－基因超家族中含有半胱氨酸 framework 14 的一类具有全新结构的亚家族。

Framework 14 芋螺毒素 pu14a 因能选择性阻断 nAChRs 亚型，使其可作为鉴定 nAChRs 及其亚基组成的潜在有效工具。此外，在药理学方面，pu14a 也有望被开发为用于治疗焦虑症、帕金森病、肌肉紧张和高血压等与 nAChRs 相关病症的诊疗药物或药物先导化合物。对 pu14a 和 framework 14 芋螺毒素的功能研究和溶液结构解析具有极其重要的深远意义。

参考文献

[1] Kohn A, Saunders P, Wiener S. Preliminary studies on the venom of the marine snail *Conus*[J]. Ann N Y Acad Sci, 1990, 90: 706 - 725.

[2] Gall L, Favreau F, Richard P, et al. The strategy used by some piscivorous cone snails to capture their prey: the effects of their venoms on vertebrates and on isolated neuromuscular preparations[J]. Toxicon, 1999, 37: 985 - 998.

[3] Alonso D, Khalil Z, Satkunanthan N, et al. Drugs from the sea: conotoxins as drug leads for neuropathic pain and other neurological conditions[J]. Mini Rev Med Chem, 2003, 3: 785 - 787.

[4] Terlau H, Olivera B M. *Conus* venoms: a rich source of novel ion channel-targeted peptides[J]. Physiol Rev, 2004, 84: 41 - 68.

[5] Olivera B M. *Conus* venom peptides, receptor and ion channel targets, and drug design: 50 million years of neuropharmacology [J]. Mol Biol Cell, 1997, 8: 2101 - 2109.

[6] Walker C S, Steel D, Jacobsen R B, et al. The T - superfamily of conotoxins[J]. J Biol Chem, 1999, 274: 30664 - 30671.

[7] Olivera B M, Cruzab L J. Conotoxins, in retrospect[J]. Toxicon, 2001, 39: 7 - 14.

[8] Olivera B M. Speciation of cone snails and interspecific hyperdivergence of their venom peptides. Potential evolutionary significance of introns[J]. Ann NY Acad Sci, 1999, 870: 223 - 237.

[9] Brown M A, Begley G S, Czerwiec E, et al. Precursors of novel Gla-containing conotoxins contain a carboxy-terminal recognition site that directs γ - carboxylation[J]. Biochemistry, 2005, 44: 9150 - 9159.

[10] Naranjo D. Inhibition of single *Shaker* K channels by κ - conotoxin-PⅧA[J]. Biophys J, 2002, 82: 3003 - 3011.

[11] Kim J I. Hydroxyl group of Tyr13 is essential for the activity of ω - conotoxin GⅥA, a

peptide toxin for N - type calcium channel [J]. J Biol Chem, 1994, 269: 23876 - 23878.

[12] Nielsen K J, Thomas L, Lewis R J, et al. A consensus structure for ω - conotoxins with different selectivities for voltage-sensitive calcium channel subtypes: comparison of MⅦA, SⅥB and SNX - 202[J]. J Mol Biol, 1996, 263: 297 - 310.

[13] Balaji R A. λ - conotoxins, a new family of conotoxins with unique disulfide pattern and protein folding. Isolation and characterization from the venom of *Conusmarmoreus* [J]. J Biol Chem, 2000, 275: 39516 - 39522.

[14] 周爱儒. 生物化学[M]. 6 版. 北京: 人民卫生出版社, 2004.

[15] Craig A G, Bandyopadhyay P, Olivera B M. Post-translationally modified neuropeptides from *Conus* venoms[J]. Eur J Biochem, 1999, 264: 271 - 275.

[16] Buczek O, Bulaj G, Olivera B M. Conotoxins and the posttranslational modification of secreted gene products[J]. Cell Mol Life Sci, 2005, 62: 3067 - 3079.

[17] Jimenez C. Bromocontryphan: Post-translational bromination of tryptophan [J]. Biochemistry, 1997, 36: 989 - 994.

[18] Solovyov A, Xiao R, Gilbert H F. Sulfhydryl Oxidation, not disulfide isomerization, is the principal function of protein disulfide isomerase in yeast *Saccharomyces cerevisiae* [J]. J Biol Chem 2004, 279: 34095 - 34100.

[19] Jimenez E C, Olivera B M, Gray W R, et al. Contryphan is a D - tryptophan containing *Conus* peptide[J]. J Biol Chem, 1996, 271: 28002 - 28005.

[20] McIntosh J M, Olivera B M, Cruz L J, et al. γ - carboxyglutamate in a neuroactive toxin[J]. J Biol Chem, 1984, 259: 14343 - 14346.

[21] Jimenez E C. Conantokin - L, a new NMDA receptor antagonist: determinants for anticonvulsant potency[J]. Epilepsy Res., 2002, 51: 73 - 80.

[22] Haack J A. Conantokin T: a γ - carboxyglutamatecontaining peptide with N - methyl - D - aspartate antagonist activity[J]. J Biol Chem., 1990, 265: 6025 - 6029.

[23] Lindstrom J. The structures of neuronal nicotinic receptors. Handbook of Experimental Pharmacology, 2000, Vol: Neuronal Nicotinic Receptors, 101 - 162.

[24] Gotti C, Clementi F. Neuronal nicotinic receptors: from structure to pathology[J]. Progress in Neurobiology, 2004, 74: 363 - 396.

[25] Nicke A, Wonnacott S, Lewis R J. α - Conotoxins as tools for the elucidation of structure and function of neuronal nicotinic acetylcholine receptor subtypes[J]. Eur J Biochem, 2004, 271: 2305 - 2319.

[26] Dutton J L, Craik D J. α - Conotoxins: nicotinic acetylcholine receptor antagonists as pharmacological tools and potential drug leads [J]. Curr Med Chem., 2001, 8:

327 - 344.

[27] Martinez J S. α - Conotoxin EI, a new nicotinic acetylcholine receptor antagonist with novel selectivity[J]. Biochemistry, 1995, 34: 14519 - 14526.

[28] Ellison M, McIntosh J M, Olivera B M. α - Conotoxins ImⅠ and ImⅡ. Similar α7 nicotinic receptor antagonists act at different sites[J]. J Biol Chem, 2003, 278: 757 - 764.

[29] Azam L, Dowell C, Watkins M, et al. α - Conotoxin BuⅠA, a novel peptide from *Conus bullatus*, distinguishes among neuronal nicotinic acetylcholine receptors[J]. J Biol Chem, 2005, 280: 80 - 87.

[30] Nicke A, Loughnan M L, Millard E L, et al. Isolation, structure, and activity of GID, a novel α4/7 - conotoxin with an extended N - terminal sequence[J]. J Biol Chem, 2003, 278: 3137 - 3144.

[31] Arias H R, Blanton M P. α - conotoxins[J]. Int J Biochem Cell Biol, 2000, 32: 1017 - 1028.

[32] Broxton N. Leu(10) of α - conotoxin PnⅠB confers potency for neuronal nicotinic responses in bovine chromaffin cells[J]. Eur J Pharmacol, 2000, 390: 229 - 236.

[33] Park K H. Solution conformation of α - conotoxin EI, a neuromuscular toxin specific for the α1/δ subunit interface of *Torpedo* nicotinic acetylcholine receptor[J]. J Biol Chem, 2001, 276: 49028 - 49033.

[34] Teichert R W. α - Conotoxin OⅣA defines a new αA - conotoxin subfamily of nicotinic acetylcholine receptor inhibitors[J]. Toxicon, 2004, 44: 207 - 214.

[35] Hopkins C. A new family of *Conus* peptides targeted to the nicotinic acetylcholine receptor[J]. J Biol Chem, 1995, 270: 22361 - 22367.

[36] Espiritu D J. Venomous cone snails: molecular phylogeny and the generation of toxin diversity[J]. Toxicon, 2001, 39: 1899 - 1916.

[37] Shon K J. A noncompetitive peptide inhibitor of the nicotinic acetylcholine receptor from *Conus purpurascens* venom[J]. Biochemistry, 1997, 36: 9581 - 9587.

[38] Moller C, Rahmankhah S, Lauer - Fields J, et al. A novel conotoxin framework with a Helix - Loop - Helix(Cs α/α) fold[J]. Biochemistry, 2005, 44: 15986 - 15996.

[39] Imperial J S, Bansal P S, Alewood P F, et al. A novel conotoxin inhibitor of Kv1. 6 channel and nAChR subtypes defines a new superfamily of conotoxins [J]. Biochemistry, 2006, 45: 8331 - 8340.

[40] Peng C, Tang S, Pi C, et al. Discovery of a novel class of conotoxin from *Conus litteratus*, lt14a, with unique cysteine pattern[J]. Peptides, 2006, 27: 2174 - 2181.

[41] Teichert R W, Jimenez E C, Olivera B M. αS - Conotoxin RⅧA: A structurally

unique conotoxin that broadly targets nicotinic acetylcholine receptors [J]. Biochemistry, 2005, 44: 7897 - 7902.

[42] Loughnan M, Nicke A, Jones A, et al. Identification of a novel class of nicotinic receptor antagonists: dimeric conotoxins VxⅫA, VxⅫB, and VxⅫC from *Conus vexillum*[J]. J Biol Chem, 2006, 281: 24745 - 24755.

[43] Jimenez E C, Olivera B M, Teichert R W. αC - conotoxin PrⅩA: a new family of nicotinic acetylcholine receptor antagonists[J]. Biochemistry, 2007, 46: 8717 - 8724.

[44] Ragsdale D S, Avoli M. Sodium channel as molecular targets for antiepileptic drugs [J]. Brain Res Reviews, 1998, 26: 16 - 28.

[45] Cestele S, Catterall W A. Molecular mechanisms of neurotoxin action on voltage-gated sodium channels[J]. Biochimie, 2000, 82: 883 - 892.

[46] Catterall W A. Structure and function of voltage-gated ion channels[J]. Annu Rev Biochem, 1995, 64: 493 - 531.

[47] Akopian A N, Souslova V, Sivilotti L, et al. Structure and distribution of a broadly expressed atypical sodium channel[J]. FEBS Lett, 1997, 400: 183 - 187.

[48] Adams M E, Olivera B M. Neurotoxins: overview of an emerging research technology [J]. Trends Neurosci, 1994, 17: 151 - 155.

[49] Dudley S C, Todt H, Lipkind G, et al. A μ - conotoxin-insensitive Na^+ channel mutant: possible localization of a binding site at the outer vestibule[J]. Biophys J, 1995, 69: 1657 - 1665.

[50] Hui K, Lipkind G, Fozzard H A, et al. Electrostatic and steric contributions to block of the skeletal muscle sodium channel by μ - conotoxin[J]. J Gen Physiol, 2002, 119: 45 - 54.

[51] Li R A, Ennis I L, Vélez P, et al. Novel structural determinants of μ - conotoxin (GⅢB) block in rat skeletal muscle (μ1) Na^+ channels[J]. J Biol Chem, 2000, 275: 27551 - 27558.

[52] West P J, Bulaj G, Garrett J E, et al. μ - Conotoxin SmⅢA, a potent inhibitor of tetrodotoxin-resistant sodium channels in amphibian sympathetic and sensory neurons [J]. Biochemistry, 2002, 41: 15388 - 15393.

[53] Shon K J, Olivera B M, Watkins M, et al. μ - Conotoxin PⅢA, a new peptide for discriminating among tetrodotoxin-sensitive sodium channel subtypes[J]. J Neurosci, 1998, 18: 4473 - 4481.

[54] Cornet B. Refined three-dimensional solution structure of insect defensin A [J]. Structure, 1995, 3: 435 - 438.

[55] Nielsen K J. Solution structure of μ - conotoxin PⅢA, a preferential inhibitor of

persistent tetrodotoxin-sensitive sodium channels [J]. J Biol Chem, 2002, 277: 27247 - 27255.

[56] Keizer D W. Structural basis for tetrodotoxin-resistant sodium channel binding by μ - conotoxin SmⅢA[J]. J Biol Chem, 2003, 278: 46805 - 46813.

[57] Wang C G, Zhang H, Jiang H, et al, A novel conotoxin from *Conus Striatus*, μ - SⅢA, selectively blocking rat tetrodotoxin-resistant sodiun channels[J]. Toxicon, 2006, 47: 122 - 132.

[58] Daly N L, Ekberg J A, Thomas L, et al, Structures of μO - conotoxin from *Conus marmoreus*: inhibitors of TTX - sensitive and TTX - resistant sodium channels in mammalian sensory neurons[J]. J Biol Chem, 2004, 24: 25774 - 25782.

[59] Terlau H, Stocker M, Shon K J, et al. μO - conotoxin MrⅥA inhibits mammalian sodium channels, but not through site I[J]. J Neurophysiol, 1996, 76: 1423 - 1429.

[60] Shon K J. δ - conotoxin GmⅥA, a novel peptide from the venom of *Conus gloriamaris* [J]. Biochemistry, 1994, 33: 11420 - 11425.

[61] Fainzilber M, Kofman O, Zlotkin E, et al. A new neurotoxin receptor site on sodium channels is identified by a conotoxin that affects sodium channel inactivation in molluscs and acts as an antagonist in rat brain[J]. J Biol Chem, 1994, 269, 2574 - 2580.

[62] Shon K J. Purification, characterization, synthesis, and cloning of the lockjaw peptide from *Conus purpurascens* venom[J]. Biochemistry, 1995, 34: 4913 - 4918.

[63] Fainzilber M. A new conotoxin affecting sodium current inactivation interacts with the δ - conotoxin receptor site[J]. J Biol Chem, 1995, 270: 1123 - 1129.

[64] Smith A B, Cunnane T C. Calcium channels controlling acetylcholine release in the guinea-pig isolated anterior pelvic ganglion: an electropharmacological study [J]. Neuroscience, 1999, 94: 891 - 896.

[65] Currie K P, Fox A P. Comparison of N - and P/Q - type voltage-gated calcium channel current inhibition[J]. J Neurosci, 1997, 17: 4570 - 4579.

[66] McDonough S I, Swartz K J, Mintz I M, et al. Inhibition of calcium channels in rat central and peripheral neurons by ω - conotoxin MⅦC[J]. J Neurosci, 1996, 16: 2612 - 2623.

[67] Takahashi T, Momiyama A. Different types of calcium channels mediate central synaptic transmission[J]. Nature, 1993, 366: 156 - 158.

[68] Lewis R J, Nielsen K J, Craik D J, et al. Novel ω - conotoxins from *Conus catus* discriminate among neuronal calcium channel subtypes[J]. J Biol Chem, 2000, 275: 35335 - 35344.

[69] Favreau P, Gilles N, Lamthanh H, et al. A new ω - conotoxin that targets N - type

voltage-sensitive calcium channels with unusual specificity[J]. Biochemistry, 2001, 40: 14567 - 14575.

[70] Abe T, Saisu H. Identification of the receptor for ω - conotoxin in brain. Probable components of the calcium channel[J]. J Biol Chem, 1987, 262: 9877 - 9882.

[71] Ramilo C A, Zafaralla G C, Nadasdi L, et al. Novel α - and ω - conotoxins from *Conus striatus* venom[J]. Biochemistry, 1992, 31: 9919 - 9926.

[72] Fox J A. Novel ω - conopeptides reduced field potential amplitudes in the rat hippocampal slice[J]. Neurosci. Lett, 1994, 165: 157 - 160.

[73] Sasaki T. Synthesis, bioactivity, and cloning of the L - type calcium channel blocker ω - conotoxin TxⅦ[J]. Biochemistry, 1999, 38: 12876 - 12884.

[74] Lu S, Liang S, Gu X. Three-dimensional structure of *Selenocosmia huwena* lectin - I (SHL - I) from the venom of the spider *Selenocosmia huwena* by 2D - NMR[J]. J Protein Chem, 1999, 18: 609 - 617.

[75] Nilges M, Habazettl J, Brunger AT, et al. Relaxation matrix refinement of the solution structure of squash trypsin inhibitor[J]. J Mol Biol, 1991, 219: 499 - 510.

[76] Lew M J. Structure-function relationships of ω - conotoxin G Ⅵ A. Synthesis, structure, calcium channel binding, and functional assay of alanine-substituted analogues[J]. J Biol Chem, 1997, 272: 12014 - 12023.

[77] Kobayashi K, Sasaki T, Sato K, et al. Three-dimensional solution structure of ω - conotoxin TxⅦ, an L - type calcium channel blocker[J]. Biochemistry, 2000, 39: 14761 - 14767.

[78] Wickenden A. K^+ channels as therapeutic drug targets[J]. Pharmacol Ther 2002, 94: 157 - 182.

[79] Jiang Y. Crystal structure and mechanism of a calcium-gated potassium channel[J]. Nature, 2002, 417: 515 - 522.

[80] Doyle D A. The structure of the potassium channel: molecular basis of K^+ conduction and selectivity[J]. Science, 1998, 280: 69 - 77.

[81] Swartz K J. Towards a structural view of gating in potassium channels[J]. Nat Rev Neurosci, 2004, 5: 905 - 916.

[82] Shon K J. κ - Conotoxin PⅦA is a peptide inhibiting the *shaker* K^+ channel[J]. J Biol Chem, 1998, 273: 33 - 38.

[83] Jacobsen R B. Single amino acid substitutions in κ - conotoxin PⅦA disrupt interaction with the shaker K^+ channel[J]. J Biol Chem, 2000, 275: 24639 - 24644.

[84] Craig A G. An O - glycosylated neuroexcitatory *Conus* peptide[J]. Biochemistry, 1998, 37: 16019 - 16025.

[85] Ferber M. A novel *Conus* peptide ligand for K^+ channels[J]. J Biol Chem, 2003, 278: 2177 - 2183.

[86] Al - Sabi A. κM - conotoxin RⅢK, structural and functional novelty in a K^+ channel antagonist[J]. Biochemistry, 2004, 43: 8625 - 8635.

[87] Corpuz G P, Jacobsen R B, Jimenez E C, et al. Definition of the M - conotoxin superfamily: characterization of the novel peptides from molluscivorous *Conus* venoms [J]. Biochemistry, 2005, 44: 8176 - 8186.

[88] Han Y H, Wang Q, Jiang H, et al. Characterization of novel M - superfamily conotoxins with new disulfide linkage[J]. FEBS J, 2006, 273: 4972 - 4982.

[89] Fan C X, Chen X K, Zhang C, et al. A novel conotoxin from *Conus betulinus*, κ - BtX, unique in cysteine pattern and in function as a specific BK channel modulator[J]. J Biol Chem, 2003, 278: 12624 - 12633.

[90] Kauferstein S, Huys I, Lamthanh H, et al. A novel conotoxin inhibiting vertebrate voltage-sensitive potassium channels[J]. Toxicon, 2003, 42: 43 - 52.

[91] McBain C J, Mayer M L. N - methyl - D - aspartic acid receptor structure and function [J]. Physiol Rev, 1994, 74: 723 - 760.

[92] Kemp J A, McKernan R M. NMDA receptor pathways as drug targets[J]. Nat Neurosci, 2002, 5: 1039 - 1042.

[93] White H S, McCabe R T, Armstrong H, et al. *In vitro* and *in vivo* characterization of conantokin - R, a selective NMDA receptor antagonist isolated from the venom of the fish-hunting snail *Conus radiatus*[J]. J Pharmacol Exp Ther, 2000, 292: 425 - 432.

[94] Lin C H, Chan F C, Hwang J K, et al. Calcium binding mode of γ - carboxyglutamic acids in conantokins[J]. Protein Eng, 1999, 12: 589 - 595.

[95] Zhou L M, Szendrei G I, Fossom L H, et al. Synthetic analogues of conantokin - G: NMDA antagonists acting through a novel polyamine-coupled site[J]. J Neurochem, 1996, 66: 620 - 628.

[96] Klein R C, Warder S E, Galdzicki Z, et al. Kinetic and mechanistic characterization of NMDA receptor antagonism by replacement and truncation variants of the conantokin peptides[J]. Neuropharmacology, 2001, 41: 801 - 810.

[97] Massilia G R, Schinina M E, Ascenzi P, et al. Contryphan - Vn: a novel peptide from the venom of the Mediterranean snail *Conus ventricosus*[J]. Biochem Biophys Res Commun, 2001, 288: 908 - 913.

[98] Jacobsen R B, Jimenez E C, De la Cruz R G C, et al. A novel D - leucine - containing *Conus* peptide: diverse conformational dynamics in the contryphan family[J]. J Pept Res, 1999, 54: 93 - 99.

[99] Jimenez E C, Watkins M, Juszczak L J, et al. Contryphans from *Conus textile* venom ducts[J]. Toxicon, 2001, 39: 803 - 808.

[100] Hansson K, Ma X, Eliasson L, et al. The first γ - carboxyglutamic acid-containing contryphan. A selective L - type calcium ion channel blocker isolated from the venom of *Conus marmoreus*[J]. J Biol Chem, 2004, 279: 32453 - 32463.

[101] Pallaghy P K, Melnikova A P, Jimenez E C, et al. Solution structure of contryphan - R, a naturally occurring disulfide-bridged octapeptide containing D - tryptophan: comparison with protein loops[J]. Biochemistry, 1999, 38: 11553 - 11559.

[102] Pallaghy P K, He W, Jimenez E C, et al. Structures of the contryphan family of cyclic peptides. Role of electrostatic interactions in cis-trans isomerism [J]. Biochemistry, 2000, 39: 12845 - 12852.

[103] Jimenez E C, Craig A G, Watkins M, et al. Bromocontryphan: post-translational bromination of tryptophan[J]. Biochemistry, 1997, 36: 989 - 994.

[104] Craig A G, Norberg T, Griffin D, et al. Contulakin - G, an O - glycosylated invertebrate neurotensin[J]. J Biol Chem, 1999, 274: 13752 - 13759.

[105] Cruz L J, de Santos V, Zafaralla G C, et al. Invertebrate vasopressin/oxytocin homologs. Characterization of peptides from *Conus geographus* and *Conus straitus* venoms[J]. J Biol Chem, 1987, 262: 15821 - 15824.

[106] Sharpe I A, J Gehrmann J, Loughnan M L, et al. Two new classes of conopeptides inhibit the α1 - adrenoceptor and noradrenaline transporter[J]. Nat Neurosci, 2001, 4: 902 - 907.

[107] McIntosh J M, Ghomashchi F, Gelb M H, et al. Conodipine - M, a novel phospholipase A2 isolated from the venom of the marine snail *Conus magus*[J]. J Biol Chem, 1995, 270: 3518 - 3526.

[108] Maillo M, Aguilar M B, Lopéz - VeraE, et al. Conorfamide, a *Conus* venom peptide belonging to the RFamide family of neuropeptides[J]. Toxicon, 2002, 40: 401 - 407.

[109] Lirazan M, Jimenez E C, Craig A G, et al. Conophysin - R, a *Conus radiatus* venom peptide belonging to the neurophysin family[J]. Toxicon, 2002, 40: 901 - 908.

[110] McIntosh J M, Olivera B M, Cruz L J. *Conus* peptides as probes for ion channels[J]. Methods Enzymol, 1999, 294: 605 - 624.

[111] Livett B G, Gayler K R, Khalil Z. Drugs from the sea: conopeptides as potential therapeutics[J]. Curr Med Chem, 2004, 11: 1715 - 1723.

[112] Peng C, Wu X, Han Y, et al. Identification of six novel T - 1 conotoxins from *Conus pulicarius* by molecular cloning[J]. Peptides, 2007, 28: 2116 - 2124.

[113] Kaas Q, Westermann J C, Halai R, et al. ConoServer, a database for conopeptide

sequences and structures[J]. Bioinformatics, 2008, 24: 445-446.

[114] Rivier J, Galyean R, Gray W R, et al. Neuronal calcium channel inhibitors. Syhthesis of ω-conotoxin GⅥA and effects on 45Ca uptake by synaptosomes[J]. J Biol Chem, 1987, 262: 1194-1198.

[115] McIntosh J M, Hasson A, Spira M E, et al. A new family of conotoxins that blocks voltage-gated sodium channels[J]. J Biol Chem, 1995, 270: 16796-16802.

[116] McIntosh J M, Corpuz G O, Layer R T, et al. Isolation and characterization of a novel *Conus* peptide with apparent antinociceptive activity[J]. J Biol Chem, 2000, 275: 32391-32397.

[117] Sato K, Ishida Y, Wakamatsu K, et al. Active site of μ-conotoxin GⅢA, a peptide blocker of muscle sodium channels[J]. J Biol Chem, 1991, 266: 16989-16991.

[118] McDougal O M, Poulter C D. Three-dimensional structure of the mini-M conotoxin mr3a[J]. Biochemistry, 2004, 43: 425-429.

[119] Wang Q, Jiang H, Han Y H, et al. Two different groups of signal sequence in M-superfamily conotoxins[J]. Toxicon, 2008, 51: 813-822.

[120] McDonough S I, Boland L M, Mintz I M, et al. Interactions among toxins that inhibit N-type and P-type calcium channels[J]. J Gen Physiol, 2002, 119: 313-328.

[121] Altschul S F, Gish W, Miller W, et al. Basic local alignment search tool[J]. J Mol Biol, 1990, 215: 403-410.

[122] Bendtsen J D, Nielsen H, von Heijne G, et al. Improved prediction of signal peptides: SignalP 3.0[J]. J Mol Biol, 2004, 340: 783-795.

[123] Kumar S, Tamura K, Nei M. MEGA3: integrated software for molecular evolutionary genetics analysis and sequence alignment[J]. Brief Bioinform, 2004, 5: 150-163.

[124] 王琪. 芋螺毒素的纯化、基因克隆及进化分析[D]. 上海：中国科学院上海生命科学院生物化学与细胞生物学研究所，2005.

[125] Pi C, Liu J, Peng C, et al. Diversity and evolution of conotoxins based on gene expression profiling of *Conus litteratus*[J]. Genomics, 2006, 88: 809-819.

[126] Santos A D, McIntosh J M, Hillyard D R, et al. The A-superfamily of conotoxins: structural and functional divergence[J]. J Biol Chem, 2004, 279: 17596-17606.

[127] Yuan D D, Han Y H, Wang C G, et al. From the identification of gene organization of α conotoxins to the cloning of novel toxins[J]. Toxicon, 2007, 49: 1135-1149.

[128] Liu L, Chew G, Hawrot E, et al. Two potent α3/5 conotoxins from piscivorous *Conus achatinus*[J]. Acta Biochim Biophys Sin (Shanghai), 2007, 39: 438-444.

[129] Rogers J P, Luginbühl P, Shen G S, et al. NMR solution structure of α - conotoxin ImI and comparison to other conotoxins specific for neuronal nicotinic acetylcholine receptors[J]. Biochemistry, 1999, 38: 3874 - 3882.

[130] Duda Jr T F, Kohn A J, Palumbi S R. Origins of diverse feeding ecologies within *Conus*, a genus of venomous marine gastropods[J]. Biological Journal of the Linnean Society, 2001, 73: 391 - 409.

[131] Buczek O, Yoshikami D, Watkins M, et al. Characterization of D - amino-acid-containing excitatory conotoxins and redefinition of the I - conotoxin superfamily[J]. FEBS J, 2005, 272: 4178 - 4188.

[132] 袁多多. α-芋螺毒素的基因结构及唐草芋螺新型神经毒素的研究[D]. 上海：同济大学生命科学与技术学院,2007.

[133] Jimenez E C, Shetty R P, Lirazan M, et al. Novel excitatory *Conus* peptides define a new conotoxin superfamily[J]. J Neurochem, 2003, 85: 610 - 621.

[134] Buczek O, Wei D, Babon J J, et al. Structure and sodium channel activity of an excitatory I_1-superfamily conotoxin[J]. Biochemistry, 2007, 46: 9929 - 9940.

[135] Han Y, Huang F, Jiang H, et al. Purification and structural characterization of a D-amino acid-containing conopeptide, conomarphin, from *Conus marmoreus*[J]. FEBS J, 2008, 275: 1976 - 1987.

[136] Dutertre S, Lumsden N G, Alewood P F, et al. Isolation and characterization of conomap - Vt, αD - amino acid containing excitatory peptide from thevenom of a vermivorous cone snail[J]. FEBS Lett, 2006, 580: 3860 - 3866.

[137] Pisarewicz K, Mora D, Pflueger F C, et al. Polypeptide chains containing D - γ - hydroxyvaline[J]. J Am Chem Soc, 2005, 127: 6207 - 6215.

[138] Rigby A C, Baleja J D, Li L, et al. Role of γ - carboxyglutamic acid in the calcium-induced structural transition of conantokin G, a conotoxin from the marine snail *Conus geographus*[J]. Biochemistry, 1997, 36: 15677 - 15684.

[139] Fainzilber M, Nakamura T, Gaathon A, et al. A new cysteine framework in sodium channel blocking conotoxins[J]. Biochemistry, 1995, 34: 8649 - 8656.

[140] Jiang H, Wang C Z, Xu C Q, et al. A novel M - superfamily conotoxin with a unique motif from *Conus vexillum*[J]. Peptides, 2006, 27: 682 - 689.

[141] Montecucchi P C, de Castiglione R, Piani S, et al. Amino acid composition and sequence of dermorphin, a novel opiate-like peptide from the skin of *Phyllomedusa sauvagei*[J]. Int J Pept Protein Res, 1981, 17: 275 - 283.

[142] Sarto G, Degli Uberti E C, Salvadori S, et al. Opioid peptides. Analgesic activity of potent dermorphin tetrapeptides[J]. Ⅵ. Farmaco [Sci], 1983, 38: 647 - 652.

[143] Kuwada M, Teramoto T, Kumagaye K Y, et al. ω - Agatoxin - TK containing D - serine at position 46, but not synthetic ω - [L - Ser46] agatoxin - TK, exerts blockade of P - type calcium channels in cerebellar Purkinje neurons [J]. Mol Pharmacol, 1994, 46: 587 - 593.

[144] Richter K, Egger R, Kreil G. D - alanine in the frog skin peptide dermorphin is derived from L - alanine in the precursor[J]. Science, 1987, 238: 200 - 202.

[145] Kamatani Y, Minakata H, Kenny P T, et al. Achatin - I, an endogenous neuroexcitatory tetrapeptide from *Achatina fulica Férussac* containing αD - amino acid residue[J]. Biochem Biophys Res Commun, 1989, 160: 1015 - 1020.

[146] Kreil G, Barra D, Simmaco M, et al. Deltorphin, a novel amphibian skin peptide with high selectivity and affinity for δ opioid receptors[J]. Eur J Pharmacol, 1989, 162: 123 - 128.

[147] Kamatani Y, Minakata H, Nomoto K, et al. Isolation of achatin - I, a neuroactive tetrapeptide having a D - phenylalanine residue, from *Achatina* ganglia, and its effects on *Achatina* giant neurons[J]. Comp Biochem Physiol C, 1991, 98: 97 - 103.

[148] Ohta N, Kubota I, Takao T, et al. Fulicin, a novel neuropeptide containing a D - amino acid residue isolated from the ganglia of *Achatina fulica*[J]. Biochem Biophys Res Commun, 1991, 178: 486 - 493.

[149] Torres A M, Menz I, Alewood P F, et al. D - Amino acid residue in the C - type natriuretic peptide from the venom of the mammal, *Ornithorhynchus anatinus*, the Australian platypus[J]. FEBS Lett, 2002, 524: 172 - 176.

[150] Buczek O, Yoshikami D, Bulaj G, et al. Post-translational amino acid isomerization: a functionally important D - amino acid in an excitatory peptide[J]. J Biol Chem, 2005, 280: 4247 - 4253.

[151] Heck S D, Faraci W S, Kelbaugh P R, et al. Post-translational amino acid epimerization: enzyme-catalyzed isomerization of amino acid residues in peptide chains [J]. Proc Natl Acad Sci USA, 1996, 93: 4036 - 4039.

[152] Jilek A, Mollay C, Tippelt C, et al. Biosynthesis of αD - amino acid in peptide linkage by an enzyme from frog skin secretions[J]. Proc Natl Acad Sci USA, 2005, 102: 4235 - 4239.

[153] Torres A M, Tsampazi C, Geraghty D P, et al. D - amino acid residue in a defensin-like peptide from platypus venom: effect on structure and chromatographic properties [J]. BiochemJ, 2005, 391: 215 - 220.

[154] Wang C G, Cai Z, Lu W, et al. A novel short-chain peptide BmKX from the Chinese scorpion *Buthus martensi Karsch*, sequencing, gene cloning and structure

determination[J]. Toxicon, 2005, 45: 309-319.

[155] Du W H, Han Y H, Huang F J, et al. Solution structure of an M-1 conotoxin with a novel disulfide linkage[J]. FEBS J, 2007, 274: 2596-2602.

[156] Conticello S G, Gilad Y, Avidan N, et al. Mechanisms for evolving hypervariability: the case of conopeptides[J]. Mol Biol Evol, 2001, 18: 120-131.

[157] Conticello S G, Pilpel Y, Glusman G, et al. Position specific codon conservation in hypervariable gene families[J]. Trends Genet, 2000, 16: 57-59.

[158] Luo S, Zhangsun D, Wu Y, et al. Identification and molecular diversity of T-superfamily conotoxins from *Conus lividus* and *Conus litteratus*[J]. Chem Biol Drug Des, 2006, 68: 97-106.

[159] Rigby A C, Lucas-Meunier E, Kalume D E, et al. A conotoxin from *Conus textile* with unusual posttranslational modifications reduces presynaptic Ca^{2+} influx[C]// Proc Natl Acad Sci USA, 1999, 96: 5758-5763.

[160] Han Y H, Wang Q, Jiang H, et al. Sequence diversity of T-superfamily conotoxins from *Conus marmoreus*[J]. Toxicon, 2005, 45: 481-487.

[161] Hansson K, Furie B, Furie B C, et al. Isolation and characterization of three novel Gla-containing *Conus marmoreus* venom peptides, one with a novel cysteine pattern [J]. Biochem Biophys Res Commun, 2004, 319: 1081-1087.

[162] Jakubowski J A, Keays D A, Kelley W P, et al. Determining sequences and posttranslational modifications of novel conotoxins in *Conus victoriae* using cDNA sequencing and mass spectrometry[J]. J Mass Spectrom, 2004, 39: 548-557.

[163] Jakubowski J A, Kelley W P, Sweedler J V. Screening for posttranslational modifications in conotoxins using liquid chromatography/mass spectrometry: an important component of conotoxin discovery[J]. Toxicon, 2006, 47: 688-699.

[164] Aguilar M B, Lezama-Monfil L, Maillo M, et al. A biologically active hydrophobic T-1-conotoxin from the venom of *Conus spurius* [J]. Peptides, 2006, 27: 500-505.

[165] Nair S S, Nilsson C L, Emmett M R, et al. De novo sequencing and disulfide mapping of a bromotryptophan-containing conotoxin by Fourier transform ion cyclotron resonance mass spectrometry[J]. Anal Chem, 2006, 78: 8082-8088.

[166] Quinton L, Le Caër J P, Vinh J, et al. Fourier transform mass spectrometry: a powerful tool for toxin analysis[J]. Toxicon, 2006, 47: 715-726.

[167] Mandal A K, Ramasamy M R, Sabareesh V, et al. Sequencing of T-superfamily conotoxins from *Conus virgo*: pyroglutamic acid identification and disulfide arrangement by MALDI mass spectrometry[J]. J Am Soc Mass Spectrom, 2007, 18:

1396 - 1404.

[168] Olivera B M. *Conus* peptides: biodiversity-based discovery and exogenomics[J]. J Biol Chem, 2006, 281: 31173 - 31177.

[169] Van den Steen P, Rudd P M, Dwek R A, et al. Concepts and principles of O - linked glycosylation[J]. Crit Rev Biochem Mol Biol, 1998, 33: 151 - 208.

[170] Hauschka P V, Mullen E A, Hintsch G, et al. Abundant occurrence of γ - carboxyglutamic acid (Gla) - containing peptides in the marine gastropod family Conidae. In: Suttie JW editor. Current advances in vitamin K research[M]. New York: Science Publishers, 1988: 237 - 243.

[171] Dai Q, Prorok M, Castellino F J. A new mechanism for metal ion-assisted interchain helix assembly in a naturally occurring peptide mediated by optimally spaced γ - carboxyglutamic acid residues[J]. J Mol Biol, 2004, 336: 731 - 744.

[172] Myers R A, McIntosh J M, Imperial J, et al. Peptides from *Conus* venoms which affect Ca^{2+} entry into neurons[J]. J Toxicol - Toxin Rev, 1990, 9: 179 - 202.

[173] Bulaj G, Buczek O, Goodsell I, et al. Efficient oxidative folding of conotoxins and the radiation of venomous cone snails [C]//Proc Natl Acad Sci USA, 2003, 100: 14562 - 14568.

[174] Bandyopadhyay P K, Colledge C J, Walker C S, et al. Conantokin - G precursor and its role in γ - carboxylation by a vitamin K - dependent carboxylase from a *Conus* snail [J]. J Biol Chem, 1998, 273: 5447 - 5450.

[175] Gray W R, Luque A, Olivera B M, et al. Peptide toxins from *Conus geographus* venom[J]. J Biol Chem, 1981, 256: 4734 - 4740.

[176] McIntosh J M, Santos A D, Olivera B M. *Conus* peptides targeted to specific nicotinic acetylcholine receptor subtypes[J]. Annu Rev Biochem, 1999, 68: 59 - 88.

[177] Sharpe I A, Thomas L, Loughnan M, et al. Allosteric α1 - adrenoreceptor antagonism by the conopeptide ρ - TIA[J]. J Biol Chem. , 2003, 278: 34451 - 34457.

[178] Liu J, Wu Q, Pi C, et al. Isolation and characterization of a T - superfamily conotoxin from *Conus litteratus* with targeting tetrodotoxin-sensitive sodium channels [J]. Peptides, 2007, 28: 2313 - 2319.

[179] Sandall D W, Satkunanathan N, Keays D A, et al. A novel α - conotoxin identified by gene sequencing is active in suppressing the vascular response to selective stimulation of sensory nerves *in vivo*[J]. Biochemistry, 2003, 42: 6904 - 6911.

[180] Satkunanathan N, Livett B, Gayler K, et al. α - Conotoxin Vc1. 1 alleviates neuropathic pain and accelerates functional recovery of injured neurons[J]. Brain Res, 2005, 1059: 149 - 158.

[181] Nielsen C K, Lewis R J, Alewood D, et al. Anti-allodynic efficacy of the chiconopeptide, Xen - 2174, in rats with neuropathic pain[J]. Pain, 2005, 118: 112 - 124.

[182] McManus O B, Musick J R, Gonzalez C. Peptides isolated from the venom of *Conus geographus* block neuromuscular transmission[J]. Neurosci Lett, 1981, 25: 57 - 62.

[183] Colledge C J, Hunsperger J P, Imperial J S, et al. Precursor structure of ω - conotoxin GVIA determined from a cDNA clone [J]. Toxicon, 1992, 30: 1111 - 1116.

[184] Millard E L, Daly N L, Craik D J. Structure-activity relationships of α - conotoxins targeting neuronal nicotinic acetylcholine receptors[J]. Eur J Biochem, 2004, 271: 2320 - 2326.

[185] Gehrmann J, Alewood P F, Craik D J. Structure determination of the three disulfide bond isomers of α - conotoxin GI: a model for the role of disulfide bonds in structural stability[J]. J Mol Biol, 1998, 278: 401 - 415.

[186] Kang T S, Radic Z, Talley T T, et al. Protein folding determinants: structural features determining alternative disulfide pairing in α - and χ/λ - conotoxins[J]. Biochemistry, 2007, 46: 3338 - 3355.

[187] Cho J H, Mok K H, Olivera B M, et al. Nuclear magnetic resonance solution conformation of α - conotoxin AuⅠB, an α3β4 subtype-selective neuronal nicotinic acetylcholine receptor antagonist[J]. J Biol Chem, 2000, 275: 8680 - 8685.

[188] Dutton J L, Bansal P S, Hogg R C, et al. A new level of conotoxin diversity, a non-native disulfide bond connectivity in α - conotoxin AuⅠB reduces structural definition but increases biological activity[J]. J Biol Chem, 2002, 277: 48849 - 48857.

[189] Jiang H, Xu C Q, Wang C Z, et al. Two novel O-superfamily conotoxins from *Conus vexillum*[J]. Toxicon, 2006, 47: 425 - 436.

[190] Lirazan M B, Hooper D, Corpuz G P, et al. The spasmodic peptide defines a new conotoxin superfamily[J]. Biochemistry, 2000, 39: 1583 - 1588.

[191] Yuan D D, Liu L, Shao X X, et al. Isolation and cloning of a conotoxin with a novel cysteine pattern from *Conus caracteristicus*[J]. Peptides, 2008, 29: 1521 - 1525.

[192] Aguilar M B, Lopez - Vera E, Ortiz E, et al. A novel conotoxin from *Conus delessertii* with post-translationally modified lysine residues[J]. Biochemistry, 2005, 44: 11130 - 11136.

[193] Peng C, Liu L, Shao X, et al. Identification of a novel class of conotoxins defined as V - conotoxins with a unique cysteine pattern and signal peptide sequence [J]. Peptides, 2008, 29: 985 - 991.

[194] Chen P, Garrett J E, Watkins M, et al. Purification and characterization of a novel excitatory peptide from *Conus distans* venom that defines a novel gene superfamily of conotoxins[J]. Toxicon, 2008, 52: 139 - 145.

[195] Liu L, Wu X C, Yuan D D, et al. Identification of a novel S - superfamily conotoxin from vermivorous *Conus caracteristicus*[J]. Toxicon, 2008, 51: 1331 - 1337.

[196] Luna - Ramírez K S, Aguilar M B, Falcón A, et al. An O - conotoxin from the vermivorous *Conus spurius* active on mice and mollusks[J]. Peptides, 2007, 28: 24 - 30.

[197] Abogadie F C, Ramilo C A, Corpuz G P, et al. Biologically active peptides from *Conus quercinus*, a worm-hunting species [C]//Proc Natl Acad Sci Tech. (Philippines), 1990, 12: 219 - 232.

[198] Aguilar M B, López - Vera E, Imperial JS, et al. Putative γ - conotoxins in vermivorous cone snails: the case of *Conus delessertii* [J]. Peptides, 2005, 26: 23 - 27.

[199] Zugasti - Cruz A, Maillo M, López - Vera E, et al. Amino acid sequence and biological activity of a γ - conotoxin-like peptide from the worm-hunting snail *Conus austini*[J]. Peptides, 2006, 27: 500 - 505.

[200] Kauferstein S, Melaun C, Mebs D. Direct cDNA cloning of novel conopeptide precursors of the O-superfamily[J]. Peptides, 2005, 26: 361 - 367.

[201] Miljanich G P. Ziconotide: neuronal calcium channel blocker for treating severe chronic pain[J]. Curr Med Chem, 2004,11: 3029 - 3040.

[202] Olivera B M, Gray W R, Zeikus R, et al. Peptide neurotoxins from fish-hunting cone snails[J]. Science, 1985, 230: 1338 - 1343.

[203] Staats P S, Yearwood T, Charapata S G, et al. Intrathecal ziconotide in the treatment of refractory pain in patients with cancer or AIDS. A randomized controlled trial[J]. J Am Med Assoc, 2004,291: 63 - 70.

[204] Kits K S, Lodder J C, van der Schors R C, et al. Novel ω - conotoxins block dihydropyridine-insensitive high voltage-activated calcium channels in molluscan neurons[J]. J Neurochem, 1996, 67: 2155 - 2163.

[205] Fainzilber M, Lodder J C, van der Schors R C, et al. A novel hydrophobic ω - conotoxin blocks molluscan dihydropyridinesensitive calcium channels [J]. Biochemistry, 1996, 35: 8748 - 8752.

[206] Lubbers N L, Campbell T J, Polakowski J S, et al. Postischemic administration of CGX - 1051, a peptide from cone snail venom, reduces infarct size in both rat and dog models of myocardial ischemia and reperfusion[J]. J Cardiovasc Pharmacol, 2005,46:

141 - 146.

[207] Zhang S J, Yang X M, Liu G S, et al. CGX - 1051, a peptide from *Conus* snail venom, attenuates infarction in rabbit hearts when administered at reperfusion[J]. Cardiovasc Pharmacol, 2003, 42: 764 - 771.

[208] Fainzilber M, van der Schors R, Lodder J C, et al. New sodium channel-blocking conotoxins also affect calcium currents in *Lymnaea* neurons[J]. Biochemistry, 1995, 34: 5364 - 5371.

[209] Pi C, Liu J, Wang L, et al. Soluble expression, purification and functional identification of a disulfide-rich conotoxin derived from *Conus litteratus* [J]. J Biotechnol, 2007, 128: 184 - 193.

[210] Wang L, Pi C, Liu J, et al. Identification and characterization of a novel O-superfamily conotoxin from *Conus litteratus*[J]. J Pept Sci, 2008, 14: 1077 - 1083.

[211] Bulaj G, DeLaCruz R, Azimi - Zonooz A, et al. δ - Conotoxin structure/function through a cladistic analysis[J]. Biochemistry, 2001, 40: 13201 - 13208.

[212] Barbier J, Lamthanh H, Le Gall F, et al. A δ - conotoxin from *Conus ermineus* venom inhibits inactivation in vertebrate neuronal Na^+ channels but not in skeletal and cardiac muscles[J]. J Biol Chem, 2004, 279: 4680 - 4685.

[213] Sudarslal S, Majumdar S, Ramasamy P, et al. Sodium channel modulating activity in a δ - conotoxin from an Indian marine snail[J]. FEBS Lett, 2003, 553: 209 - 212.

[214] Hillyard D R, Olivera B M, Woodward S, et al. A molluscivorous *Conus* toxin: conserved frameworks in conotoxins[J]. Biochemistry, 1989, 28: 358 - 361.

[215] Fainzilber M, Gordon D, Hasson A, et al. Mollusc-specific toxins from the venom of *Conus textile neovicarius*[J]. Eur J Biochem, 1991, 202: 589 - 595.

[216] Zorn S, Leipold E, Hansel A, et al. The μO - conotoxin MrⅥA inhibits voltage-gated sodium channels by associating with domain - 3[J]. FEBS Lett, 2006, 580: 1360 - 1364.

[217] Yanagawa Y, Abe T, Satake M, et al. A novel sodium channel inhibitor from *Conus geographus*: purification, structure, and pharmacological properties [J]. Biochemistry, 1988, 27: 6256 - 6262.

[218] Hill J M, Alewood P F, Craik D J. Solution structure of the sodium channel antagonist conotoxin GS: a new molecular caliper for probing sodium channel geometry[J]. Structure, 1997, 5: 571 - 583.

[219] Hill J M, Atkins A R, Loughnan M L, et al. Conotoxin TⅦA, a novel peptide from the venom of *Conus tulipa* 1. Isolation, characterization and chemical synthesis[J]. Eur J Biochem, 2000, 267: 4642 - 4648.

[220] Hill J M, Alewood P F, Craik D J. Conotoxin TⅧA, a novel peptide from the venom of *Conus tulipa* 2. Three-dimensional solution structure[J]. Eur J Biochem, 2000, 267: 4649 - 4657.

[221] Nadasdi L, Yamashiro D, Chung D, et al. Structure-activity analysis of a *Conus* peptide blocker of N - type neuronal Ca^{2+} channels[J]. Biochemistry, 1995, 34: 8076 - 8081.

[222] Nielsen K J, Adams D A, Alewood P F, et al. Effects of chirality at Tyr13 on the structure-activity relationships of ω - conotoxins from *Conus magus*[J]. Biochemistry, 1999, 38: 6741 - 6751.

[223] Woody R W. The exciton model and the circular dichroism of polypeptides[J]. Monatsh Chem, 2005, 136: 347 - 366.

[224] Ohnishi S, Kamikubo H, Onitsuka M, et al. Conformational preference of polyglycine in solution to elongated structure[J]. J Am Chem Soc, 2006, 128: 16338 - 16344.

[225] Monera O D, Kay C M, Hodges R S. Protein denaturation with guanidine hydrochloride or urea provides a different estimate of stability depending on the contributions of electrostatic interactions[J]. Protein Sci, 1994, 3: 1984 - 1991.

[226] Adams D J, Alewood P F, Craik D J, et al. Conotoxins and their potential pharmaceutical applications[J]. Drug Dev Res, 1999, 46: 219 - 234.

[227] Jones R M, Bulaj G. Conotoxins-new vistas for peptide therapeutics[J]. Curr Pharm, 2000, 6: 1249 - 1285.

[228] Norton R S, Pallaghy P K. The cystine knot structure of ion channel toxins and related polypeptides[J]. Toxicon, 1998, 36: 1573 - 1583.

[229] Fainzilber M, Nakamura T, Lodder J C, et al. γ - Conotoxin - PnⅦA, a γ - carboxyglutamate-containing peptide agonist of neuronal pacemaker cation currents [J]. Biochemistry, 1998, 37: 1470 - 1477.

[230] 刘丽. 中国南海芋螺新型神经毒素的研究[D]. 上海: 同济大学, 2007.

[231] Adams M E, Mintz I M, Reily M D, et al. Structure and properties of ω - agatoxin IVB, a new antagonist of P - type calcium channels[J]. Mol Pharmacol, 1993, 44: 681 - 688.

[232] Reily M D, Thanabal V, Adams M E. The solution structure of ω - Aga -ⅣB, α P - type calcium channel antagonist from venom of the funnel web spider, *Agelenopsis aperta*[J]. J Biomol NMR, 1995, 5: 122 - 132.

[233] Yu H, Rosen M K, Saccomano N A, et al. Sequential assignment and structure determination of spider toxin ω - Aga - ⅣB[J]. Biochemistry, 1993, 32:

13123 - 13129.

[234] Wang X, Connor M, Smith R, et al. Discovery and characterization of a family of insecticidal neurotoxins with a rare vicinal disulfide bridge[J]. Nat Struct Biol, 2000, 7: 505 - 513.

[235] Pallaghy P K, Alewood D, Alewood P F, et al. Solution structure of robustoxin, the lethal neurotoxin from the funnel-web spider *Atrax robustus*[J]. FEBS Lett, 1997, 419: 191 - 196.

[236] He X L, Li H M, Zeng Z H, et al. Crystal structures of two α - like scorpion toxins: non-proline *cis* peptide bonds and implications for new binding site selectivity on the sodium channel[J]. J Mol Biol, 1999, 292: 125 - 135.

[237] Kraulis J, Clore G M, Nilges M, et al. Determination of the three-dimensional solution structure of the C - terminal domain of cellobiohydrolase I from *Trichoderma reesei*. A study using nuclear magnetic resonance and hybrid distance geometry dynamical simulated annealing[J]. Biochemistry, 1989, 28: 7241 - 7257.

[238] Fletcher J I, Chapman B E, Mackay J P, et al. The structure of versutoxin (δ - atracotoxin - Hv1) provides insights into the binding of site 3 neurotoxins to the voltage-gated sodium channel[J]. Structure, 1997, 5: 1525 - 1535.

[239] Pallaghy P K, Nielsen K J, Craik D J, et al. A common structural motif incorporating a cystine knot and a triple-stranded β - sheet in toxic and inhibitory polypeptides[J]. Protein Sci, 1994, 3: 1833 - 1839.

[240] Craig A G, Jimenez E C, Dykert J, et al. A novel post-translational modification involving bromination of tryptophan. J Biol Chem, 1997, 272: 4689 - 4698.

[241] Sato S, Nakamura H, Ohizumi Y, et al. The amino acid sequences of homologous hydroxyproline-containing myotoxins from the marine snail *Conus geographus* venom [J]. FEBS Lett, 1983, 155: 277 - 280.

[242] Nelsestuen G L, Zytkovicz T H, Howard J B. The mode of action of vitamin K. Identification of γ - carboxyglutamic acid as a component of prothrombin[J]. J Biol Chem, 1974, 249: 6347 - 6350.

[243] Stenflo J, Fernlund P, Egan W, et al. Vitamin K dependent modifications of glutamic acid residues in prothrombin[C]//Proc Natl Acad Sci USA, 1974, 71: 2730 - 2733.

[244] Chandler P, Pennington M, Maccecchini M L, et al. Polyamine-like actions of peptides derived from conantokin - G, an N - methyl - D - aspartate (NMDA) antagonist[J]. J Biol Chem, 1993, 268: 17173 - 17178.

[245] Rigby A C, Baleja J D, Furie B C, et al. Three-dimensional structure of a γ - carboxyglutamic acid-containing conotoxin, conantokin G, from the marine snail

Conus geographus: the metal-free conformer [J]. Biochemistry, 1997, 36: 6906 - 6914.

[246] Grant M A, Hansson K, Furie B C, et al. The metal-free and calcium-bound structures of a Gla-containing contryphan from *Conus marmoreus*, Glacontryphan - M [J]. J Biol Chem, 2004, 279: 32464 - 32473.

[247] Kauferstein S, Huys I, Kuch U, et al. Novel conopeptides of the I-superfamily occur in several clades of cone snails[J]. Toxicon, 2004, 44: 539 - 548.

[248] Norton R S, Olivera B M. Conotoxins down under. Toxicon, 2006, 48: 780 - 798.

[249] Stenberg L M, Brown M A, Stenflo J. γ - Carboxyglutamic acid (Gla) domains [M]//Encyclopedia of molecular Medicine. John Wiley & Sons, 2002.

[250] Jennifer A, Jakubowski, David A K, et al. Determining sequences and post-translational modifications of novel conotoxins in *Conus victoriae* using cDNA sequencing and mass spectrometry[J]. J Mass spectrom, 2004, 39: 548 - 557.

[251] Bush K A, Stenflo J, Roth D A, et al. Hydrophobic amino acids define the carboxylation recognition site in the precursor of the γ - carboxyglutamic-acid-containing conotoxin ε - TxⅠX from the marine cone snail *Conus textile* [J]. Biochemistry, 1999, 38: 14660 - 14666.

[252] Nakamura T, Yu Z, Fainzilber M, et al. Mass spectrometric-based revision of the structure of a cysteine-rich peptide toxin with γ - carboxyglutamic acid, TxⅧA, from the sea snail, *Conus textile*[J]. Protein Sci, 1996, 5: 524 - 530.

[253] Czerwiec E, Kalume D E, Roepstorff P, et al. Novel γ - carboxyglutamic acid-containing peptides from the venom of *Conus textile* [J]. FEBS J, 2006, 273: 2779 - 2788.

[254] de Plater G M, Martin R L, Milburn P J. A C - type natriuretic peptide from the venom of the platypus (*Ornithorhynchus anatinus*): structure and pharmacology[J]. Comp Biochem Physiol C Pharmacol Toxicol Endocrinol, 1998, 120: 99 - 110.

[255] Kreil G. D - Amino acids in animal peptides[J]. Annu Rev Biochem, 1997, 66: 337 - 345.

[256] Mor A, Deltour A, Sagan S, et al. Isolation of dermenkephalin from amphibian skin, a high-affinity δ - selective opioid heptapeptide containing a D - amino acid residue[J]. FEBS Lett, 1989, 255: 269 - 274.

[257] West P J, Bulaj G, Yoshikami D. Effects of δ - conotoxins PⅥA and SⅥE on sodium channels in the amphibian sympathetic nervous system[J]. J Neurophysiol, 2005, 94: 3916 - 3924.

[258] Maggio F, King G F. Scanning mutagenesis of a Janus-faced atracotoxin reveals a

bipartite surface patch that is essential for neurotoxic function[J]. J Biol Chem, 2002, 277: 22806 - 22813.

[259] 蒋秀华. 含 XV 类半胱氨酸骨架的芋螺毒素家族的发现、进化分析和功能研究[D]. 广州：中山大学，2006.

[260] Armishaw C J, Alewood P F. Conotoxins as research tools and drug leads[J]. Curr protein Pept Sci, 2005, 6: 221 - 240.

[261] Remigio E A, Duda Jr T F. Evolution of ecological specialization and venom of a predatory marine gastropod[J]. Mol Ecol, 2008, 17: 1156 - 1162.

[262] Nicke A. Learning about structure and function of neuronal nicotinic acetylcholine receptors. Lessons from snails[J]. Eur J Biochem, 2004, 271: 2293.

[263] Loughnan M L, Alewood P F. Physico-chemical characterization and synthesis of neuronally active α - conotoxins[J]. Eur J Biochem, 2004, 271: 2294 - 2304.

[264] McIntosh J M, Santos A D, Olivera B M. *Conus* peptides targeted to specific nicotinic acetylcholine receptors subtypes[J]. Annu Rev Biochem, 1999, 68: 59 - 88.

[265] López - Vera E, Aguilar M B, Schiavon E, et al. Novel α - conotoxins from *Conus spurius* and the α - conotoxin EI share high-affinity potentiation and low-affinity inhibition of nicotinic acetylcholine receptors[J]. FEBS J, 2007, 274: 3972 - 3985.

[266] Peng C, Han Y, Sanders T, et al. α4/7 - conotoxin Lp1. 1 is a novel antagonist of neuronal nicotinic acetylcholine receptors[J]. Peptides, 2008, 29: 1700 - 1707.

[267] Jacob S N, Pawel B, Bulaj G, et al. Cosolvent-assited oxidative folding of a bilcyclic α - conotoxin ImI[J]. J. Peptide Sci, 2004, 10: 249 - 256.

[268] Rosenthal J A, Levandoski M M, Chang B, et al. The functional role of positively charged amino acid side chains in α - bungarotoxin revealed by sitedirected mutagenesis of a His-tagged recombinant α - bungarotoxin[J]. Biochemistry, 1999, 38: 7847 - 7855.

[269] Levandoski M M, Lin Y, Moise L, et al. Chimeric analysis of a neuronal nicotinic acetylcholine receptor reveals amino acids conferring sensitivity to α - bungarotoxin [J]. J Biol Chem, 1999, 274: 26113 - 26119.

[270] Nutt L K, Margolis S S, Jensen M, et al. Metabolic regulation of oocyte cell death through the CaMK Ⅱ-mediated phosphorylation of caspase - 2[J]. Cell, 2005, 123: 89 - 103.

[271] Sanders T, Hawrot E. A novel pharmatope tag inserted into the β4 subunit confers allosteric modulation to neuronal nicotinic receptors[J]. J Biol Chem, 2004, 279: 51460 - 51465.

[272] Gerzanich V, Anand R, Lindstrom J. Homomers of α8 and α7 subunits of nicotinic

acetylcholine receptors exhibit similar channel but contrasting binding site properties [J]. Mol Pharmacol, 1994, 45: 212 - 220.

[273] López - Vera E, Jacobsen R B, Ellison M, et al. A novel α - conotoxin (α - PⅠB) isolated from *C. purpurascens* is selective for skeletal muscle nicotinic acetylcholine receptors[J]. Toxicon, 2007, 49: 1193 - 1199.

[274] Favreau P, Krimm I, Le Gall F, et al. Biochemical characterization and nuclear magnetic resonance structure of novel α - conotoxins isolated from the venom of *Conus consors*[J]. Biochemistry, 1999, 38: 6317 - 6326.

[275] Gray W R, Rivier J E, Galyean R, et al. Conotoxin MI. Disulfide bonding and conformational states[J]. J Biol Chem, 1983, 258: 12247 - 12251.

[276] Maslennikov I V, Sobol A G, Gladky K V, et al. Two distinct structures of α - conotoxin GI in aqueous solution[J]. Eur J Biochem, 1998, 254: 238 - 247.

[277] Grathwohl C, Wuthrich K. The X - Pro peptide bond as an NMR probe for conformational studies of flexible linear peptides [J]. Biopolymers, 1976, 15: 2025 - 2041.

[278] Grathwohl C, Wuthrich K. NMR studies of the rates of proline cis/trans isomerisation in oligopeptides[J]. Biopolymers, 1981, 20: 2623 - 2633.

[279] Shi T, Spain S M, Rabenstein D L. Unexpectedly fast *cis/trans* isomerization of Xaa -Pro peptide bonds in disulfide-constrained cyclic peptides[J]. J Am Chem Soc, 2004, 126: 790 - 796.

[280] Shi T, Spain S M, Rabenstein D L. A striking periodicity of the *cis/trans* isomerization of proline imide bonds in cyclic disulfide-bridged peptides[J]. Angew Chem Int Ed Engl, 2006, 45: 1780 - 1783.

[281] Wu W J, Raleigh D P. Local control of peptide conformation: Stabilization of *cis* proline peptide bonds by aromatic proline interactions[J]. Biopolymers, 1998, 45: 381 - 394.

[282] Lancelin J M, Kohda D, Tate S, et al. Tertiary structure of conotoxin GⅢA in aqueous solution[J]. Biochemistry, 1991, 30: 6908 - 6916.

[283] Cartier G E, Yoshikami D, Gray W R, et al. A new α - conotoxin which targets α3β2 nicotinic acetylcholine receptors[J]. J Biol Chem,1996, 271: 7522 - 7528.

[284] Zafaralla G C, Ramilo C, Gray W R, et al. Phylogenetic specificity of cholinergic ligands: α - conotoxin SI[J]. Biochemistry, 1988, 27: 7102 - 7105.

[285] McIntosh J M, Yoshikami D, Mahe E, et al. A nicotinic acetylcholine receptor ligand of unique specificity, α - conotoxin ImI[J]. J Biol Chem, 1994, 269: 16733 - 16739.

[286] Franco A, Pisarewicz K, Moller C, et al. Hyperhydroxylation: a new strategy for

neuronal targeting by venomous marine molluscs[J]. Prog Mol Subcell Biol, 2006, 43: 83 - 103.

[287] Ellison M, Haberlandt C, Gomez - Casati M E, et al. α - RgIA: a novel conotoxin that specifically and potently blocks the α9α10 nAChR[J]. Biochemistry, 2006, 45: 1511 - 1517.

[288] Luo S, Kulak J M, Cartier G E, et al. α - Conotoxin AuⅠB selectively blocks α3β4 nicotinic acetylcholine receptors and nicotine-evoked norepinephrine release [J]. J Neurosci, 1998, 18: 8571 - 8579.

[289] Loughnan M L, Nicke A, Jones A, et al. Chemical and functional identification and characterization of novel sulfated α - conotoxins from the cone snail *Conus anemone* [J]. J Med Chem, 2004, 47: 1234 - 1241.

[290] Loughnan M, Bond T, Atkins A, et al. α - Conotoxin EpI, a novel sulfated peptide from *Conus episcopatus* that selectively targets neuronal nicotinic acetylcholine receptors[J]. J Biol Chem, 1998, 273: 15667 - 15674.

[291] McIntosh J M, Dowell C, Watkins M, et al. α - Conotoxin GIC from *Conus geographus*, a novel peptide antagonist of nicotinic acetylcholine receptors[J]. J Biol Chem, 2002, 277: 33610 - 33615.

[292] Chi S W, Kim D H, Olivera B M, et al. Solution conformation of a neuronal nicotinic acetylcholine receptor antagonist α - conotoxin OmⅠA that discriminates α3 vs. α6 nAChR subtypes[J]. Biochem Biophys Res Commun, 2006, 345: 248 - 254.

[293] Talley T T, Olivera B M, Han K H, et al. α - Conotoxin OmⅠA is a potent ligand for the acetylcholine-binding protein as well as α3β2 and α7 nicotinic acetylcholine receptors[J]. J Biol Chem, 2006, 281: 24678 - 24686.

[294] McIntosh J M, Plazas P V, Watkins M, et al. A novel α - conotoxin, PeⅠA, cloned from *Conus pergrandis*, discriminates between rat α9α10 and α7 nicotinic cholinergic receptors[J]. J Biol Chem, 2005, 280: 30107 - 30112.

[295] Dowell C, Olivera B M, Garrett J E, et al. α - Conotoxin PⅠA is selective for α6 subunit-containing nicotinic acetylcholine receptors [J]. J Neurosci, 2003, 23: 8445 - 8452.

[296] Hu S H, Gehrmann J, Guddat L W, et al. The 1.1 angstrom crystal structure of the neuronal acetylcholine receptor antagonist, α - conotoxin PnⅠA from *Conus pennaceus*[J]. Structure, 1996, 4: 417 - 423.

[297] Luo S, Nguyen T A, Cartier G E, et al. Single-residue alteration in α - conotoxin PnⅠA switches its nAChR subtype selectivity[J]. Biochemistry, 1999, 38: 14542 - 14548.

[298] Hogg R C, Miranda L P, Craik D J, et al. Single amino acid substitutions in α - conotoxin PnIA shift selectivity for subtypes of the mammalian neuronal nicotinic acetylcholine receptor[J]. J Biol Chem, 1999, 274: 36559 - 36564.

[299] Hu S H, Gehrmann J, Alewood P F, et al. Crystal structure at 1.1 Å resolution of α - conotoxin PnIB: Comparison with α - conotoxins PnⅠA and GI[J]. Biochemistry, 1997, 36: 11323 - 11330.

[300] López - Vera E, Walewska A, Skalicky J J, et al. Role of hydroxyprolines in the *in vitro* oxidative folding and biological activity of conotoxins[J]. Biochemistry, 2008, 47: 1741 - 1751.

[301] Chi S W, Kim D H, Olivera B M, et al. NMR structure determination of α - conotoxin BuⅠA, a novel neuronal nicotinic acetylcholine receptor antagonist with an unusual 4/4 disulfide scaffold[J]. Biochem Biophys Res Commun, 2006, 349: 1228 - 1234.

[302] Lewis T M, Harkness P C, Sivilotti L G, et al. The ion channel properties of a rat recombinant neuronal nicotinic receptor are dependent on the host cell type[J]. J Physiol, 1997, 505: 299 - 306.

[303] Sivilotti L G, McNeil D K, Lewis T M, et al. Recombinant nicotinic receptors, expressed in *Xenopus* oocytes, do not resemble native rat sympathetic ganglion receptors in single-channel behaviour[J]. J Physiol, 1997, 500: 123 - 138.

[304] Becerril B, Marangoni S, Possani L D. Toxins and genes isolated from scorpions of the genus *Tityus*[J]. Toxicon, 1997, 35: 821 - 835.

[305] Nevin S T, Clark R J, Klimis H, et al. Are α9α10 nicotinic acetylcholine receptors a pain target for α - conotoxins? [J]. Mol Pharmacol, 2007, 72: 1406 - 1410.

[306] Quiram P A, McIntosh J M, Sine S M. Pairwise interactions between neuronal α7 acetylcholine receptors and α - conotoxin PnⅠB. J Biol Chem, 2000, 275: 4889 - 4896.

[307] Clark R J, Fischer H, Nevin S T, et al. The synthesis, structural characterization, and receptor specificity of the α - conotoxin Vc1.1[J]. J Biol Chem, 2006, 281: 23254 -23263.

[308] Zugasti - Cruz A, Aguilar M B, Falcón A, et al. Two new 4 - Cys conotoxins (framework 14) of the vermivorous snail *Conus austini* from the Gulf of Mexico with activity in the central nervous system of mice[J]. Peptides, 2008, 29: 179 - 185.

[309] Nirthanan S, Charpantier E, Gopalakrishnakone P, et al. Candoxin, a novel toxin from *Bungarus candidus*, is a reversible antagonist of muscle (αβγδ) but a poorly reversible antagonist of neuronal α7 nicotinic acetylcholine receptors[J]. J Biol Chem,

2002, 277: 17811 - 20.

[310] Marx U C, Daly N L, Craik D J. NMR of conotoxins: structural features and an analysis of chemical shifts of post-translationally modified amino acids[J]. Magn Reson Chem, 2006, 44 Spec No: S41 - 50.

[311] Clark R J, Fischer H, Dempster L, et al. Engineering stable peptide toxins by means of backbone cyclization: stabilization of the α - conotoxin MⅡ[C]//Proc Natl Acad Sci USA, 2005, 102: 13767 - 13772.

[312] Craik D J, Adams D J. Chemical modification of conotoxins to improve stability and activity[J]. ACS Chem Biol, 2007, 2: 457 - 468.

[313] Green B R, Catlin P, Zhang M M, et al. Conotoxins containing nonnatural backbone spacers: cladistic-based design, chemical synthesis, and improved analgesic activity[J]. Chem Biol, 2007, 14: 399 - 407.

[314] Fainzilber M, Hasson A, Oren R, et al. New mollusc-specific α - conotoxins block *Aplysia* neuronal acetylcholine receptors[J]. Biochemistry, 1994, 33: 9523 - 9529.

[315] Di Angelantonio S, Matteoni C, Fabbretti E, et al. Molecular biology and electrophysiology of neuronal nicotinic receptors of rat chromaffin cells[J]. Eur J Neurosci, 2003, 17: 2313 - 2322.

[316] Nicke A, Samochocki M, Loughnan M L, et al. α - Conotoxins EpⅠ and AuⅠB switch subtype selectivity and activity in native *vs* oocyte-expressed nicotinic acetylcholine receptors[J]. FEBS Lett, 2003, 554: 219 - 223.

[317] Blanchfield J T, Dutton J L, Hogg R C, et al. Synthesis, structure elucidation, in vitro biological activity, toxicity, and Caco - 2 cell permeability of lipophilic analogues of α - conotoxin MⅡ[J]. J Med Chem, 2003, 46: 1266 - 1272.

[318] 陈伟华. 芋螺毒素的基因克隆、分离纯化以及氧化折叠、二硫键定位的研究[D]. 上海：华东理工大学,2005.

[319] Kulak J M, McIntosh J M, Yoshikami D, et al. Nicotinic-evoked transmitter release from synaptosomes: functional association of specific presynaptic acetylcholine receptors and voltage-gated calcium channels[J]. J Neurochem, 2001, 77: 1581 - 1589.

[320] Romano S J, Pugh P C, McIntosh J M, et al. Neuronal-type acetylcholine receptors and regulation of α7 gene expression in vertebrate skeletal muscle[J]. J Neurobiol, 1997, 32: 69 - 80.

[321] Wuthrich K. NMR of Proteins and Nucleic Acids[M]. New York: John Wiley & Sons, 1986.

[322] Koradi R, Billeter M, Wuthrich K. MOLMOL: a program for display and analysis of

macromolecular structures[J]. J Mol Graph, 1996, 14: 51 - 55, 29 - 32.

[323] Ponder J W, Case D A. Force fields for protein simulations[J]. Advances in Protein Chemistry, 2003, 66: 27 - 85.

[324] Case D A, Cheatham T E 3rd, Darden T, et al. The Amber biomolecular simulation programs[J]. J Comput Chem, 2005, 26: 1668 - 1688.

[325] Zhang N, Chen X, Li M, et al. Solution structure of BmKK4, the first member of subfamily α - KTx 17 of scorpion toxins[J]. Biochemistry, 2004, 43: 12469 - 12476.

[326] Olivera B M, Rivier J, Clark C, et al. Diversity of *Conus* neuropeptides[J]. Science, 1990, 249: 257 - 263.

后　记

值本书出版之际，我很高兴能借此机会向曾经指导和帮助过我的老师、同学及亲友们表示最诚挚的谢意！

衷心感谢导师戚正武先生在我博士学习阶段给予我的教导和关怀。戚先生的言传身教让我受益终生。戚先生在各种学术交流与报告会议上表现出的极强的理解与表达能力、渊博的学识、高远的眼界、敏锐的思维和严谨的治学态度，让我了解到作为一名科学研究者应具备的专业素质。戚先生对学问孜孜不倦的追求，对学生的关心与支持，给我们树立了如何在广袤的生命科学研究领域中作好学科带头人、保持自身竞争力和推动科研发展的好榜样。

感谢本实验室的王春光教授和郭占云教授在实验设计和实验过程中给予的指导和帮助。

感谢本实验室的邵晓霞老师在质谱鉴定多肽分子量方面的大力帮助。

感谢本实验室的汪燕芳老师在 ViⅠA－a 和 ViⅠA－b 的固相化学合成和 pu14a 的二硫键定位实验中的指导和帮助。

感谢本实验室的包锐博士在多肽序列测定方面的大力帮助。

感谢本实验室的王志强博士在 ViⅠA－a 和 ViⅠA－b 的二硫键定位实验中的大力帮助。

感谢华东理工大学的陈伟华硕士在 α－芋螺毒素 Mr1.1、Qc1.2 和 Lp1.1 的体外氧化折叠实验中的大力帮助。

感谢本实验室的王蕴洁老师在试剂供应和管理工作上的热心支持。

感谢同课题组的袁多多博士、叶铭宇博士、吴雪尘博士、钱璟硕士、何胜祥硕士和刘丽硕士在实验过程中的大力合作和在生活中给予的关怀与照顾，我和他们组成了一个团结向上的集体，从他们身上学到了不少东西。

感谢本实验室的温茂荣、都海娟、徐瑞、韩锦铂、陶虎、王苏明、祁瑞峰、王海博、包锐、郭鑫、蒋蕾蕾、吴作基、王华丙、张亚茹、黄丽君、张玲、周智敏、罗肖和王伟毅等同学，汪世龙老师、陈宇星老师、李敏老师和朱立诚博士后在实验中给予的大力帮助。衷心感谢实验室其他所有业已毕业和目前在读的各位同学多年来的热忱帮助。

感谢美国 Brown University 分子药理学、生理学和生物技术系的 Edward Hawrot 教授，在他的实验室学习电生理实验技术阶段，他对我的严格要求帮助我很好地提高了自身素质，使我对分子药理学专业基础知识和实验操作技能有了深刻的理解和认识，让我懂得如何在逆境和压力中成长和许多做人的道理，并在我遇到困难的时候提供了大量帮助。正是他对科学的满腔热情和无私的奉献精神使我们取得了共同、长足的进步。

感谢 Brown University 分子药理学、生理学和生物技术系 Edward Hawrot 教授实验室的 Jing Liu, Tanya Sanders, Geoffrey Chew, João Paulo, Philip Caffery, William Brucker, Suzanne Whitman, Michael Spertus 和 Andrew Browne 在实验操作方面给我的宝贵建议，他们勤奋踏实的工作作风给我留下了深刻的印象。

感谢 Brown University 分子药理学、生理学和生物技术系 Wolfgang Peti 教授实验室的 Anderson Pinheiro 在我的学习生活中给予的莫大支持和鼓励。

感谢美国犹他大学的 Garrett J E 提供扩增芋螺中的 actin 和 PDI 基因所需引物。

感谢中国科学院上海生命科学研究院生物化学与细胞生物学研究所的韩禹宏师兄，他对我的耐心教导为我良好的实验技能打下了坚实的基础。

感谢中国人民大学的杜为红老师和黄飞娟同学、中国科学院上海药物研究所的林东海研究员和郭晨云助理研究员分别在多肽 pu14a 和 vi6a 溶液结构实验设计、操作、数据处理和分析中给予的热情帮助和宝贵建议。

最后，我要特别感谢我的家人，特别是我的母亲，在我成长的过程中一直默默的支持和鼓励我，使我能够非常顺利地完成本课题的研究工作。

彭 灿